CAMBRIDGE LIBRARY COLLECTION

Books of enduring scholarly value

Mathematical Sciences

From its pre-historic roots in simple counting to the algorithms powering modern desktop computers, from the genius of Archimedes to the genius of Einstein, advances in mathematical understanding and numerical techniques have been directly responsible for creating the modern world as we know it. This series will provide a library of the most influential publications and writers on mathematics in its broadest sense. As such, it will show not only the deep roots from which modern science and technology have grown, but also the astonishing breadth of application of mathematical techniques in the humanities and social sciences, and in everyday life.

Vollständige Anleitung zur Niedern und Höhern Algebra

In 1770, one of the founders of pure mathematics, the Swiss-born mathematician Leonard Euler (1707-1783), published an algebra textbook for students. It was soon translated into French, with notes and additions by Joseph-Louis Lagrange, another giant of eighteenth-century mathematics, and the French edition was used as the basis both of the English edition of 1822 (which also appears in this series), and of this three-volume 1790s German edition. Volume 3 consists of the German translation of Lagrange's additional material, which the German publisher printed in a separate volume to enable those who already owned Euler's Algebra to obtain the supplementary material 'without incurring unnecessary expenditure'. The preface states it could also usefully be read as a free-standing volume, but is best used in conjunction with the earlier Euler volumes. The translator, the courtier (Hofrath) Kaussler (tutor to the sons of the Duke of Württemberg) added notes and six further appendixes of his own. This book provides tangible evidence of the lively and international mathematical community that flourished despite the political uncertainties of the late eighteenth century.

Cambridge University Press has long been a pioneer in the reissuing of out-of-print titles from its own backlist, producing digital reprints of books that are still sought after by scholars and students but could not be reprinted economically using traditional technology. The Cambridge Library Collection extends this activity to a wider range of books which are still of importance to researchers and professionals, either for the source material they contain, or as landmarks in the history of their academic discipline.

Drawing from the world-renowned collections in the Cambridge University Library, and guided by the advice of experts in each subject area, Cambridge University Press is using state-of-the-art scanning machines in its own Printing House to capture the content of each book selected for inclusion. The files are processed to give a consistently clear, crisp image, and the books finished to the high quality standard for which the Press is recognised around the world. The latest print-on-demand technology ensures that the books will remain available indefinitely, and that orders for single or multiple copies can quickly be supplied.

The Cambridge Library Collection will bring back to life books of enduring scholarly value across a wide range of disciplines in the humanities and social sciences and in science and technology.

Vollständige Anleitung zur Niedern und Höhern Algebra

VOLUME 3

LEONHARD EULER

CAMBRIDGE
UNIVERSITY PRESS

CAMBRIDGE UNIVERSITY PRESS

Cambridge New York Melbourne Madrid Cape Town Singapore São Paolo Delhi

Published in the United States of America by Cambridge University Press, New York

www.cambridge.org
Information on this title: www.cambridge.org/9781108002110

This edition first published 1796
This digitally printed version 2009

ISBN 978-1-108-00211-0

This book reproduces the text of the original edition. The content and language reflect the beliefs, practices and terminology of their time, and have not been updated.

Leonhard Eulers vollständige Anleitung zur Algebra.

Dritter Theil,

enthaltend

die Zusätze von de la Grange,

aus dem Französischen übersezt, und mit Erläuterungen und einigen dahin einschlagenden Abhandlungen begleitet,

von

Hofrath Kaußler,
Gouverneur der Herzoglich = Wirtembergischen Edelknaben.

Frankfurt am Main,
bei Johann Georg Fleischer 1796.

Vorrede.

Die Geometer des vorigen Jahrhunderts haben sich sehr viel mit der unbestimmten Analytik, welche gewöhnlich Diophanteische Analysis genannt wird, beschäftiget; Aber gleichwol waren Bachet und Fermatius die einzigen, die den Diophanteischen Erfindungen neue beigefügt haben.

Dem ersteren verdanken wir eine vollständige Methode zur Auflösung aller unbestimmten Gleichungen des ersten Grads in ganzen Zalen a). Der zweite ist der Erfinder einiger Methoden zur Auflösung der unbestimmten Gleichungen von höheren Graden, als dem zweiten b), sodann eines besondern Beweises, daß die Summe oder der Unterschied zweier Biquadrate niemals ein Quadrat werden könne c), ferner mehrerer schwe-

a) Man sehe unten das dritte Kapitel. Uebrigens ist hier nicht die Rede von seinem Commentar über den Diophant, weil dieses an sich vortrefliche Werk keine neue Erfindungen enthält.

b) Es sind eben diejenigen, die im achten, neunten und zehnten Kapitel des Eulerischen Werks abgehandelt sind. Billi hat sie aus den verschiedenen Schriften des Fermatius gesammelt, und in der neuen Auflage des Diophant, den Fermatius der jüngere vorher schon herausgegeben hatte, bekannt gemacht.

c) Diese Methode steht im dreizehnten Kapitel des Eulerischen Werks. Die Grundsätze

schwehren Probleme und endlich verschiedner Lehrsätze über die ganzen Zalen, zu denen aber die Beweise meistens erst von Euler in den Petersb. Comment. gegeben worden sind d).

Dieser Theil der Analysis wurde in unserm Jahrhundert beinahe ganz vernachlässiget, und, so viel ich weiß, ist Euler der

sätze derselben befinden sich in der Anmerkung des Fermatius nach der XXVI. Aufgabe des VI. Buchs Diophants.

d) Die Probleme und Lehrsätze, von denen hier die Rede ist, stehen zerstreut in den Anmerkungen des Fermatius zu den Diophanteischen Aufgaben in Briefen, die in dem Werke: Opera Mathematica &c. enthalten sind; und endlich im 2ten Bande der Werke des Wallis. Man findet auch in den Berl. Denkschriften v. J. 1770 rc. die Beweise einiger Lehrsätze dieses Schriftstellers, die bisher noch nicht erwiesen worden waren.

einzige, der darin etwas geleistet hat. Aber die vielen und schönen Erfindungen dieses grossen Geometers haben uns zum Theil wieder schadlos gehalten. Die Petersburger Commentare sind voll von den Erfindungen dieses berühmten Mannes, und die Liebhaber der Diophanteischen Analysis können darinn viele nüzliche Lehrsätze finden. Allein bei allem diesem mangelte es bisher an einem Werke, worinn diese Wissenschaft methodisch behandelt ist, und wo die vorzüglichsten Regeln für die Auflösung der unbestimmten Gleichungen deutlich vorgetragen werden.

Ob nun aber gleich das Eulerische Werk diesem gedoppelten Zwecke entspricht, so hab ich dennoch, um dasselbe noch vollständiger zu machen, einige Zusätze beizufügen für nöthig erachtet, worüber ich mich noch kürzlich erklären will.

Die

Die Theorie der fortlaufenden Brüche ist zwar ungemein nüzlich in der Rechenkunst, indem manche Probleme, die auf jedem andern Weg oft unaufllösbar wären, sich durch dieselbe sehr leicht auflösen lassen. Aber noch wichtigere Dienste leistet sie bei Auflösung derjenigen unbestimmten Probleme, wo nur ganze Zalen verlangt werden. Und diß war der Grund, warum ich diese Theorie hier vorgetragen habe, welche ich übrigens so auseinander zu setzen bemühet war, daß sie leicht verstanden werden kann. Da sie in den meisten Lehrbüchern der Arithmetik und Algebra fehlt, so ist sie den Geometern wenig bekannt.

Hierauf gebe ich neue Anwendungen dieser Theorie. Ich bestimme die Minima, welche bei unbestimmten Formeln mit zwei unbekannten Grössen, besonders bei denen von der zweiten Ordnung, statt finden können,

und

und beweise in Absicht auf diese leztere merkwürdige Sätze, die noch nicht bekannt waren, oder die bisher nicht allgemein und direkt bewiesen worden sind. Vorzüglich wird man im dritten Kapitel eine besondre Methode finden, die wirklichen Wurzeln der Gleichungen des zweiten Grads in fortlaufende Brüche zu verwandeln, und weiter unten einen strengen Beweiß, daß diese Brüche nothwendig immer periodisch seyn müssen.

Die übrigen Zusätze betreffen die Auflösung der unbestimmten Gleichungen. Bachet hatte im Jahr 1624 eine vollständige Auflösung der unbestimmten Gleichungen vom ersten Grad gegeben. Die Auflösung der Gleichungen vom zweiten Grade erschien erst im Jahr 1769 in den Denkschriften der Berliner Akademie der Wissenschaften. Man gibt sie hier vereinfacht und so allgemein, daß hierinn nichts

mehr

mehr zu wünschen übrig bleibt. Was aber die unbestimmten Gleichungen von höheren Graden, als der zweite, anbetrift, so hat man nur besondere Methoden für einige einzelne Fälle, und es ist zu vermuthen, daß die allgemeine Auflösung derselben eben so unmöglich ist, als die Auflösung derjenigen bestimmten Gleichungen, die über den vierten Grad steigen.

Endlich enthält das lezte Kapitel Untersuchungen über diejenigen Funktionen, welche die Eigenschaft haben, daß das Produkt zweier oder mehrerer derselben jeder einzelnen ebenfalls ähnlich wird. Man findet darinn eine allgemeine Methode zur Bestimmung dieser Funktionen, deren Nutzen ich bei mehreren unbestimmten Problemen, die durch die bisher bekannten Methoden nicht aufgelößt werden können, deutlich gezeigt habe.

Diß sind also die vorzüglichsten Gegenstände dieser Zusätze, die ich leicht hätte noch mehr erweitern können, wenn ich nicht befürchtet hätte, allzuweitläufig zu werden. Ich wünsche, daß die darinn abgehandelten Materien die Aufmerksamkeit der Geometer verdienen, und ihre Liebe zu einem Theil der Analytik wieder aufwecken mögen, der es würdig ist, daß sie ihren Scharfsinn an demselben üben.

Vorrede
zur
Uebersetzung.

Man übergibt hier den Liebhabern der Analytik die Uebersetzung derjenigen Zusätze, womit de la Grange das Eulerische Werk über die Algebra bereicherte. Sie machen gleichsam den dritten Theil dieses berühmten Lehrbuchs aus, und sind so reich an innerem Gehalte, daß, so vortreflich auch die Eulerische Analytik an und für sich seyn mag, dieselbe dennoch, ohne jene Zusätze, äusserst unvollständig bleibt. Um so mehr

ist

ist es daher zu verwundern, daß noch keine deutsche Ausgabe des Eulerischen Werks mit diesen kostbaren Vermehrungen geziert worden ist.

Um aber den Besitzern der Eulerischen Algebra nicht doppelte Kosten zu verursachen, habe ich, anstatt eine neue vollständige Ausgabe dieses Werks zu veranstalten, jene Zusätze von de la Grange als ein eigenes Werk, als einen Anhang oder dritten Theil von jenem herausgegeben, der zwar abgesondert gelesen werden kann, aber gleichwol auf die schon öfters angeführte Algebra einen unmittelbaren Bezug hat, ja dessen Mangel sogar diese leztere ganz unvollständig macht. Und nun noch ein paar Worte von der Uebersetzung selbst.

Daß ich alles Mögliche angewandt habe, die Sätze mit ihren Beweisen richtig und deutlich auszudrücken, versteht sich von selbst. Wo aber bei den öfters sehr verwickelten Schlüssen, und bei den manchmal äusserst kurz zusammen gezogenen Rechnungen Erläuterungen und Entwickelungen nöthig schienen, da hab ich solche in den unten beigefügten Noten, an einigen der schwersten Stellen angebracht. Doch, da das Buch nie für die ersten Anfänger geschrieben seyn kann, so bin ich mit denselben so sparsam, als möglich, gewesen, um nicht überflüßig weitläufig zu werden.

Endlich habe ich es gewagt, dieser Uebersezung einige kleine Abhandlungen beizufügen, die sich ebenfals auf das Eulerische Werk beziehen, und die ich schon vor mehreren Jahren verfertiget habe, noch ehe ich die Zusäze des de la Grange, mit denen sie übrigens nichts gemein haben, kennen lernte.

Die erste derselben ist ein vollständiger Beweiß des Binomischen Lehrsazes, der, nach der Art, wie er geführt ist, vielleicht nicht ganz überflüssig seyn dürfte.

Die zweite enthält eine Methode, die Theiler der Zalen zu finden, und die dritte und übrigen mehrere Auflösungen merkwürdiger Probleme aus der unbestimmten Analytic nebst Betrachtungen über das Problem $\frac{x^2 - B}{A}$ zu einer ganzen Zal zu machen, welches ich allgemein aufzulösen lehrte.

Es ist zwar gewagt, in dieser Wissenschaft nach einem Euler und de la Grange aufzutretten; allein auch hier läßt sich vielleicht mit la Fontaine sagen:

Mais ce champ ne se peut tellement moissonner
Que les derniers venus n'y trouvent à glaner.

Ver-

Verbesserungen.

S.	Z.		
17	2	anstatt	Denkwürdigkeiten lese Denkschriften
23	19	=	ähnlich l. ähnliche
34	20	=	vor l. für
37	26	=	weniger einfachen l. einfacheren
39	25	=	= oder l. oder =
53	4	=	forlaufenden l. fortlaufenden
76	4	=	wenn l. wann
144	26	=	$A^{II}-$ l. $A^{II}=$
222	3	=	in plus oder minus l. bejaht oder verneint.

Ferner überall, wo Denkwürdigkeiten steht, lese man Denkschriften, und im achten Kapitel anstatt in plus oder in minus muß es heissen bejaht oder verneint.

Erstes Kapitel.

Von den fortlaufenden Brüchen.

(Fractiones continuae.)

§. 1.

Da die Theorie der fortlaufenden Brüche gewöhnlich in den Lehrbüchern der Arithmetik und Algebra fehlt, und daher den Geometern wenig bekannt ist; so wird es um so mehr der Mühe werth seyn, gegenwärtige Zusätze mit einer kurzen Theorie derselben anzufangen, als wir in der Folge öfters Gebrauch davon machen werden. Ueberhaupt wird der Name fortlaufender Bruch jedem Ausdruk gegeben, der in der Gestalt

$$\alpha + \cfrac{b}{\beta + \cfrac{c}{\gamma + \cfrac{d}{\delta + \&c.}}}$$

enthalten ist, wo die Grössen $\alpha, \beta, \gamma, \delta$ &c. und b, c, d &c. ganze bejahte oder verneinte Zahlen sind. Wir betrachten aber in gegenwärtiger Abhandlung nur diejenigen, bei welchen die Zäler b, c, d &c. der

Einheit gleich sind, und deren allgemeiner Ausdruk also

$$\alpha + \cfrac{1}{\beta + \cfrac{1}{\gamma + \cfrac{1}{\delta + \&c.}}}$$

ist; wo übrigens α, β, γ, δ &c. jede bejahte oder verneinte Zal vorstellen können; denn nur die unter unter lezterer Gestalt enthaltenen Brüche kommen in der Anwendung wirklich vor, indeß die ersteren beinahe gar nicht gebraucht werden.

§. 2.

Brounker ist, so viel ich weiß, der Erste, der die fortlaufenden Brüche erdacht hat. Derjenige ist bekannt, durch den er das Verhältniß des um einen Zirkel beschriebenen Quadrats zur Zirkelfläche ausdrükte, und der

$$1 + \cfrac{1}{2 + \cfrac{9}{2 + \cfrac{25}{2 +, \&c.}}}$$

ist. Man weiß aber die Methode nicht, deren er sich dabei bediente. Nur einige wenige, diesen Gegenstand betreffende, Untersuchungen finden sich in der arithmetica infinitorum, worinn Wallis auf eine zwar sinnreiche, aber sehr indirekte Art, die Uebereinstimmung des Brounkerischen Ausdruks mit dem seinigen, welcher, wie bekannt, $\frac{3 \cdot 3 \cdot 5 \cdot 5 \cdot 7 \cdot 7 \ldots}{2 \cdot 4 \cdot 4 \cdot 6 \cdot 6 \cdot 8 \ldots}$ ist, beweiset.

Ueber-

Ueberdiß gibt er eine Methode an, alle Arten von fortlaufenden Brüchen auf gewöhnliche zu bringen. Es scheint aber, als ob weder der eine, noch der andere dieser berühmten Geometer etwas von den vorzüglichsten Eigenschaften und dem grossen Nutzen derselben gewußt habe. Weiter unten werden wir sehen, daß der Ruhm hievon vorzüglich dem Huygens gebühre.

§. 3.

Man geräth immer sehr natürlich auf solche fortlaufende Brüche, so oft gebrochene oder irrationale Grössen in Zalen ausgedrükt werden sollen. Um diß zu zeigen, wollen wir annehmen, es sey der Werth irgend einer gegebenen Grösse a zu suchen, welche aber nicht durch eine ganze Zal ausgedrükt ist. Der einfachste Weg ist nun dieser, daß man diejenige ganze Zal sucht, welche dem Werth von a am nächsten kommt, und von diesem nur um einen Bruch unterschieden ist, der kleiner, als die Einheit ist. Diese Zal sey α; so wird also $a - \alpha$ diesem Bruch gleich seyn, der kleiner als die Einheit ist. Es muß demnach hinwiederum $\frac{1}{a-\alpha}$ grösser als die Einheit seyn. Es sey daher $\frac{1}{a-\alpha} = b$, und da also b grösser als die Einheit ist, so wird aufs neue wiederum eine ganze Zal β gesucht werden können, die dem Werth b am nächsten kommt. Es ist daher auch $b - \beta$ einem Bruche gleich, der kleiner als die Einheit ist; mithin muß $\frac{1}{b-\beta}$ grösser als die

Einheit sey. Dieser Werth heisse c. Damit nun c gefunden werde, suche man gleichfalls diejenige ganze Zal γ, die c am nächsten kommt; es muß also wiederum $c - \gamma$ kleiner, und mithin auch $\frac{1}{c-\gamma} = d$ grösser als die Einheit seyn, u. s. w. Auf diese Art erhellet also, wie der Werth von a nach und nach zu erforschen sey, und dieser Zwek muß sehr leicht und schnell erreicht werden, da man nichts als ganze Zalen hiezu gebraucht, deren jede sich dem gesuchten Werth, so viel als möglich, nähert.

Da aber $\frac{1}{a-\alpha} = b$, so ist $a - \alpha = \frac{1}{b}$ und $a = \alpha + \frac{1}{b}$. Ferner, da $\frac{1}{b-\beta} = c$, so ist auch $b = \beta + \frac{1}{c}$, und eben so auch $c = \gamma + \frac{1}{d}$ &c. Wenn man also diese Werthe nach und nach substituirt, so ergibt sich

$$a = \alpha + \frac{1}{b}$$

$$= \alpha + \cfrac{1}{\beta + \cfrac{1}{c}}$$

$$= \alpha + \cfrac{1}{\beta + \cfrac{1}{\gamma + \cfrac{1}{d}}}$$

und überhaupt

$$a = \alpha + \cfrac{1}{\beta + \cfrac{1}{\gamma + \cfrac{1}{\delta + \&c.}}}$$

Es wird nicht überflüssig seyn, hier zu bemerken, daß jede der Zalen α, β, γ &c. welche, wie wir gesehen haben, diejenigen ganzen Werthe vorstellen, welche den Grössen a, b, c &c. am nächsten kommen, auf zwei verschiedene Arten genommen werden könne, indem für den ganzen Werth, der einer gegebenen Grösse am nächsten kommt, sowol die eine als die andere der zwei ganzen Zalen gewählt werden kann, zwischen welche dieselbe hineinfällt. Indessen wird doch ein wesentlicher Unterschied zwischen diesen beiden Arten, die nächsten Werthe zu nehmen, in Absicht auf den daraus entspringenden fortlaufenden Bruch, statt finden. Denn werden immer die nächst kleineren Werthe genommen, so sind die Nenner β, γ, δ &c. alle bejaht. Im Gegentheil werden diese alle verneint, wenn man die nächst grösseren Werthe nimmt; nimmt man aber bald die kleineren, bald die grössern, so sind dieselben bald bejaht, bald verneint.

In der That, wenn α kleiner als a ist, so wird $a - \alpha$ eine bejahte Grösse seyn, mithin b ebenfalls, so wie auch β. Ist aber α grösser als a, so wird $a - \alpha$, so wie auch b und β verneint. Eben so, wenn β kleiner als b ist, so wird $b - \beta$ sowol, als auch c, und folglich auch γ, jederzeit bejaht seyn. Ist aber β grösser als b, so muß $b - \beta$, und folglich auch c und γ verneint werden, u. s. w.

Wenn aber in der Folge von verneinenden Grössen die Rede ist, so verstehe ich unter kleineren solche, die, bejaht genommen, grösser wären. Nichts desto weniger aber wird es hie und da der Fall seyn, Grössen blos in Rüksicht auf ihren absoluten Werth mit einander zu vergleichen; dann aber werden wir vorher erinnern, daß von den Zeichen abstrahirt werden müsse.

Es ist auch noch zu bemerken, daß, wenn unter den Grössen b, c, d &c. eine gefunden wird, welche einer ganzen Zal gleich ist, alsdann der fortlaufende Bruch hier aufhöre, weil auch diese Grösse beibehalten werden kann. Es sey z. B. c eine ganze Zal, so wird der fortlaufende Bruch, der den Werth von a ausdrükt, folgender seyn.

$$a = \alpha + \cfrac{1}{\beta + \cfrac{1}{c}}$$

In der That erhellet, daß $\gamma = c$ genommen werden müsse, diß gäbe $d = \frac{1}{c - \gamma} = \frac{1}{0} = \infty$, folglich $\delta = \infty$. Es wäre also

$$a = \alpha + \cfrac{1}{\beta + \cfrac{1}{\gamma + \cfrac{1}{\infty}}}$$

wo die folgenden Glieder gegen die unendliche Grösse ∞ verschwinden; aber $\frac{1}{\infty} = 0$, folglich erhält man blos $a = \alpha + \cfrac{1}{\beta + \cfrac{1}{c}}$

Dieser

Dieser Fall wird sich jedesmal ereignen, so oft die Grösse a commensurabel ist, das ist, so oft sie durch einen rationalen Bruch ausgedrükt ist. Wenn aber a eine irrationale oder transcendente Grösse vorstellt, so wird der fortlaufende Bruch, ohne irgendwo abzubrechen, nothwendig ins Unendliche fortgehen.

§. 4.

Wir wollen annehmen, die Grösse a sey ein gewöhnlicher Bruch $\frac{A}{B}$, wo A und B gegebene Zalen vorstellen. Hier ist nun klar, daß die ganze Zal α, welche sich dem Werthe $\frac{A}{B}$ am meisten nähert, der Quotient seyn müsse, den man erhält, wenn A durch B dividirt wird. Wenn also die Division auf die gewöhnliche Art verrichtet worden, und α der Quotient und + C der Ueberrest ist, so wird $\frac{A}{B} - \alpha = \frac{C}{B}$ und demnach $b = \frac{B}{C}$ seyn *). Nun sey wiederum β derjenige Werth in ganzen Zalen, der dem Bruch $\frac{B}{C}$ am nächsten kommt, und den man mithin eben-

*) Nemlich wenn A mit B dividirt α gibt, und C der Ueberrest ist, so muß $A = B\alpha + C$, mithin $\frac{B}{A} = \alpha + \frac{C}{B}$ und daher $\frac{A}{B} - \alpha = \frac{C}{B}$ seyn; aber $b = \frac{1}{a - \alpha} = \frac{1}{\frac{A - \alpha}{B}}$, also auch $= \frac{1}{\frac{C}{B}} = \frac{B}{C}$.

falls durch die Division von C in B findet, D aber der Ueberrest; so wird man auf eine ähnliche Art $b - \beta = \frac{D}{C}$ und folglich $c = \frac{C}{D}$ erhalten. Man dividire ferner C durch D, so wird der Quotient γ seyn, u.s.w.: woraus also folgende sehr einfache Regel, jeden Bruch in einen fortlaufenden Bruch zu verwandeln, hergeleitet werden kann:

Man dividire zuerst den Zäler des gegebenen Bruchs durch seinen Nenner, und heisse den Quotienten α; man dividire ferner den Nenner durch den Ueberrest, und heisse den Quotienten β; man dividire sodann den ersten Ueberrest durch den zweiten, und heisse den Quotienten γ, und so fahre man fort, immer den vorlezten Ueberrest durch den lezteren zu dividiren, bis man endlich auf eine Zal kommt, wo es keinen Ueberrest mehr gibt, (welches nothwendig geschehen muß, weil alle Ueberreste ganze Zalen sind, die je mehr und mehr abnehmen); so wird man den fortlaufenden Bruch

$$\alpha + \cfrac{1}{\beta + \cfrac{1}{\gamma + \cfrac{1}{\delta + \&c.}}}$$

erhalten, der dem gegebenen Bruche gleich ist.

§. 5.

Gesezt, es sey der Bruch $\frac{1103}{887}$ in einen fortlaufenden zu verwandeln; so dividire man also 1103 durch 887, woraus der Quotient 1 und Ueberrest 216 entspringt. Nun dividire man 887 durch 216, welches

welches den Quotienten 4 und Ueberrest 23 gibt. Ferner 216 durch 23 dividirt, gibt zum Quotienten 9, und zum Ueberrest 9; 23 durch 9 dividirt zum Quotienten 2 und Ueberrest 5; 9 durch 5 dividirt gibt zum Quotienten 1 und zum Ueberrest 4. Sodann 5 mit 4 dividirt gibt zum Quotienten 1, und Ueberrest 1. Endlich 4 durch 1 dividirt gibt zum Quotienten 4 und zum Ueberrest 0; so daß also die Operation hier aufhört. Wenn man nun alle gefundene Quotienten der Ordnung nach sammelt, so ergibt sich die Reihe 1, 4, 9, 2, 1, 1, 4, aus welcher folgender fortlaufende Bruch entsteht

$$\frac{1103}{887} = 1 + \cfrac{1}{4 + \cfrac{1}{9 + \cfrac{1}{2 + \cfrac{1}{1 + \cfrac{1}{1 + \cfrac{1}{4}}}}}}$$

§. 6.

Da bei der gewöhnlichen Art zu dividiren immer diejenige ganze Zal zum Quotienten genommen wird, welche dem gegebenen Bruch entweder gleich, oder kleiner als derselbe ist, so folgt hieraus, daß man durch die vorhergehende Methode nur solche fortlaufende Brüche bekomme, deren Nenner alle bejahte Zahlen sind.

Man kann aber auch zum Quotienten diejenige ganze Zahl nehmen, welche unmittelbar grösser ist, als der Werth des Bruchs, wenn dieser leztere nicht auf eine ganze Zal gebracht werden kann, und daher darf man den Werth des durch die gewöhnliche Operation gefundenen Quotienten nur um eine Einheit vermehren: Alsdann wird der Ueberrest, und folglich auch der folgende Quotient nothwendig verneint werden. Auf diese Art kann man also nach Belieben die Glieder des fortlaufenden Bruchs bejaht oder verneint machen.

Im vorhergehenden Beispiel hätte man bei der Division von 1103 durch 887 statt des Quotienten 1 auch 2 annehmen können. In diesem Fall aber wird alsdann der Ueberrest = − 671; dividirt man nun aufs neue 887 durch − 671, so ist der Quotient entweder − 1 und der Ueberrest 216, oder es ist der Quotient − 2 und der Ueberrest − 445. Wenn wir nun den grösseren Quotienten − 1 nehmen, so wird der Ueberrest − 671 durch den Ueberrest 216 dividirt werden müssen, woraus entweder der Quotient − 3 und Ueberrest − 23, oder der Quotient − 4 und Ueberrest 193 entspringen. Bei der folgenden Division nehme man den grösseren Quotienten − 3 und dividire also 216 durch den Ueberrest − 23, welches entweder den Quotienten − 9 und Ueberrest 9 oder den Quotienten − 10 und Ueberrest − 14 gibt, und so fort. Auf diese Art erhält man:

$$\frac{1103}{887} = 2 + \cfrac{1}{-1 + \cfrac{1}{-3 + \cfrac{1}{-9 + \&c.}}}$$

wo alle Nenner verneint sind.

§. 7.

§. 7.

Es kann aber jeder verneinte Nenner bejaht werden, wenn man das Zeichen des Zählers verändert; aber dann muß man auch das Zeichen des folgenden Zählers verändern, weil offenbar

$$\mu + \cfrac{1}{-\nu + \cfrac{1}{\pi + \&c.}} = \mu - \cfrac{1}{\nu - \cfrac{1}{\pi + \&c.}}$$

ist.

Ferner kann man auch, nach Belieben, alle verneinte Zeichen des Bruchs hinwegschaffen, und denselben in einen andern verwandeln, dessen Glieder alle bejaht sind, weil überhaupt

$$\mu - \cfrac{1}{\nu + \&c.} = \mu - 1 + \cfrac{1}{1 + \cfrac{1}{\nu - 1 + \&c.}}$$

ist, wie leicht bewiesen werden kann, wenn man diese beiden Grössen in gewöhnliche Brüche verwandelt. *) **)

Man

*) $\mu - \frac{1}{\nu} = \frac{\mu\nu - 1}{\nu}$ und $\mu - 1 + \cfrac{1}{1 + \cfrac{1}{\nu - 1}}$

$= \mu - 1 + \frac{1}{\nu : \nu - 1} = \mu - 1 + \frac{\nu - 1}{\nu}$

$= \frac{\mu\nu - \nu + \nu - 1}{\nu} = \frac{\mu\nu - 1}{\nu}$, folglich ꝛc.

Anm. d. Ueb.

Man kann auch auf ähnliche Art verneinte Glieder statt der bejahten einführen, weil

$$\mu + \cfrac{1}{\nu + \&c.} = \mu + \cfrac{1}{1 + \cfrac{1}{\nu - 1 + \&c.}}$$

durch welche Verwandlungen öfters ein solcher Bruch einfacher, und auf eine kleinere Anzal von Gliedern gebracht wird, welches immer statt findet, so oft einige

**) Aus dem Satze, daß $a - \cfrac{1}{b} = a - 1 + \cfrac{1}{1 + \cfrac{1}{b - 1}}$

sey, folgt nun auch unmittelbar, daß

$$a - \cfrac{1}{b - \cfrac{1}{c}} = a - 1 + \cfrac{1}{1 + \cfrac{1}{b - 2 + \cfrac{1}{1 + \cfrac{1}{c - 1}}}},$$

ist; denn, wenn $b - \frac{1}{c} = g$ gesezt wird, so ist

$$a - \cfrac{1}{g} = a - 1 + \cfrac{1}{1 + \cfrac{1}{g - 1}} \text{ oder } = a - 1 + \cfrac{1}{1 + \cfrac{1}{b - 1 - \cfrac{1}{c}}}$$

Nun sey $b - 1 = \alpha$; so ist $a - 1 + \cfrac{1}{1 + \cfrac{1}{b - 1 - \cfrac{1}{c}}}$

einige Nenner der bejahten oder verneinten Einheit gleich sind.

Um

$$= a - 1 + \cfrac{1}{1 + \cfrac{1}{\alpha - \cfrac{1}{c}}}$$

aber $\alpha - \cfrac{1}{c} = \alpha - 1 + \cfrac{1}{1 + \cfrac{1}{c - 1}}$, folglich

$$a - 1 + \cfrac{1}{1 + \cfrac{1}{b - 1 - \cfrac{1}{c}}} = a - 1 + \cfrac{1}{1 + \cfrac{1}{\alpha - 1 + \cfrac{1}{1 + \cfrac{1}{c - 1}}}}$$

$$= a - 1 + \cfrac{1}{1 + \cfrac{1}{b - 2 + \cfrac{1}{1 + \cfrac{1}{c - 1}}}}$$

welcher Ausdruk demnach $= a - \cfrac{1}{b - \cfrac{1}{c}}$ ist. Ganz auf eben dieselbe Art kann nun auch der Beweis für $a - \cfrac{1}{b - \cfrac{1}{c - \cfrac{1}{d}}}$ und so weiter, geführt werden.

Anm. d. Ueb.

Um ferner einen fortlaufenden Bruch zu erhalten, der in Absicht auf den Werth der gegebenen Grösse am meisten convergirt, darf man nur statt α, β, γ &c. diejenigen ganzen Zalen nehmen, die den Grössen a, b, c &c. am nächsten kommen, sie mögen nun kleiner, oder grösser, als diese seyn. Es ist aber leicht einzusehen, daß, wenn z. B. für α nicht diejenige ganze Zal genommen wird, die sich a am meisten nähert, sie sey nun grösser oder kleiner, die folgende Zal β nothwendig der Einheit gleich werden müsse; denn, da sodann der Unterschied zwischen a und α grösser als $\frac{1}{2}$ ist, so wird $b = \frac{1}{a - \alpha}$ kleiner als 2, und mithin also β der Einheit gleich seyn. Und endlich so oft bei einem fortlaufenden Bruch Nenner vorkommen, die der Einheit gleich sind, so oft ist es ein Beweiß, daß die vorgehenden Nenner nicht so nahe als möglich genommen worden sind, und daß folglich der Bruch, durch die Vermehrung oder Verminderung dieser Nenner um eine Einheit, einfacher gemacht werden kann, welches durch die vorhergehenden Formeln leicht zu bewerkstelligen ist, ohne daß darum die Rechnung von neuem wieder vorgenommen werden muß.

§. 8.

Die Methode des 4. §. kann auch bei Verwandlung einer jeden irrationalen oder transcendentischen Grösse in einen fortlaufenden Bruch angewandt werden, wenn nur dieselbe vorher in Decimalbrüchen ausgedrükt wird. Da aber der Werth in Decimalbrüchen jederzeit an und für sich der nächste ist, und man

durch

durch Vermehrung der lezteren Decimalstelle um eine Einheit, zwei Gränzen erhält, zwischen welchen der wahre Werth der gegebenen Grösse gefunden werden soll; so muß man, damit diese Gränzen nicht überschritten werden, eben denselben Calcul mit beiden Brüchen vornehmen, und nur diejenigen Quotienten nachher beibehalten, welche durch beide Operationen erhalten werden. Es soll z. B. das Verhältnis der Peripherie des Kreises zum Diameter durch einen fortlaufenden Bruch ausgedrükt werden. Dieses Verhältnis ist 3, 1415926535 ...... woraus man also nach der obenerwähnten Methode den Bruch $\frac{31415926535}{10000000000}$ erhält. Wenn nun nur der Bruch $\frac{314159}{100000}$ genommen wird, so finden sich die Quotienten 3, 7, 15, 1 &c. Nimmt man aber den grössern Bruch $\frac{314160}{100000}$, so würden die Quotienten 3, 7, 16 &c. gefunden werden, so daß der dritte Quotient ungewiß wäre. Daraus sieht man also, daß, damit der Bruch über 3 Stellen fortgesezt werden könne, man nothwendiger Weise einen Werth für die Peripherie annehmen müsse, der mehr als 6 Ziffern hat.

Wenn aber der auf 35 Decimalstellen berechnete Ludolphische Werth genommen wird, nehmlich 3, 14159, 26535, 89793, 23846, 26433, 83279, 50288, und man ebendieselbe Operation mit diesem Bruch und demjenigen macht, dessen leztere Ziffer um eine Einheit grösser und also = 9 ist; so findet sich folgende Reihe von Quotienten, 3, 7, 15, 1, 292, 1, 1, 1, 2, 1, 3, 1, 14, 2, 1, 1, 2, 2, 2, 2, 1, 84, 2, 1, 1, 15, 3, 13, 1, 4, 2, 6, 6, 1, woraus

Peripherie

$$\frac{\text{Peripherie}}{\text{Diameter}} = 3 + \cfrac{1}{7 + \cfrac{1}{15 + \cfrac{1}{1 + \cfrac{1}{192 + \cfrac{1}{1 + \cfrac{1}{1 + \text{etc.}}}}}}}$$

Da hier einige Nenner vorkommen, welche = 1 sind, so kann der Bruch einfacher gemacht werden, wenn man, nach Anleitung des §. 7. verneinte Glieder einführt, wodurch man erhält:

$$\frac{\text{Peripherie}}{\text{Diameter}} = 3 + \cfrac{1}{7 + \cfrac{1}{16 - \cfrac{1}{294 - \cfrac{1}{3 - \frac{1}{3} + \&c.}}}}$$

Oder:

$$\frac{\text{Per.}}{\text{Diam.}} = 3 + \cfrac{1}{-7 + \cfrac{1}{16 + \cfrac{1}{-294 + \cfrac{1}{3 + \cfrac{1}{-3 + \&c.}}}}}$$

§. 9.

Ich habe an einem andern Orte gezeigt, wie die Theorie der fortlaufenden Brüche auf die Auflösung der Gleichungen in Zalen angewandt werden könne, für

für welche man bisher nur unvollkommne und unzulängliche Methoden hatte. (Man sehe die Denkwürdigkeiten der Berliner Akademie Jahrgänge 1767 und 1768). Die ganze Schwierigkeit besteht darin, in jeder Gleichung den nächsten ganzen Werth zu finden, er sey nun grösser oder kleiner, als die gesuchte Wurzel. Ich war der erste, der sichere und allgemeine Regeln gab, nicht nur die wirkliche, bejahte und verneinte, gleiche oder ungleiche Wurzeln einer gegebene Gleichung zu erkennen, sondern auch auf eine leichte Art die Gränzen der wirklichen Grössen zu finden, welche unmögliche Wurzeln geben. Wenn daher die unbekannte Grösse einer vorgegebenen Gleichung x heißt, so suche man zuerst diejenige ganze Zal α, welche der gesuchten Wurzel am nächsten kommt; daher wird nach §. 3. $x = \alpha + \frac{1}{y}$ seyn, (wo x, y, z, hier das bedeuten, was dort a, b, c &c. vorstellten); wenn nun dieser Werth statt x gesezt wird, so ergibt sich, nach dem die Brüche hinweggeschaft worden, eine Gleichung von ebendemselben Grad, in y ausgedrükt, welche wenigstens eine bejahte oder verneinte Wurzel, die grösser, als die Einheit ist, haben muß. Man suche nun wiederum diejenige ganze Zal β, die dieser Wurzel am nächsten kommt, und setze $y = \beta + \frac{1}{z}$, welches eine neue Gleichung in z ausgedrükt, geben wird, welche nothwendig eine Wurzel haben muß, die grösser als die Einheit ist. Die ihr am nächsten kommende Zal heisse γ, u. s. w. Die gesuchte Wurzel wird also durch folgenden Bruch vorgestellt werden,

$$\alpha + \cfrac{1}{\beta + \cfrac{1}{\gamma + \cfrac{1}{\delta + \&c.}}}$$

und diese Reihe muß irgendwo abbrechen, wenn die gesuchte Wurzel rational ist, hingegen aber ins Unendliche fortgehen, wenn solche incommensurabel ist.

In den angeführten Abhandlungen wird man nun alle nöthige Sätze finden, sowol diese Methode, als auch die Vortheile, die sie gewährt, einzusehen, nebst verschiedenen Mitteln, die Operationen öfters abzukürzen; so daß ich mir schmeichle, diese Materie beinahe gänzlich erschöpft zu haben.

Was indessen die Wurzeln der Gleichungen vom zweiten Grade anbetrifft, so werden wir weiter unten (§. 33 und den folgenden) eine besondere, sehr einfache Methode vortragen, dieselbe in fortlaufende Brüche zu verwandeln.

§. 10.

Nachdem wir die Entstehung der fortlaufenden Brüche gezeigt haben, so wollen wir nun jezt auch ihre vorzüglichsten Eigenschaften und ihren Nutzen darthun.

Vordersamst ist klar, daß man dem wahren Werth um desto näher komme, je mehr Glieder in dem fortlaufenden Bruch genommen werden; so daß, wenn man nach und nach bei verschiedenen Gliedern desselben abbricht, nothwendigerweise eine Reihe von

Grössen

Grössen herauskommen muß, welche sich der gegebenen Grösse immer mehr und mehr nähern.

Da also der Werth von a durch den Bruch

$$\alpha + \cfrac{1}{\beta + \cfrac{1}{\gamma + \cfrac{1}{\delta + \&c.}}}$$

vorgestellt wird, so werden die Grössen

$$\alpha,\ \alpha + \frac{1}{\beta},\quad \alpha + \cfrac{1}{\beta + \cfrac{1}{\gamma}}\ \&c.$$

Oder:

$$\alpha,\ \frac{\alpha\beta + 1}{\beta},\ \frac{\alpha\beta\gamma + \alpha + \gamma}{\beta\gamma + 1}$$

dem Werth von a immer näher und näher kommen.

Damit aber das Gesez, nach welchem diese Grössen immer mehr und mehr convergiren, desto deutlicher in die Augen falle, muß man sich erinnern, daß nach den Formeln des 3. §.

$$a = \alpha + \frac{1}{b},\ b = \beta + \frac{1}{c},\ c = \gamma + \frac{1}{d}\ \text{ꝛc.}$$

sey; woraus erhellet, daß α der erste Werth ist, der a am nächsten kommt, und wenn nachher der genaue Werth von a, welcher $= \frac{\alpha b + 1}{b}$ ist, genommen, und statt b sein nächster Werth β gesezt wird, so kommt man auf diesen noch näheren Werth $\frac{\alpha\beta + 1}{\beta}$

Einen dritten noch nähern Werth erhält man, wenn man erstens statt a seinen genauen Werth $\frac{\beta c + 1}{c}$ sezt, woraus $a = \frac{(\alpha\beta + 1) c + \alpha}{c\beta + 1}$ entsteht, und zweitens statt c seinen nächsten Werth γ sezt; auf diese Art wird ein neuer Werth von a $= \frac{(\alpha\beta + 1)\gamma + \alpha}{\beta\gamma + 1}$ seyn.

Wenn man aber diese Schlüsse noch weiter fortsezt, und in dem oben gefundenen Ausdruk von a statt c seinen genauen Werth $\frac{\gamma d + 1}{d}$ sezt, so ergibt sich

$$a = \frac{((\alpha\beta + 1)\gamma + \alpha) d + \alpha\beta + 1}{(\beta\gamma + 1) d + \beta}$$

oder wenn man statt d seinen nächsten Werth δ nimt,

$$a = \frac{((\alpha\beta + 1)\gamma + \alpha)\delta + \alpha\beta + 1}{(\beta\gamma + 1)\delta + \beta}$$

welches also der Ausdruk für a von der vierten Näherung ist, u. s. w.

Hieraus erhellet nun aber deutlich, daß wenn aus $\alpha, \beta, \gamma, \delta$ &c. folgende Ausdrücke gemacht werden:

$A = \alpha.$	und	$A' = 1$
$B = \beta A + 1$		$B' = \beta$
$C = \gamma B + A$		$C' = \gamma B' + A'$
$D = \delta C + B$		$D' = \delta C' + B'$
$E = \varepsilon D + C$ &c.		$E' = \varepsilon D' + C'$ &c.

folgende Reihe von Brüchen erhalten wird, die sich der Grösse a immer mehr und mehr nähern

$$\frac{A}{A'},\ \frac{B}{B'},\ \frac{C}{C'},\ \frac{D}{D'},\ \frac{E}{E'},\ \frac{F}{F'}\ \&c.$$

Wenn

Wenn die Grösse a rational ist, und durch den Bruch $\frac{V}{V'}$ ausgedrükt wird, so erhellet deutlich, daß dieser Bruch immer der lezte in der vorhergehenden Reihe seyn müsse, weil in diesem Fall der fortgehende Bruch geendigt ist, und der leztere Bruch der obigen Reihe immer dem ganzen fortlaufenden Bruch gleich seyn muß.

Ist aber die Grösse a irrational oder transcendentisch, so geht der fortlaufende Bruch ins Unendliche fort, und demnach kann auch die Reihe der convergirenden Brüche ins Unendliche fortgesezt werden.

§. 11.

Laßt uns nun die Natur dieser Brüche untersuchen. Vordersamst ist klar, daß sowol die Zalen A, B, C &c. als auch A', B', C' &c. immer zunehmen. Denn 1) wenn die Grössen α, β, γ, &c. alle bejaht sind, so müssen auch A, B, C und A' B' C' &c. nothwendig bejaht seyn, und es muß also $B > A$, $C > B$, $D > C$ &c. und $B' =$ oder $> A'$, $C' > B'$, $D' > C'$ werden. 2) Wenn α, β, γ &c. entweder alle oder zum Theil verneint sind, dann gibt es unter den Zalen A, B, C, A', B', C' &c. bejahte und verneinte; da aber nach den vorhergehenden Formeln allgemein

$$\frac{B}{A} = \beta + \frac{1}{\alpha},\ \frac{C}{B} = \gamma + \frac{A}{B},\ \frac{D}{C'} = \delta + \frac{B}{C}$$

&c. ist, so folgt hieraus, daß, wenn die Zalen, α, β, γ &c. deren Zeichen übrigens seyn mögen, was sie wollen, um eine Einheit verschieden sind, nothwendig auch, (wenn man von diesen Zeichen abstrahirt,) $\frac{B}{A}$

 grösser

grösser als die Einheit, mithin $\frac{A}{B}$ kleiner als die Einheit, folglich $\frac{C}{B}$ grösser als dieselbe, und sofort seyn müsse. Es ist also B grösser als A, C grösser als B &c.

Hiebei ist nur eine einzige Ausnahme zu bemerken, wenn nemlich unter den Grössen α, β, γ &c. einige der Einheit gleich sind. Wir wollen nemlich annehmen, die Zal γ sey die erste, welche $= \pm 1$ ist. Es wird also zuerst $B > A$ seyn, aber B wird $< C$ seyn, wenn $\frac{A}{B}$ mit γ verschiedene Zeichen hat, welches daraus erhellet, daß $\frac{C}{B} = \gamma + \frac{A}{B}$ ist; denn in diesem Falle wird $\gamma + \frac{A}{B}$ kleiner, als die Einheit. Aber dann behaupte ich, daß auch nothwendig D grösser als B seyn werde, welches folgender Gestalt erwiesen werden kann: Da $\gamma = \pm 1$ so ist auch § 10.

$c = \pm 1 + \frac{1}{d}$, und $c - \frac{1}{d} = \pm 1$; da aber c und d grösser als die Einheit sind, (§. 3.) so kann diese Gleichung nicht bestehen, wenn c und d nicht einerlei Zeichen haben. Nun sind γ und δ die nächsten Werthe von c und d, mithin müssen sie auch einerlei Zeichen haben; aber der Bruch $\frac{C}{B} = \gamma + \frac{A}{B}$ muß mit γ einerlei Zeichen haben, weil γ eine ganze Zal ist, und $\frac{A}{B}$ ein Bruch, der kleiner als die Einheit

ist.

ist. Folglich haben $\frac{C}{B}$ und δ einerlei Zeichen, folglich ist $\frac{\delta C}{B}$ eine bejahte Zal. Aber $\frac{D}{C} = \delta + \frac{B}{C}$, folglich muß, wenn man beiderseits mit $\frac{C}{B}$ multiplicirt, $\frac{D}{B} = \frac{\delta C}{B} + 1$ seyn. Da nun aber $\frac{\delta C}{B}$ bejaht ist, so muß also $\frac{D}{B}$ grösser als die Einheit, und daher D grösser als B seyn.

Hieraus folgt demnach, daß, wenn in der Reihe A, B, C ein Glied vorkommt, das kleiner, als das vorhergehende ist, das darauf folgende Glied nothwendigerweise grösser seyn müsse, so, daß wenn man also diese kleineren Glieder abrechnet, die Reihe nichts desto weniger steigt. Dieser Umstand kann aber, wenn man will, immer vermieden werden, entweder wenn man die Grössen α, β, γ &c. alle bejaht nimmt, oder wenn man die Einheiten alle den Zeichen nach verschieden nimmt, welches immer möglich ist.

Ebenderselbe Saz gilt auch für die Reihe A′, B′, C′ ꝛc., in welcher

$$\frac{B'}{A'} = \beta, \quad \frac{C'}{B'} = \gamma + \frac{A'}{B'}, \quad \frac{D'}{C'} = \delta + \frac{B'}{C'}.$$

wobei also ähnlich Schlüsse, wie bei dem Vorhergehenden, statt finden.

Wenn man die Glieder zweier benachbarten Brüche der Reihe $\frac{A}{A'}$, $\frac{B}{B'}$, $\frac{C}{C'}$ ins Kreuz multiplicirt, so so findet sich $BA' - AB' = 1$, $CB' - BC' = AB' - BA'$, $DC' - CD' = BC' - CB'$ &c.; woraus allgemein folgt

$$BA' - AB' = 1.$$
$$CB' - BC' = -1.$$
$$DC' - CD' = 1.$$
$$ED' - DE' = -1. \text{ \&c. *)}$$

Diese Eigenschaft ist vorzüglich zu bemerken, weil sehr nüzliche Folgen daraus gezogen werden können.

Erstens erhellet daraus, daß die Brüche $\frac{A}{A'}$, $\frac{B}{B'}$, $\frac{C}{C'}$ &c. schon bereits auf ihre kleinste Zal gebracht sind; denn, wenn z. B. C und C' ausser der Einheit noch einen andern gemeinschaftlichen Theiler hätten, so wäre auch die ganze Zal $CB' - BC'$ durch denselben theilbar, welches aber unmöglich ist, weil $CB' - BC' = -1$.

Wenn die obigen Gleichungen unter dieser Gestalt vorgestellt werden:

$$\frac{B}{B'} - \frac{A}{A'} = \frac{1}{A'B'}$$
$$\frac{C}{C'} - \frac{B}{B'} = \frac{1}{C'B'}$$

$\frac{D}{D'}$

*) $B = \beta A + 1$, und $A' = 1$; also $BA' = \beta A + 1$: ferner $AB' = A\beta$; folglich $BA' - AB' = 1$. Eben so ist auch $CB' = (\gamma B + A) B' = \gamma BB' + AB'$. und $BC' = B(\gamma B' + A') = \gamma BB' + BA'$. Also $CB' - BC' = \gamma BB' + AB' - \gamma BB' - BA' = AB' - BA' = -1$. und so mit den übrigen.

$$\frac{D}{D'} - \frac{C}{C'} = \frac{1}{C'D'}$$

$$\frac{E}{E'} - \frac{D}{D'} = \frac{1}{D'E'} \text{ \&c.}$$

so ist leicht einzusehen, daß die Unterschiede zwischen den nächsten Brüchen der Reihe $\frac{E}{A'}, \frac{B}{B'}, \frac{C}{C'}$ &c. immer geringer werden, und folglich die Reihe nothwendig convergent seyn müsse. Ich behaupte aber, der Unterschied zwischen zwei auf einander folgenden Brüchen sey so gering, als möglich, so daß zwischen diesen beiden Brüchen kein andrer findet, dessen Nenner nicht grösser wäre, als die Nenner jener Brüche.

Man nehme z. B. die zwei Brüche $\frac{C}{C'}$ und $\frac{D}{D'}$, deren Unterschied $\frac{1}{C'D'}$ ist, und setze, es gebe einen andern Bruch $\frac{m}{n}$, dessen Werth zwischen jene zwei Brüche falle, und bei welchem der Nenner n kleiner sey als C′ oder D′. Weil nun also $\frac{m}{n}$ zwischen $\frac{C}{C'}$ und $\frac{D}{D'}$ fallen soll, so muß der Unterschied von $\frac{m}{n}$ und $\frac{C}{C'}$, welcher $= \frac{mC' - nC}{nC'}$ oder $= \frac{nC - mC'}{nC'}$ ist, kleiner als $\frac{1}{C'D'}$ seyn. Es ist aber klar, daß eben dieser Unterschied nicht kleiner seyn kann, als $\frac{1}{nC'}$;

wenn also $n < D'$, so wird derselbe nothwendig grösser als $\frac{1}{C'D}$ werden. Und da auf gleiche Art der Unterschied zwischen $\frac{m}{n}$ und $\frac{D}{D'}$ nicht kleiner seyn kann, als $\frac{1}{nD'}$, so wird er nothwendig grösser seyn, als $\frac{1}{C'D'}$, wenn $n < C$ ist.

§. 13.

Laßt uns nun sehen, wie jeder einzelne Bruch der Reihe $\frac{A}{A'}$, $\frac{B}{B'}$ &c. dem Werth von a sich nähere. Zu diesem Endzwek betrachte man die §. 10. gefundenen Formeln, nach welchen

$$a = \frac{Ab + 1}{A'b}$$

$$a = \frac{Bc + A}{B'c + A'}$$

$$a = \frac{Cd + B}{C'd + B'}$$

$$a = \frac{De + C}{D'e + C'} \quad \text{und so weiter.}$$

Wenn man also wissen will, wie z. B. der Bruch $\frac{C}{C'}$ sich der Grösse a nähere, so suche man den Unterschied zwischen $\frac{C}{C'}$ und a, indem man statt a die Grösse

$\frac{Cd+B}{C'd+B'}$ sezt. Dieser Unterschied ist nun

$$a - \frac{C}{C} = \frac{C'd+B'}{C'd+B'} - \frac{C}{C'} = \frac{BC' - CB'}{C'(C'd+B')}$$

oder $= \frac{1}{C'(C'd+B')}$, weil $BC' - CB' = 1$ ist.

Da aber angenommen wird, δ sey der nächste Werth an d, so daß der Unterschied zwischen d und δ kleiner als die Einheit ist, (§. 3.) so muß der Werth von d zwischen den Zalen δ und $\delta \pm 1$ enthalten seyn, (wo das obere Zeichen für den Fall gilt, da der nächste Werth δ kleiner, als der wahre Werth d ist; und das untere für denjenigen, da $\delta > d$ ist.) Folglich ist auch der Werth von $C'd+B'$ zwischen $C'\delta+B'$ und $C'(\delta \pm 1) + B'$, das heißt, zwischen D' und $D' \pm C'$ enthalten. Mithin fällt $a - \frac{C}{C'}$ zwischen die zwei Gränzen $\frac{1}{C'D'}$ und $\frac{1}{C'(D' \pm C')}$; woraus man also die Grösse der Näherung des Bruchs $\frac{C}{C'}$ beurtheilen kann.

§. 14.

Allgemein wird also seyn

$$a = \frac{A}{A'} + \frac{1}{A'b}$$

$$a = \frac{B}{B'} - \frac{1}{B'(B'c+A')}$$

$$a = \frac{C}{C'} + \frac{1}{C'(C'd+B')}$$

$$a = \frac{D}{D'} - \frac{1}{D'(D'e+C)}$$

und so weiter. *)

Wenn wir aber annehmen, daß die nächsten Werthe α, β, γ &c. immer kleiner genommen werden, als die wahren, so werden diese Zalen alle bejaht seyn, so daß die Grössen b, c, d &c. (§. 3.) und also auch A′, B′, C′ &c. ebenfalls alle bejaht sind. Hieraus folgt nun, daß die Unterschiede zwischen a und den Brüchen $\frac{A}{A'}$, $\frac{B}{B'}$, $\frac{C}{C'}$ &c. abwechslungsweise bejaht und verneint seyn müssen, das ist: daß diese Brüche abwechslungsweise kleiner und grösser, als a seyen. Da überdis $b > \beta$, $c > \gamma$, $d > \delta$ &c. (wie angenommen worden,) so ist auch $b > B'$, $B'c + A' > B'\gamma + A' > C'$; $C'd + B' > C'\delta + B' > D'$ &c., und da $b < \beta + 1$, $c < \gamma + 1$, $d < \delta + 1$, so muß auch $b < B' + 1$; $B'c + A' < B'(\gamma + 1) + A' < C' + B'$ seyn u. s. w., so daß die Fehler, welche man begeht, wenn man die Brüche $\frac{A}{A'}$, $\frac{B}{B'}$, $\frac{C}{C'}$ &c. statt a sezt,

*) Diß folgt unmittelbar aus dem Vorhergehenden, nach welchem nemlich $a - \frac{C}{C'} = \frac{1}{C'(C'd+B)}$ und mithin $a = \frac{C}{C'} + \frac{1}{C'(C'd+B')}$ ist. Aber eben die Schlüsse, die bei $\frac{C}{C'}$ gebraucht wurden, sind diesem Bruche nicht allein eigen, sondern hätten auch auf jeden andern der obigen Reihen auf eben dieselbe Art angewandt werden können. Folglich ꝛc. Anm. d. Ueb.

a sezt, kleiner seyn werden, als $\frac{1}{A'B'}$, $\frac{1}{B'C'}$, $\frac{1}{C'D'}$ &c. aber grösser, als $\frac{1}{A'(B'+A')}$, $\frac{1}{B'(C'+B')}$, $\frac{1}{C'(D'+C')}$ &c. woraus zu ersehen ist, wie klein diese Fehler werden, und wie sehr sie immer mehr und mehr abnehmen.

Weil aber die Brüche $\frac{A}{A'}$, $\frac{B}{B'}$, $\frac{C}{C'}$ &c. abwechslungsweise kleiner und grösser sind als a, so ist klar, daß der Werth dieser Grösse immer zwischen je zwei unmittelbar auf einander folgenden Brüchen liegen müsse. Da wir nun oben (§. 12.) bewiesen haben, daß zwischen zwei dergleichen Brüchen kein anderer Bruch möglich sey, der einen kleinern Nenner hat, als einer von diesen zwei Brüchen, so folgt hieraus, daß die einzelnen Brüche von denen hier die Rede ist, die Grösse a genauer ausdrücken, als jeder andre Bruch, dessen Nenner kleiner wäre, als der Nenner des nächstfolgenden Bruchs. Nemlich der Bruch $\frac{C}{C'}$ zum Beispiel, wird den Werth von a genauer ausdrücken, als jeder andre Bruch $\frac{m}{n}$, in welchem n kleiner als D′ ist.

§. 15.

Sind aber die nächsten Werthe α, β, γ &c. alle, oder zum Theil grösser, als die wahren, alsdann werden unter diesen Zalen nothwendig einige verneint seyn müssen. (§. 3.) Folglich werden auch einige

Glieder

Glieder der Reihe A, B, C &c. und A′, B′, C′ &c. verneint werden, und daher sind die Unterschiede der Brüche $\frac{A}{A'}$, $\frac{B}{B'}$, $\frac{C}{C'}$ und der Grösse a nicht mehr abwechslungsweise bejaht und verneint, wie im vorhergehenden §; daher geben auch diese Brüche nicht immer die Gränzen von a in plus und minus an. Aus diesem Grunde werden also in der Ausübung diejenigen fortlaufenden Brüche vorgezogen, deren Nenner alle bejaht sind. In Zukunft werden wir daher keine andre als solche von dieser leztern Art mehr betrachten.

§. 5.

Es seyen nun also die Brüche $\frac{A}{A'}$, $\frac{B}{B'}$, $\frac{C}{C'}$ &c. so, daß sie abwechselnd kleiner und grösser sind als a; so läßt sich diese Reihe in zwei andre vertheilen $\frac{A}{A'}$, $\frac{C}{C'}$, $\frac{E}{E'}$ &c. und $\frac{B}{B'}$, $\frac{D}{D'}$, $\frac{F}{F'}$ &c. deren erstere alle diejenigen Brüche enthält, die kleiner sind als a, und sich der Grösse a wachsend nähern; die andre aber alle diejenigen, die grösser sind, als a, und sich dem Werthe a durch immerwährendes Abnehmen nähern. Jede dieser beiden Reihen wollen wir jezt untersuchen.

In der ersten ist (§. 10. und 12.)

$$\frac{C}{C'} - \frac{A}{A'} = \frac{\gamma}{A'C'} \text{ und } \frac{E}{E'} - \frac{C}{C'} = \frac{\varepsilon}{C'E'}, \text{ \&c.}$$

und in der zweiten

$$\frac{B}{B'} - \frac{D}{D'} = \frac{\delta}{B'D'}, \frac{D}{D'} - \frac{F}{F'} = \frac{\xi}{D'F'} \text{ \&c.}$$

Wären

Wären nun die Zalen γ, δ, ε &c. alle der Einheit gleich, so könnte man wie §. 12. beweisen, daß zwischen zwei auf einander folgenden Brüchen der einen oder der andern Reihe kein andrer Bruch gefunden werden könne, dessen Nenner kleiner ist, als die Nenner jener beiden Brüche. Sind aber die Grössen α, β, γ &c. nicht $= 1$, so wird diß nicht statt finden; denn in diesem Fall kann man zwischen die Brüche, von denen die Rede ist, so viel andre einschieben, als Einheiten in den Zalen $\gamma - 1$, $\delta - 1$, $\varepsilon - 1$ 2c. enthalten sind, und daher darf man nur nach und nach in den Werthen C und C′ (§. 10.) die Zalen 1, 2, 3 2c. γ anstatt γ, und so in den Werthen D und D′ die Zalen 1, 2, 3 2c. δ anstatt δ setzen, u. s. w.

§. 17.

Wir wollen z. B. annehmen, γ sey $= 4$, so ist also $C = 4B + A$, und $C' = 4B' + A'$; es können also zwischen $\frac{A}{A'}$ und $\frac{C}{C'}$ folgende drei Brüche eingeschoben werden $\frac{B + A}{B' + A'}$, $\frac{2B + A}{2B' + A'}$, $\frac{3B + A}{3B' + A'}$. Man sieht aber deutlich, daß die Nenner dieser Brüche eine steigende arithmetische Progression von A′ bis C′ bilden, und wir werden sogleich sehen, daß eben diese Brüche auch von $\frac{A}{A'}$ bis auf $\frac{C}{C'}$ zu nehmen, so, daß es unmöglich ist, in der Reihe

$$\frac{A}{A'}, \frac{B + A}{B' + A'}, \frac{2B + A}{2B' + A'}, \frac{3B + A}{3B' + A'}, \frac{4B + A}{4B' + A'}$$

oder $\frac{C}{C'}$ irgend einen Bruch einzuschieben, dessen Werth

zwischen

zwischen diese zwei auf einander folgende Brüche falle, und dessen Nenner ebenfalls zwischen diesen zwei Brüchen enthalten sey. Denn, wenn zwischen den vorhergehenden Brüchen die Unterschiede genommen werden, so ist, wegen

$$BA' - A'B = 1,$$

$$\frac{B+A}{B'+A'} - \frac{A}{A'} = \frac{1}{A'(B'+A')}$$

$$\frac{2B+A}{2B'+A'} - \frac{B+A}{B'+A'} = \frac{1}{(B'+A')(2B'+A')}$$

$$\frac{3B+A}{3B'+A'} - \frac{2B+A}{2B'+A'} = \frac{1}{(2B'+A')(3B'+A')}$$

$$\frac{C}{C'} - \frac{3B+A}{3B'+A'} = \frac{1}{(3B'+A').C'}$$

wo man erstens sieht, daß die Brüche $\frac{A}{A'}$, $\frac{B+A}{B'+A'}$ &c. zunehmen, weil alle ihre Unterschiede bejaht sind. Und da ferner diese Unterschiede gleich der Einheit, dividirt durch das Produkt zweier Nenner, sind, so kann der §. 12. gebrauchte Schluß auch hier angewandt, und mithin auf eine ähnliche Art bewiesen werden, daß es unmöglich sey, zwischen zwei auf einander folgende Brüche der vorhergehenden Reihe irgend einen Bruch $\frac{m}{n}$ einzuschieben, dessen Nenner n zwischen die Nenner jener zwei Brüche fällt, oder überhaupt kleiner ist, als der größte dieser beiden Nenner.

Ferner,

Ferner, da die Brüche, von welchen wir hier reden, alle grösser sind, als der wahre Werth a, $\frac{B}{B'}$ hingegen aber kleiner ist, so ist klar, daß jeder dieser Brüche sich der Grösse a nähere, so daß ihr Unterschied kleiner seyn wird, als der Unterschied eben desselben Bruchs, und des Bruchs $\frac{B}{B'}$, Nun findet man

$$\frac{A}{A'} - \frac{B}{B'} = \frac{1}{A'B'}$$

$$\frac{B+A}{B'+A'} - \frac{B}{B'} = \frac{1}{(B'+A')B'}$$

$$\frac{2B+A}{2B'+A'} - \frac{B}{B'} = \frac{1}{(2B'+A')B'}$$

$$\frac{3B+A}{3B'+A'} - \frac{B}{B'} = \frac{1}{(3B'+A')B'}$$

$$\frac{C}{C'} - \frac{B}{B'} = \frac{1}{C'B'}$$

Da aber diese Unterschiede gleich der Einheit, dividirt durch das Produkt der Nenner, sind, so kann man die Schlüsse des 12. §. auch hier anwenden, um zu beweisen, daß kein Bruch $\frac{m}{n}$ zwischen die Brüche $\frac{A}{A'}$, $\frac{B+A}{B'+A'}$, $\frac{2B+A}{2B'+A'}$ &c. und $\frac{B}{B'}$ fallen könne, dessen Nenner n kleiner ist, als der Nenner eines dieser Brüche; woraus also folgt, daß jeder einzelne derselben sich der Grösse a mehr nähere, als jeder andere Bruch

Bruch, der kleiner als a wäre, und dabei einen kleineren, d. i. in einfacheren Zalen ausgedrükten Nenner hätte.

§. 18.

Im vorhergehenden § haben wir die eingeschalteten Brüche zwischen $\frac{A}{A'}$ und $\frac{C}{C'}$ betrachtet. Ein gleiches wird nun von den eingeschalteten Brüchen zwischen $\frac{C}{C'}$ und $\frac{E}{E'}$, zwischen $\frac{E}{E'}$ und $\frac{G}{G'}$ &c. statt finden, wenn ε, $\varkappa$ &c. grösser als die Einheit sind.

Alles, was wir bisher von der ersten Reihe $\frac{A}{A'}$, $\frac{C}{C'}$ gesagt haben, kann man auch auf die andre $\frac{B}{B'}$, $\frac{D}{D'}$, $\frac{F}{F'}$ rc. anwenden; so, daß wenn δ, ξ rc. grösser als die Einheit sind, zwischen die Brüche $\frac{B}{B'}$, $\frac{D}{D'}$ rc. verschiedne andre eingeschoben werden können, die alle grösser, als a sind, aber immer mehr und mehr abnehmen, und die Grösse a genauer ausdrücken, als jeder andere grössere Bruch, als a, thun könnte, der in einfacheren Zalen gegeben wäre.

Ueberdiß, wenn β ebenfalls grösser als die Einheit ist, so können auf ebendieselbe Art vor den Bruch $\frac{B}{B'}$ die Brüche $\frac{A+1}{1}$ oder $\frac{2A+1}{2}$, $\frac{3A+1}{3}$ rc. bis auf $\frac{\beta A+1}{\beta}$ oder $\frac{B}{B'}$ gesezt werden, und diese

Brü-

Brüche werden ebendieselben Eigenschaften haben, als die ändern eingeschalteten Brüche. Auf diese Art ergeben sich also folgende zwei vollständige Reihen von Brüchen, die sich der Grösse a nähern.

Wachsende Brüche, die kleiner sind, als a.

$$\frac{A}{A'},\ \frac{B+A}{B'+A'},\ \frac{2B+A}{2B'+A'},\ \frac{3B+A}{3B'+A'}\ \text{rc.}$$

$$\frac{\gamma B+A}{\gamma B'+A'},\ \frac{C}{C'},\ \frac{D+C}{D'+C'},\ \frac{2D+C}{2D'+C'},\ \frac{3D+C}{3D'+C'}\ \text{rc.}$$

$$\frac{\varepsilon D+C}{\varepsilon D'+C'},\ \frac{E}{E'},\ \frac{F+E}{F'+E'},\ \text{rc. rc. rc.}$$

Abnehmende Brüche, die grösser sind als a

$$\frac{A+1}{1},\ \frac{2A+1}{2},\ \frac{3A+1}{3}\ \text{rc.}$$

$$\frac{\beta A+1}{\beta},\ \frac{B}{B'},\ \frac{C+B}{C'+B'},\ \frac{2C+B}{2C'+B'}\ \text{rc.}$$

$$\frac{\delta C+B}{\delta C'+B'},\ \frac{D}{D'},\ \frac{E+D}{E'+D'}\ \text{rc.}$$

Wenn die Grösse a irrational, oder transcendentisch ist, so werden die beiden vorhergehenden Reihen ins Unendliche fortgehen, weil die Reihen der Brüche $\frac{A}{A'}, \frac{B}{B'}, \frac{C}{C'}$ rc. welche wir in Zukunft Hauptbrüche heissen wollen, um sie von den eingeschalteten zu unterscheiden, auch selbst ins Unendliche fortgehen. (§. 10.)

Wenn aber die Grösse a rational, und gleich irgend einem Bruche $\frac{V}{V'}$ ist, so haben wir am angeführ-

 ten

ten Orte gezeigt, daß die Reihe, von der die Rede ist, abbreche, und der lezte Bruch dieser Reihe wird eben dieser Bruch $\frac{V}{V'}$ seyn. Also wird dieser Bruch auch eine von den beiden obigen Reihen endigen, die andre Reihe aber kann immer ins Unendliche fortgesezt werden.

In der That, wenn wir annehmen, daß δ der lezte Nenner des fortlaufenden Bruchs sey, so wird $\frac{D}{D'}$ der lezte unter den Hauptbrüchen seyn, und die Reihe der grösseren Brüche als a wird sich mit eben diesem Bruch $\frac{D}{D'}$ endigen. Aber die andre Reihe derjenigen Brüche, die kleiner sind, als a, wird zwar eigentlich nicht über $\frac{C}{C'}$ hinaus fortgehen, welcher Bruch dem $\frac{D}{D'}$ vorangeht; um sich aber zu überzeugen, daß sie doch fortgesezt werden könne, darf man nur den Nenner ε betrachten, welcher auf den lezten Nenner δ folgen sollte, und $= \infty$ seyn muß, (§ 3.), so daß der Bruch $\frac{E}{E'}$ welcher auf $\frac{D}{D'}$ in der Reihe der Hauptbrüche folgt, $\frac{\infty D + C}{\infty D' + C'} = \frac{D}{D'}$ wäre. Aber nach dem Gesez der eingeschalteten Brüche, können, da $\varepsilon = \infty$ ist, zwischen $\frac{C}{C'}$ und $\frac{E}{E'}$ unendlich viele dergleichen Brüche eingeschoben werden, welche

$\frac{D+C}{D'+C'}$

$$\frac{D+C}{D'+C'}, \frac{2D+C}{2D'+C'}, \frac{3D+C}{3D'+C'}, \frac{\infty D+C}{\infty D'+C'}$$ sind.

Also kann man in diesem Falle neben den Bruch $\frac{C}{C'}$ in der ersten Reihe der Brüche auch die eingeschalteten stellen, von denen wir hier reden, und sie ins Unendliche fortsetzen.

Problem.

§. 19.

Wenn ein in vielen Ziffern ausgedrükter Bruch gegeben ist, alle diejenigen Brüche in kleineren Zalen zu finden, die der Wahrheit so nahe kommen, daß es unmöglich ist, derselben noch näher zu kommen, ohne sich mehrerer Ziffern zu bedienen.

Dieses Problem kann durch die bisher erklärte Theorie leicht aufgelößt werden.

Man verwandle den gegebenen Bruch nach § 4. in einen fortlaufenden, indem man immer die nächst kleineren Werthe, als die wahren nimmt, damit die Zalen β, γ, δ, ε 2c. alle bejaht werden. Aus den gefundenen Grössen formire man sofort nach §. 10. die Brüche $\frac{A}{A'}$, $\frac{B}{B'}$, $\frac{C}{C'}$ 2c. deren lezterer nothwendig dem vorgegebenen Bruche gleich seyn muß, weil der fortlaufende Bruch in diesem Falle abbricht. Diese Brüche werden abwechslungsweise kleiner und grösser seyn, als der gegebene, und nach und nach in immer grösseren Zalen ausgedrükt werden. Ueberdiß sind sie zugleich auch so beschaffen, daß jeder einzelne derselben dem gegebenen immer näher kommt, als jeder andere Bruch der in weniger einfachen Zalen ausgedrükt wäre. Auf diese Art erhält man also alle diejenigen Brüche, die in kleineren Zalen, als der gegebene ist, der Frage Genüge leisten.

Wenn man aber alle, sowol grössere als kleinere, Brüche haben will, so berechne man zwischen den vorhergehenden Brüchen so viele eingeschalteten, als möglich ist, und bilde auf diese Art zwei Reihen von convergirenden Brüchen, wovon einige grösser, die andre alle kleiner, als der gegebene Bruch sind, (§. 16. 17. 18.); so wird jede dieser Reihen eben die Eigenschaften haben, als die Reihen der Hauptbrüche, $\frac{A}{A'}$, $\frac{B}{B'}$, $\frac{C}{C'}$ ꝛc. denn die Brüche in jeder einzelnen Reihe werden nach und nach in grössern Ziffern ausgedrükt seyn, und ein jeder derselben sich dem gegebenen immer mehr nähern; es kann also nicht geschehen, daß irgend ein andrer Bruch grösser, oder kleiner, als der gegebene, und zugleich auch in einfachern Zalen ausgedrükt sey.

Es kann geschehen, daß etwa einer der eingeschalteten Brüche einer solchen Reihe dem gegebenen Bruch nicht so nahe komme, als einer der andern Reihe; obschon lezterer in einfachern Zalen ausgedrükt ist, als jener. Aus diesem Grunde ist es gut, die eingeschalteten Brüche nur dann zu gebrauchen, wenn man die Absicht hat, daß die gesuchten Brüche entweder alle kleiner, oder alle grösser als der gegebene seyn sollen.

1. Beispiel.

§. 20.

Nach la Caille ist das Sonnenjahr $365^{T.}$ $5^{St.}$ $48' 49''$, folglich also um $5^{St.}$ $58' 49''$ länger als das gemeine Jahr von $365^{T.}$ Wäre dieser Unterschied genau von 6 Stunden, so gäbe diß einen Tag auf vier gemeine Jahre; wenn man aber zu wissen verlangt, in wie viel gemeinen Jahren dieser Unterschied eine gewisse Anzal von Tagen geben könne, so muß das Verhältniß zwischen $24^{St.}$ und $5^{St.}$ $48' 49''$ untersucht werden, welches $= \frac{86400}{20929}$ ist; so daß man sagen kann, daß, nach Verfluß von 86400 gemeiner Jahre, man 20929 Tage einschalten müsse, um dieselbe auf tropische Jahre zu bringen *).

Da aber das Verhältniß zwischen 86400 und 20929 in allzugrossen Zalen ausgedrükt ist, so entsteht die Frage, andre Verhältnisse, die diesem so nahe als möglich kommen, in kleineren Zalen zu finden. Man verwandle daher den Bruch $\frac{86400}{20929}$ in einen fortlaufenden Bruch, (nach §. 4.) indem man eben dieselbe Operation vornimmt, als ob der größte gemeinschaftliche Theiler gesucht werden sollte; so wird man finden

*) Da nemlich auf jedes gemeine Jahr ein Ueberschuß von $5^{St.}$ $48^{M.}$ $49^{S.}$ herauskommt, so ist
1 Jahr : x Jahren $=$ $5^{St.}$ $48^{M.}$ $49^{S.}$: $24^{St.}$
$=$ oder 20929 : 86400.
also $x = \frac{86400}{20929}$. oder in so viel Jahren beträgt der Ueberschuß einen Tag; also in $\frac{86400}{20920}$. 20929 Jahren beträgt er 20929. 1. Tag; d. i. in 86400 Jahren beträgt derselbe 20929 Tage.

20929 | 86400 | 4 = α
83716
2684 | 20929 | 7 = β
18788
2141 | 2684 | 1 = γ
2141
543 | 2141 | 3 = δ
1629
512 | 543 | 1 = ε
512
31 | 512 | 16 = ζ
496
16 | 31 | 1 = η
16
15 | 16 | 1 = κ
15
1 | 15 | 15 = λ
15
0

Nachdem man nun die Quotienten α, β, γ ꝛc. gefunden, so läßt sich die Reihe $\frac{A}{A'}$, $\frac{B}{B'}$ &c. leicht folgender massen daraus herleiten.

4,	7,	1,	3,	1,	16,	1,	1,	15,
$\frac{4}{1}$	$\frac{29}{7}$	$\frac{33}{8}$	$\frac{128}{31}$	$\frac{161}{39}$	$\frac{2704}{655}$	$\frac{2865}{694}$	$\frac{5669}{1349}$	$\frac{86400}{20929}$

woraus

woraus erhellet, daß der lezte Bruch mit dem vorgegebenen einerlei ist.

Damit aber diese Brüche desto leichter erhalten werden, schreibe man, wie ichs zu thun pflege, erstlich die Reihe der Quotienten, α, β, γ rc. und unter diese die gehörigen Brüche $\frac{4}{1}$, $\frac{29}{7}$ rc. Der erste Bruch wird immer diejenige Zal zum Zäler haben, die darüber steht, und zum Nenner die Einheit *)

C 5 Der

*) Gewöhnlich entwickelt man diese Brüche also:

1) Man macht drei Colonnen, und sezt in die erste die gefundenen Quotienten 4, 7, 1, 3, 1, 16, 1, 1, 15, der Ordnung nach unter einander, nemlich den zuerst gefundenen oben an, unter diesen den zweiten u. s. w.

	1	0
4	0	1
7	1	4
1	7	29
3	8	33
1	31	128
16	39	161
1	655	2704
1	694	2865
15	1349	5669
	20929	86400

2) In der zweiten Colonne sezt man neben den ersten Quotienten jederzeit eine 0, und darüber die Einheit. Um nun die übrigen Zalen dieser Colonne zu finden, sage man:

4 mal 0 ist 0, und hierzu 1 addirt, ist 1. Diese Zal setze man unter die 0, gerade über von dem Quotienten 7:

Ferner 7 mal 1 ist 7, welche Zal unter 1, und neben den dritten Quotienten 1 zu stehen kommt. Nun sage man wieder, 1 mal 7 ist 7 und 1 dazu ist 8; diß gibt die siebente Zal der

zweiten

Der zweite wird zum Zäler, das Produkt des darüber stehenden Quotienten in den Zäler des ersten Bruchs, + 1 haben, und zum Nenner den Quotienten, der darüber steht.

Der

zweiten Colonne, neben dem Quotienten 3. Hieraus findet sich die fünfte, indem man, wie bisher, diesen Quotienten 3 mit der daneben stehenden Zal 8 multiplicirt, und zum Product die über 8 stehende 7 addirt, nemlich 3. 8 + 7 = 31. Eben so ist

1. 31 + 8 = 39
16. 39 + 31 = 655
1. 655 + 39 = 694
1. 694 + 655 = 1349, und endlich
15. 1349 + 694 = 20929.

3) Die dritte Colonne wird vermittelst eben der Quotienten der ersten Colonne, auf eine ganz ähnliche Art entwickelt, wie die zweite: nur mit dem Unterschiede, daß in derselben neben den ersten Quotienten 4, die Zal 1, und über diese die 0 gesezt wird. Sodann mache man

4. 1 + 0 = 4 und setze diese Zal neben den Quotienten 7.

7. 4 + 1 = 29
1. 29 + 4 = 34
3. 33 + 29 = 128
1. 128 + 33 = 161
16. 161 + 128 = 2704
1. 2704 + 161 = 2865
1. 2865 + 2704 = 5669 und endlich
15. 5669 + 2865 = 86400

Anm. d. Ueb.

Der dritte Bruch wird zum Zäler, das Produkt aus dem darüber stehenden Quotienten in den Zäler des zweiten Bruchs haben plus den Zäler des ersten: und zum Nenner das Produkt aus eben dem darüber stehenden Quotienten in den Nenner des zweiten, plus den Nenner des ersten Bruchs.

Ueberhaupt wird der Zäler eines jeden Bruchs seyn: Ein Produkt aus dem darüber stehenden Quotienten in den Zäler des vorhergehenden Bruchs, plus dem Zäler des zweiten vorhergehenden; und der Nenner ein Produkt aus eben demselben darüberstehenden Quotienten in den vorhergehenden Nenner, plus den zweiten vorhergehenden Nenner.

So ist z. B.

$$\begin{aligned} 29 &= 7 \cdot 4 + 1 \\ 7 &= 7 \cdot \\ 33 &= 1 \cdot 29 + 4 \\ 8 &= 1 \cdot 7 + 1 \\ 128 &= 3 \cdot 33 + 29 \\ 31 &= 3 \cdot 8 + 7 \text{ ꝛc. ꝛc.} \end{aligned}$$

welches mit den Formeln (§. 10.) übereinkommt. Man siehet hier aus den Brüchen $\frac{4}{1}, \frac{29}{7}, \frac{33}{8}$ ꝛc. daß die einfachste Einschaltung diejenige von einem Tag in vier Jahren ist, worauf sich der Julianische Kalender gründet. Man würde aber der Wahrheit näher kommen, wenn man in einem Zeitraum von 29 Jahren 7 Tage, oder in 33 Jahren 8 Tage einschaltete, u. s. w. Man sieht überdiß, daß, da die Brüche $\frac{4}{1}, \frac{29}{7}, \frac{33}{8}$ abwechslungsweise kleiner und grösser sind, als der Bruch $\frac{86400}{20929}$, oder als $\frac{24^{St.}}{5^{St.}\ 48'\ 49''}$

die

die Einschaltung eines Tags in vier Jahren allzugroß, diejenige von 7 Tagen in 29 Jahren zu klein, die von 8 Tagen in 33 Jahren wiederum zu groß sey, u. s. w.: Aber jede dieser Einschaltungen wird für ebendenselben Zeitraum immer die genaueste seyn.

Wenn nun aber die kleineren Brüche sowol als die grössern in zwei besondre Reihen gesezt werden, so lassen sich auch noch verschiedene eingeschaltete Brüche dazwischen stellen, um die Reihen vollständiger zu machen. Und aus diesem Grunde soll hier eben das Verfahren wie oben gebraucht werden, aber so, daß statt einer jeden Zal der obern Reihe, nach und nach alle ganze Zalen, die kleiner, als diese Zal sind, (wenn es welche gibt), genommen werden.

Wenn wir also zuerst die zunehmenden Brüche betrachten,

$$\begin{matrix} 1 & 1 & 1 & 1 & 15 \\ \frac{4}{1}, & \frac{33}{8}, & \frac{161}{39}, & \frac{2865}{694}, & \frac{86400}{20929} \end{matrix}$$

so siehet man, daß da die Einheit über dem ersten, zweiten, dritten und vierten Bruche stehet, zwischen keinem derselben ein eingeschalteter Bruch sich befinde; da aber über dem leztern die Zal 15 steht, so wird man zwischen diesen und den vorhergehenden vierzehn Brüche einschalten können, deren Zäler diese arithmetische Progression bilden: $2865 + 5569$, $2865 + 2 . 5569$, $2865 + 3 . 5569$ 2c. und die Nenner folgende: $694 + 1349$, $694 + 2 . 1349$, $694 + 3 . 1349$ 2c.

Auf diese Art wird also die vollständige Reihe der zunehmenden Brüche:

$$\frac{4}{1}, \frac{33}{8}, \frac{161}{39}, \frac{2865}{694}, \frac{8434}{2043}, \frac{14003}{3392}, \frac{19572}{4741}$$

$$\frac{25141}{6090},\ \frac{30710}{7439},\ \frac{36279}{8788},\ \frac{41848}{10137},\ \frac{47417}{11486}$$

$$\frac{52986}{12835},\ \frac{58555}{14184},\ \frac{64124}{15533},\ \frac{69693}{16882},\ \frac{75262}{18231}$$

$$\frac{80831}{19580},\ \frac{86400}{20929}$$

Und da der lezte Bruch dem gegebenen gleich ist, so kann diese Reihe nicht weiter fortgesezt werden.

Es erhellet also hieraus, daß unter denen Brüchen, die zu viel geben, diejenigen, bei welchen auf 4 Jahre 1 Tag, oder auf 33 Jahre 8 Tage, oder auf 161 Jahre 59 Tage eingeschaltet werden, die einfachsten sind.

Laßt uns nunmehr auch die abnehmenden Brüche betrachten.

$$\overset{7}{\frac{29}{7}},\ \overset{3}{\frac{128}{31}},\ \overset{16}{\frac{2904}{655}},\ \overset{1}{\frac{5569}{1349}}$$

und da 7 über dem ersteren Bruche steht, so können 6 andre vor diesen gesezt werden, deren Zäler folgende arithmetische Progression bilden, 4 + 1, 2. 4 + 1, 3. 4 + 1 2c. und die Nenner diese 1, 2, 3 2c. Eben so können zwischen den ersten und zweiten Bruch 2 andre, und zwischen den zweiten und dritten 15, zwischen diesen und den lezten aber keiner eingeschaltet werden.

Und da endlich die vorhergehende Reihe nicht mit dem gegebenen Bruch aufhört, so kann dieselbe nach Belieben fortgesezt werden, (§. 18.)

Folglich

Folglich findet sich folgende Reihe nachstehender Brüche:

$$\frac{5}{1}, \frac{9}{2}, \frac{13}{3}, \frac{17}{4}, \frac{21}{5}, \frac{25}{6}, \frac{29}{7}, \frac{62}{15}, \frac{95}{23}, \frac{128}{31}$$

$$\frac{289}{70}, \frac{450}{109}, \frac{611}{148}, \frac{772}{187}, \frac{933}{226}, \frac{1094}{265}, \frac{1255}{304}, \frac{1416}{343}$$

$$\frac{1577}{382}, \frac{1738}{421}, \frac{1899}{460}, \frac{2060}{499}, \frac{2221}{538}, \frac{2382}{577}, \frac{2543}{616}$$

$$\frac{2704}{655}, \frac{5569}{1349}, \frac{91969}{22278}, \frac{178369}{43207}, \frac{264769}{64136}, \frac{351169}{85065}$$

$$\frac{437569}{105994} \text{ rc. rc.}$$

welche alle kleiner sind, als der vorgegebene Bruch, und sich demselben mehr nähern, als alle andre Brüche die in weniger einfachen Zalen ausgedrükt wären.

Hieraus läßt sich schliessen, daß unter allen Einschaltungen, bei welchen zu wenig herauskommt, diejenigen die einfachsten sind, wo 1 Tag auf 5 Jahre, oder 2 Tag auf 9 Jahre, oder 3 Tage auf 13 Jahr eingeschoben werden rc.

In dem Gregorianischen Kalender werden nur 97 Tage in 400 Jahren eingeschaltet; aus der vorhergehenden Tabelle erhellet aber, daß man der Wahrheit noch näher käme, wenn man 109 Tage in 450 Jahren einschaltete.

Es ist übrigens noch zu bemerken, daß man bei der Gregorianischen Verbesserung die von Copernicus bestimmte Jahrslänge von 365 T. 5 St. 49′ 20″ zum

Grund

Grund legte. Gebraucht man also diese Zal, statt $365^{T.}\ 5^{St.}\ 48'\ 49''$, so findet sich der Bruch $\frac{86400}{20960}$ oder $\frac{540}{131}$; woraus nach der vorhergehenden Methode die Quotienten 4, 8, 5, 3 entspringen, aus denen sodann folgende Hauptbrüche entstehen:

$$\begin{matrix} 4 & 8 & 5 & 3 \\ \frac{4}{1}, & \frac{33}{8}, & \frac{169}{41}, & \frac{540}{131} \end{matrix}$$

welche, die zwei ersten ausgenommen, weit von denen unterschieden sind, die wir oben gefunden haben. Demungeachtet wird aber doch der Bruch $\frac{400}{97}$, der im Gregorianischen Kalender angenommen worden, nicht unter denselben gefunden. Dieser Bruch kann aber auch nicht unter denen seyn, welche in den beiden Reihen $\frac{4}{1}$, $\frac{169}{41}$, und $\frac{33}{8}$, $\frac{540}{131}$ eingeschaltet werden können, weil er nur zwischen $\frac{33}{8}$ und $\frac{540}{131}$ fallen könnte Nun können zwischen diesen, nach der über $\frac{540}{131}$ stehenden Zal 3 nur 2 Brüche eingeschaltet werden, welche $\frac{202}{49}$ und $\frac{371}{90}$ sind. Man sieht also hieraus, daß man der Wahrheit viel näher gekommen wäre, wenn man bei der Gregorianischen Verbesserung nur 90 Tage in einem Zeitraum von 371 Jahren eingeschaltet hätte.

Wenn der Bruch $\frac{400}{97}$ in einen andern verwandelt wird, dessen Zäler = 86400, so wird derselbe $= \frac{86400}{20952}$, welches voraussezte, daß ein tropisches Jahr $365^{T.}\ 5^{St.}\ 49'\ 12''$ wäre.

Bei dieser Gregorianischen Interpolation wäre alles richtig. Da aber die Beobachtungen das Jahr um 20 Sekunden kürzer angeben, so muß nothwendig nach einer gewissen Zeit eine neue Einschaltung vorgenommen werden.

Sollte

Sollte die Bestimmung des de la Caille die wahre seyn, so würde (nach §. 14.) der Bruch $\frac{161}{39}$ genauer seyn, als $\frac{400}{97}$, weil dieses lezteren Nenner 97 zwischen die Nenner des fünften und sechsten der oben gefundenen Hauptbrüche hineinfällt. Da aber die Astronomen über die wahre Länge des Jahrs noch nicht ganz einig sind, so will ich diese Materie nicht weiter verfolgen, indem mein Zwek nur gewesen ist, die Theorie der fortlaufenden Brüche zu erläutern, und aus dieser Ursache werde ich auch noch folgendes Beispiel hinzusetzen.

II. Beispiel.

§. 20.

Wir haben bereits §. 8. den fortlaufenden Bruch angegeben, der, nach Ludolph, das Verhältniß der Peripherie zum Diameter ausdrükt. Es wird also auch, nach der im vorhergehenden Beispiel angezeigten Art, die Reihe der Brüche berechnet werden können, die diesem Verhältniß immer näher und näher kommen. Sie ist folgende:

3	7	15	1	292	1	1
$\frac{3}{1}$,	$\frac{22}{7}$,	$\frac{333}{106}$,	$\frac{355}{113}$,	$\frac{103993}{33102}$,	$\frac{104348}{33215}$,	$\frac{208341}{66317}$

1	2	1	3	1
$\frac{312689}{99532}$,	$\frac{833719}{265381}$,	$\frac{1146408}{364913}$,	$\frac{4272943}{1360120}$,	$\frac{5419351}{1725033}$

14	2	1
$\frac{80143857}{25510582}$,	$\frac{165707065}{52746197}$,	$\frac{245850922}{78256779}$

$$\overset{1}{\frac{411557987}{131002976}},\quad \overset{2}{\frac{1068966896}{340262731}},\quad \overset{2}{\frac{2549491779}{811528438}}$$

$$\overset{2}{\frac{6167950454}{1963319607}},\quad \overset{1}{\frac{14885392687}{4738167652}},\quad \overset{1}{\frac{21053343141}{6701487259}}$$

$$\overset{84}{\frac{1783366216531}{567663097408}},\quad \overset{2}{\frac{3587785776203}{1142027682075}}$$

$$\overset{1}{\frac{5371151992734}{1709690779483}},\quad \overset{1}{\frac{8958937768937}{2851718461558}}$$

$$\overset{15}{\frac{139755218526789}{44485467702853}},\quad \overset{3}{\frac{428224593349304}{136308121570117}}$$

$$\overset{13}{\frac{5706674932067741}{1816491048114374}},\quad \overset{1}{\frac{6134899525417045}{1952799169684491}}$$

$$\overset{4}{\frac{30246273033735921}{9627687726852338}},\quad \overset{2}{\frac{66627445592888887}{21208174623389167}}$$

$$\overset{6}{\frac{430010946591069243}{136876735467187340}}$$

$$\overset{6}{\frac{2646693125139304345}{842468587426513207}}$$

1.

$$\frac{3076704071730373588}{979345322893700547}$$

Diese Brüche werden abwechslungsweise kleiner und grösser, als das wahre Verhältniß des Umfangs eines Zirkels zu seinem Durchmesser seyn. Nemlich $\frac{3}{1}$ ist kleiner, $\frac{22}{7}$ grösser, u. s. w. Jeder derselben aber wird der Wahrheit näher kommen, als jeder andre Bruch, der in einfacheren Zalen ausgedrükt, oder überhaupt, dessen Nenner kleiner wäre.

Was nun den Fehler eines jeden Bruchs anbetrift, so wird derselbe jederzeit kleiner seyn als die Einheit, dividirt durch das Produkt des Nenners dieses Bruchs in den Nenner des nächstfolgenden. Also ist z. B. der Fehler von $\frac{3}{1}$ kleiner, als $\frac{1}{1.7}$, der von $\frac{22}{7}$ kleiner als $\frac{1}{7.106}$ u. s. w. Zugleich wird aber auch der Fehler eines jeden Bruchs grösser seyn, als die Einheit, dividirt durch das Produkt von dessen Nenner in die Summe dieses Nenners und des nächstfolgenden Nenners; so daß der Fehler von $\frac{3}{1}$ grösser ist, als $\frac{1}{1.(1+7)}$ oder $\frac{1}{8}$, der von $\frac{22}{7}$ grösser, als $\frac{1}{7(7+106)}$ oder als $\frac{1}{7.113}$ und so weiter. (S. §. 14.)

Wenn man diejenigen Brüche, die kleiner sind, als das Verhältniß der Peripherie zum Diameter von denen, die grösser, als dieses Verhältnis sind, absondert, so kann man durch Hilfe der eingeschalteten

Brüche

Brüche zwei Reihen bilden, wovon die eine steigend, die andre fallend ist, und die sich beide dem wahren Verhältnis immer mehr und mehr nähern. Sie sind folgende:

Kleinere Brüche, als $\frac{\text{Peripherie}}{\text{Diameter}}$.

$\frac{3}{1}$, $\frac{25}{8}$, $\frac{47}{15}$, $\frac{69}{22}$, $\frac{91}{29}$, $\frac{113}{36}$, $\frac{135}{43}$, $\frac{157}{50}$, $\frac{179}{57}$

$\frac{201}{64}$, $\frac{223}{71}$, $\frac{245}{78}$, $\frac{267}{85}$, $\frac{289}{92}$, $\frac{311}{99}$, $\frac{333}{106}$, $\frac{688}{219}$

$\frac{1043}{332}$, $\frac{1398}{445}$, $\frac{1753}{558}$, $\frac{2108}{671}$, $\frac{2463}{784}$ &c.

Grössere Brüche, als $\frac{\text{Peripherie}}{\text{Diameter}}$

$\frac{4}{1}$, $\frac{7}{2}$, $\frac{10}{3}$, $\frac{13}{4}$, $\frac{16}{5}$, $\frac{19}{6}$, $\frac{22}{7}$, $\frac{355}{113}$, $\frac{104348}{33215}$

$\frac{312689}{99532}$, $\frac{1146408}{364913}$, $\frac{5419351}{1725033}$, $\frac{85563208}{27235615}$

$\frac{165707065}{52746197}$, $\frac{411557987}{131002976}$, $\frac{1480524883}{471265707}$ &c.

Jeder Bruch der ersten Reihe nähert sich der Wahrheit mehr, als jeder andre kleinere Bruch, der in einfacheren Zalen ausgedrükt wäre, und jede Bruch der zweiten Reihe nähert sich stärker als jeder andre grössere in einfacheren Zalen ausgedrükte.

Indessen würden diese Reihen sehr weitläufig werden, wenn wir sie, wie in der vorhin berechneten Reihe der Hauptbrüche, fortsetzen wollten. Die Gränzen dieses Werks erlauben nun nicht, sie in ihrer ganzen Ausdehnung hier einzurücken; man findet sie aber im XI. Kapitel von Wallis Algebra (Operum Mathemat. Tom. II.)

Anmerkung.

§. 22.

Die erste Auflösung dieses Problems wurde von Wallis in einem kleinen Traktat gegeben, welcher den Anhang zu den nachgelassenen Werken des Horrocius ausmacht, und ist in der angeführten Stelle seiner Buchstabenrechnung zu finden. Aber die Methode dieses Schriftstellers ist indirekt und ungemein mühsam. Diejenige, die wir hier vorgetragen, hat man dem Huygens zu verdanken, und kann als eine der vorzüglichsten Erfindungen dieses grossen Geometers betrachtet werden. Die Verfertigung seines Planetarii scheint ihm die erste Veranlassung hierzu gegeben zu haben. Denn um die Bewegungen und Perioden der Planeten genau vorzustellen, werden Räder mit einer solchen Anzal von Zähnen erfordert, welche mit jenen Perioden im genauesten Verhältnisse stehen. Da aber die Zähne nicht über eine gewisse Gränze, die von der Grösse des Rads abhängt, vervielfältigt werden können, und die Perioden der Planeten incommensurabel sind; oder doch wenigstens nur in sehr grossen Zalen mit einiger Genauigkeit vorgestellt werden können, so beruht also die ganze Schwierigkeit darauf, Verhältnisse zu finden, die, in kleineren Zalen ausgedrükt, dennoch der Wahr-

heit

heit so nahe, als möglich, kommen, und zwar näher als jede andre Verhältnisse, die nicht in grösseren Zalen gegeben wären.

Huygens löste diese Frage durch die forläufenden Brüche auf, nach der Methode die wir oben gezeigt haben. Er lehrte die Art, sie durch fortgesetztes Dividiren zu finden, und bewies sodann die vorzüglichsten Eigenschaften der convergirenden Brüche, jedoch mit Ausnahme der eingeschalteten.

Man sehe in seinem Opere posthumo die Abhandlung Descriptio automati Planetarii.

Andere grosse Geometer haben die fortlaufenden Brüche noch allgemeiner betrachtet. Man findet besonders in den Petersburger Comment. (nemlich im IX. und XI. Bande der ältern, und dem IX. und XI. der neuern), mehrere Abhandlungen von Euler, die voll der gelehrtesten und sinnreichsten Untersuchungen über diese Materie sind; Aber die Theorie dieser Brüche, von der Arithmetischen, und demnach ihrer interessantesten Seite betrachtet, war, wie mich deucht, bisher noch nicht so bearbeitet worden, wie sie es verdiente *), und dieser Umstand hat mich vorzüglich bewogen, diese kleine Abhandlung aufzusetzen, um die

 Geometer

*) In Lamberts Beiträgen, zum Gebrauch der Mathematik, II. Theil III. Abschnitt, findet man ebenfalls eine ziemlich vollständige Abhandlung über die fortlaufenden Brüche.

Anm. d. Ueb.

Geometer mit dieser wichtigen Materie bekannter zu machen. Man sehe auch die Berliner Denkwürdigkeiten von 1767 und 1768.

Uebrigens ist diese Theorie durch die ganze Arithmethik von dem ausgedehntesten Nutzen, und es gibt wenige Probleme in dieser Wissenschaft, wenigstens unter denen, bei welchen die gewöhnlichen Regeln nicht zureichen, die nicht mittelbar oder unmittelbar davon abhängen. Johann Bernoulli hat erst kürzlich eine glükliche und nüzliche Anwendung derselben bei einer neuen Art von Calcul gezeigt, den er erfunden, um die Verfertigung der Tabellen der Proportionaltheile zu erleichtern. Man sehe den ersten Band seines Werks das den Titel führt: Recueil pour les Astronomes.

Zweites Kapitel.

Methode, um diejenigen ganzen Zalen zu bestimmen, welche unbestimmte Formeln mit zwei unbekannten Grössen in Minima verwandeln.

Die Fragen, mit denen wir uns jezt beschäftigen wollen, und für welche wir in diesem Kapitel direkte und allgemeine Methoden geben werden, sind in der unbestimmten Analytik von ganz neuer Art. Noch nie hatte man diese Wissenschaft auf die Probleme von den Grössten und Kleinsten angewandt. In den folgenden Untersuchungen werden wir nun die Minima, oder kleinsten Werthe, der rationalen, ganzen und gleichartigen Funktionen mit zwei unbekannten Grössen bestimmen, wenn diese lezteren ganze Zalen seyn sollen. Diese Frage wird uns wieder auf die Theorie der fortlaufenden Brüche zurükführen, und derselben einen neuen Grad von Vollkommenheit geben.

1. Problem.

§. 23.

Es sey eine bejahte Grösse a gegeben, und y und z bedeuten ganze bejahte Zalen, die keinen gemeinschaftlichen Theiler haben. Man sucht solche Werthe

Werthe für diese Zalen, wodurch der Ausdruk $y - az$ (ohne Rüksicht auf das Zeichen) in Absicht auf alle kleinere Zalen, die man statt y und z setzen könnte, ein Kleinstes wird.

Es seyen p und q ganze Zalen, die keinen gemeinschaftlichen Theiler haben, und die für y und z in den Ausdruk $y - az$ gesezt, denselben kleiner machen, als wenn man andre Zalen, die kleiner als p und q sind, dafür sezte. Wenn also r und s jede andre ganze, bejahte Zalen bedeuten, die keinen gemeinschaftlichen Theiler haben, und dabei zugleich kleiner, als p und q sind, so muß der Werth von $p - aq$ kleiner als der Werth von $r - as$ seyn. (Wobei man von den Zeichen dieser Grössen abstrahirt, und sie also beide als bejaht betrachtet.) Laßt uns nun r und s so annehmen, daß $ps - qr = \pm 1$, wo das obere Zeichen für den Fall gilt, da $p - aq$ bejaht, und das untere für denjenigen, da diese Grösse verneint ist. (Wir werden sogleich sehen, daß es immer möglich ist, solche Zalen zu finden, die dieser Bedingung Genüge leisten.) Diß vorausgesezt, werde ich jezt beweisen, daß wenn man statt y und z andre Zalen, die kleiner als p und q sind, sezt, der Ausdruk $y - az$ immer grösser seyn wird, als $p - aq$ und $r - as$, (wo wir auch hier wieder von den Zeichen abstrahiren.) Denn wenn $y = pt + ru$, und $z = qt + su$ gesezt werden, wo t und u unbekannte Grössen vorstellen, so erhält man durch Auflösung dieser beiden Gleichungen

$$t = \frac{sy - rz}{ps - qr},\quad u = \frac{qy - pz}{qr - ps}$$

also, weil $ps - qr = \pm 1$,

$$t = \pm (qs - rz),\ \text{und}\ u = \pm (qy - pz)$$

woraus

woraus deutlich erhellet, daß t und u immer ganze Zalen seyn werden, weil nach der Voraussetzung p, q, r, s, y und z ganze Zalen sind. Da also t und u ganze Zalen, p, q, r und s aber ganze bejahte Zalen sind, so ist klar, daß, damit die Werthe von y und z kleiner, als p und q werden, die Grössen t und u nothwendig verschiedene Zeichen haben müssen.

Es müssen aber auch r – a s und p – a q verschiedene Zeichen haben; denn, wenn p – a q = P, und r – a s = R, gesezt werden, so wird $\frac{p}{q} = a + \frac{P}{q}$ und $\frac{r}{s} = a + \frac{R}{s}$ seyn. Aber aus $ps - qr = \pm 1$ folgt $\frac{p}{q} - \frac{r}{s} = \pm \frac{1}{qs}$; folglich $\frac{P}{q} - \frac{R}{s} = \pm \frac{1}{qs}$. Da aber das doppelte Zeichen sich nach p — a q oder nach P richtet, so muß also $\frac{P}{q} - \frac{R}{s}$ nothwendig bejaht seyn, wenn P bejaht ist, und verneint, wenn P verneint ist. Weil nun $s < q$ und $R > P$ (nach der Voraussetzung); so ist also um so mehr $\frac{R}{s} > \frac{P}{q}$, (wo wir wiederum von den Zeichen abstrahiren.) Folglich wird die Grösse $\frac{P}{q} - \frac{R}{s}$ mit $\frac{R}{s}$, d. i. mit R, (weil s immer bejaht ist,) verschiedene Zeichen haben, d. i. P und R werden verschiedene Zeichen haben.

Diß vorausgesezt substituire man nun die für y und z gefundenen Werthe, so ergibt sich

$$y - az = (p - aq)\, t + (r - as)\, u = Pt + Ru.$$

 Da

Da aber t und u verschiedene Zeichen haben, so wie auch P und R, so erhellet, daß Pt und Ru einerlei Zeichen haben, und da t und u überdiß ganze Zalen sind, so muß $y - az$ immer grösser als P und R, das ist, als $p - aq$ und $r - as$ seyn.

Nun fragt sichs noch, ob, wenn p und q gegeben sind, immer solche Zalen r und s gefunden werden können, die kleiner als jene, und zugleich so beschaffen sind, daß $ps - qr = \pm 1$. sey? Diß folgt zwar unmittelbar aus der Theorie der fortlaufenden Brüche, kann aber auch ohne diese Theorie auf eine direkte Art erwiesen werden *). Die Schwierigkeit besteht darinn,

*) Der Beweis aus der Theorie der fortlaufenden Brüche ist folgender: Nach der im vorhergehenden Kapitel gezeigten Methode werde $\frac{p}{q}$ durch Hülfe der fortlaufenden Brüche in eine Reihe Brüche verwandelt, die sich dem Werth $\frac{p}{q}$ immer mehr und mehr nähern. Diese Reihe seye

$$\frac{A}{A'}, \frac{B}{B'}, \frac{C}{C'}, \frac{D}{D'} \ldots\ldots \frac{M}{M'}, \frac{p}{q};$$

so ist, wenn $\frac{M}{M'}$ unmittelbar vor $\frac{p}{q}$ vorangeht, nach dem obenerwiesenen Satze, $pM' - qM = \pm 1$; oder: wenn $M' = s$, und $M = r$ gesezt wird, $ps - qr = \pm 1$. Folglich auch umgekehrt, damit $ps - qr = \pm 1$. sey, muß $\frac{s}{r}$ in obiger Reihe der unmittelbar vor $\frac{p}{q}$ stehende Bruch seyn, welcher demnach sehr leicht gefunden werden kann.

Anm. d. Ueb.

inn, zu beweisen, daß es nothwendig eine ganze bejahte Zal r gebe, die kleiner als p, und zugleich so beschaffen ist, daß $q\,r \pm 1$ mit p theilbar werde. Man setze demnach statt r nach und nach alle natürliche Zalen 1, 2, 3, bis p, und dividire die Zalen $q \pm 1$, $2q \pm 1$, $3q \pm 1$ ꝛc. $pq \pm 1$ durch p; so erhält man p Ueberreste, die kleiner sind als p, und nothwendig alle von einander verschieden seyn müssen. Denn, wenn z. B. $m\,q \pm 1$ und $n\,q \pm 1$ (wo m und n unter sich verschiedene, ganze Zalen vorstellen, die kleiner als p sind,) durch p dividirt einerlei Ueberrest gäben, so müßte ihr Unterschied $(m - n)\,q$ durch p theilbar seyn. Diß ist aber unmöglich, weil p und q keinen gemeinschaftlichen Theiler haben, und $m - n$ kleiner als p ist. Weil demnach alle Ueberreste nicht nur bejahte Zalen und kleiner als p, sondern auch alle untereinander verschieden sind; und weil überdiß die Anzal dieser Ueberreste p ist, so ist klar, daß nothwendig auch einer unter denselben $= 0$, und folglich auch eine der Zalen $q \pm 1$, $2q \pm 1$, ꝛc. $pq \pm 1$ durch p theilbar seyn muß. Da diß aber die leztere, nemlich $pq \pm 1$ nie seyn kann, so folgt also, daß es einen Werth r, der kleiner als p ist, gebe, der so beschaffen ist, daß $r\,q \pm 1$ durch p theilbar werde. Zugleich erhellet aber auch, daß dieser Quotient kleiner als q seyn müsse *) Mithin gibt es immer einen ganzen bejahten

*) Daß s kleiner als q seyn müsse, erhellet aus folgendem:

$$s = \frac{q\,r \pm 1.}{p}$$

Wäre nun s nicht kleiner, als q, so müßte es entweder $>$ q oder $=$ q seyn.

Es

bejahten Werth r, der kleiner als p, und einen andern s, der kleiner als q ist, die der Gleichung $s = \frac{q r \pm 1}{p}$ oder $p s - q r = \pm 1$. Genüge leisten.

§. 24.

Hieraus sieht man, daß unter den Zalen, die kleiner als p und q sind, r und s diejenigen sind, die den Ausdruk $y - a z$ zu einem Kleinsten machen.

Man heisse, der Kürze wegen, die Zalen r und s von nun an p' und q'; so ist also die Bedingung $p q' - q p' = \pm 1$, und die Grössen $p - a q$ und $p' - a q'$ sind die beiden auf einander folgenden Minima in der Reihe der Werthe von $y - a z$, wenn statt y und z alle

Es sey im ersten Fall $s = q + z$, wo z eine ganze Zal seyn muß; mithin wäre

$$q + z = \frac{q r \pm 1.}{p}; \text{ also } q p + p z = q r \pm 1.$$

aber $p > r$; also $q p > q r$; folglich $p z < \pm 1$; welches unmöglich ist, da p und z ganze Zalen sind.

Nähme man aber an, es sey $s = q$, so müßte

$$q = \frac{q r \pm 1}{p}, \text{ und also } p q = q r \pm 1 \text{ seyn.}$$

Da aber p, q und r ganze Zalen sind, und überdiß $p > r$ ist; so sey $p = r + z$, wo z also eine ganze Zal seyn muß; folglich wird $q r + q z = q r \pm 1$, und daher $q z = \pm 1$; welches ebenfalls unmöglich ist. Es ist also s weder grösser, als q, noch gleich q; folglich kleiner als q.

alle Zalen gesezt werden, die nicht grösser als p und q sind. Diese Minima werden verschiedne Zeichen haben, und das zweite wird unmittelbar grösser, als das erste seyn.

Es ist klar, daß man auf eben dieselbe Art zwei andre Zalen p^{II} und q^{II} finden kann, die kleiner als p^{I} und q^{I}, und in Absicht auf diese eben das vorstellen, was p^{I} und q^{I} gegen p und q sind. Da also $p - a\,q$ und $p^{I} - a\,q^{I}$ verschiedene Zeichen haben, so muß $p^{I} q^{II} - q^{I} p^{II} = \mp 1$ gesezt werden, und die Grösse $p^{II} - a\,q^{II}$ wird sodann mit $p^{I} - a\,q^{I}$ verschiedene Zeichen haben, und grösser als diese leztere, zugleich aber kleiner als jeder andre Werth von $y - a\,z$ seyn, wofern y und z kleiner als p^{II} und q^{II} sind. Sezt man diese Schlüsse weiter fort, so wird man wieder neue Zalen p^{III} und q^{III} finden, die kleiner, als p^{II} und q^{II} und so sind, daß $p^{II} q^{III} - q^{II} p^{III} = \pm 1$, und durch welche überdiß die Grössen $p^{III} - a\,q^{III}$ und $p^{II} - a\,q^{II}$ nicht nur verschiedene Zeichen erhalten, sondern auch die erstere grösser als die andre, aber doch kleiner wird, als wenn man statt p^{III} und q^{III} andre Zalen nähme, die kleiner als p^{II} und q^{II} sind, u. s. w.

Auf diese Art ergeben sich zwei Reihen von abnehmenden ganzen Zalen $p,\ p^{I},\ p^{II},\ p^{III}$ ꝛc. $q,\ q^{I},\ q^{II},\ q^{III}$ ꝛc. die so sind, daß

$$\begin{aligned} p\,q^{I} - q\,p^{I} &= \pm 1. \\ p^{I} q^{II} - q^{I} p^{II} &= \mp 1. \\ p^{II} q^{III} - q^{II} p^{III} &= \pm 1. \quad \text{ꝛc.} \end{aligned}$$

welche die Reihe der Kleinsten

$$\begin{aligned} &p - a\,q \\ &p^{I} - a\,q^{I} \\ &p^{II} - a\,q^{II} \\ &p^{III} - a\,q^{III} \quad \text{ꝛc.} \end{aligned}$$

des Ausdruks $y-az$ geben werden. Diese Minima haben verschiedene Zeichen, und bilden zugleich eine fallende Reihe, so dass jedes Glied wie $p^{II}-aq^{II}$ in Absicht auf die Werthe von y und z, die kleiner als p^{I} und q^{I} sind, ein Minimum seyn muss.

Hieraus folgt also, dass die correspondirenden Glieder beider Reihen p, p^{I}, p^{II} rc. q, q^{I}, q^{II} rc. ähnliche Eigenschaften haben, und alle das gegebene Problem auflösen.

Nun kommt es nur noch darauf an, die beiden Reihen wirklich zu finden.

Ich bemerke also 1°. dass wenn man die Gleichungen $pq^{I}-qp^{I}=\pm 1$ und $p^{I}q^{II}-q^{I}p^{II}=\mp 1$. addirt, die Summe $(p-p^{II})q^{I}-(q-q^{II})p^{I}=0$ und daher $q^{I}(p-p^{II})=p^{I}(q-q^{II})$ seyn wird. Weil aber diese Gleichung in ganzen Zalen bestehen soll, und p^{I} und q^{I} vermöge der Gleichung $pq^{I}-qp^{I}=\pm 1$. keinen gemeinschaftlichen Theiler haben können, so muss $p-p^{II}$ durch p^{I} theilbar seyn; heisst also der Quotient, der aus dieser Theilung entspringt, μ, so ist $p-p^{II}=\mu p^{I}$ und $p=\mu p^{I}+p^{II}$, woraus ferner *) $\mu q^{I}=q-q^{II}$, und demnach auch $q=\mu q^{I}+q^{II}$ folgt. Auf eben dieselbe Art findet man, wenn man die Gleichungen $p^{I}q^{II}-q^{I}p^{II}=\mp 1$, und $p^{II}q^{III}-q^{II}p^{III}=\pm 1$. addirt, und ähnlich Schlüsse wie oben macht, $p^{I}=\mu^{I}p^{II}+p^{III}$, $q^{I}=\mu^{I}q^{II}+q^{III}$, wo μ^{I} eine ganze Zal bedeutet, u. s. w.

Das

*) Wenn nemlich in $q^{I}(p-p^{II})=p^{I}(q-q^{II})$, anstatt $p-p^{II}$ der Werth μp^{I} gesezt, und auf beiden Seiten mit p^{I} dividirt wird.

A. d. U.

Das Gesez dieser beiden Reihen ist demnach:

$$p = \mu \; p^{I} + p^{II} \qquad q = \mu \; q^{I} + q^{II}$$
$$p^{I} = \mu^{I} \; p^{II} + p^{III} \qquad q^{I} = \mu^{I} \; q^{II} + q^{III}$$
$$p^{II} = \mu^{II} \; p^{III} + p^{IV} \qquad q^{II} = \mu^{II} \; q^{III} + q^{IV}$$
$$p^{III} = \mu^{III} \; p^{IV} + p^{V} \qquad q^{III} = \mu^{III} \; q^{IV} + q^{V}$$
$$\&c. \qquad\qquad\qquad \&c.$$

wo die Zalen μ, μ^{I}, μ^{II} ꝛc. alle ganze, bejahte Zalen, und p, p^{I}, p^{II}, p^{III} ꝛc. q, q^{I}, q^{II}, q^{III} ꝛc. zwei fallende Reihen bilden.

Aus diesem Gesetze sieht man, daß man nur die Zalen μ, μ^{I}, μ^{II} ꝛc. zu wissen brauche, um alle Glieder beider Reihen zu finden, wenn man anders die zwei lezten Glieder derselben weiß.

Substituirt man nun obige Werthe, so ergibt sich

$$p - aq = \mu \; (p^{I} - aq^{I}) + p^{II} - aq^{II}$$
$$p^{I} - aq^{I} = \mu^{I} \; (p^{II} - aq^{II}) + p^{III} - aq^{III}$$
$$p^{II} - aq^{II} = \mu^{II} \; (p^{III} - aq^{III}) + p^{IV} - aq^{IV}$$
$$p^{III} - aq^{III} = \mu^{III} \; (p^{IV} - aq^{IV}) + p^{V} - aq^{V}$$
$$\&c.$$

Woraus $\mu = \dfrac{p - aq}{p^{I} - aq^{I}} + \dfrac{aq^{II} - p^{II}}{p^{I} - aq^{I}}$

$$\mu^{I} = \dfrac{p^{I} - aq^{I}}{p^{II} - aq^{II}} + \dfrac{aq^{III} - p^{III}}{p^{II} - aq^{II}}$$

$$\mu^{II} = \dfrac{p^{II} - aq^{II}}{p^{III} - aq^{III}} + \dfrac{aq^{IV} - p^{IV}}{p^{III} - aq^{III}}$$

Man hat aber oben gesehen, daß die Grössen $p - aq$, $p^{I} - aq^{I}$, $p^{II} - aq^{II}$ ꝛc. eine Reihe von Gliedern bilden, die immer zunehmen und abwechslungsweise bejaht und verneint sind; woraus folgt, daß die

die Brüche $\frac{p-aq}{p^{I}-aq^{I}}$, $\frac{p^{I}-aq^{I}}{p^{II}-aq^{II}}$, $\frac{p^{II}-aq^{II}}{p^{III}-aq^{III}}$ &c. alle verneinte Werthe haben, die kleiner als die Einheit sind, und daß im Gegentheil die Brüche $\frac{aq^{II}-p^{II}}{p^{I}-aq^{I}}$ $\frac{aq^{III}-p^{III}}{p^{II}-aq^{II}}$ ꝛc. alle bejaht und grösser als die Einheit sind. Da also die ersteren zwischen den Gränzen o und — 1 enthalten sind, so kann man diese Gränzen statt derselben setzen, woraus

$$\mu < \frac{aq^{II}-p^{II}}{p^{I}-aq^{I}} > \frac{aq^{II}-p^{II}}{p^{I}-aq^{I}} - 1.$$

$$\mu^{I} < \frac{a^{III}-qp^{III}}{p^{II}-aq^{II}} > \frac{aq^{III}-p^{III}}{p^{II}-aq^{II}} - 1.$$

$$\mu^{II} < \frac{aq^{IV}-p^{IV}}{p^{III}-aq^{III}} > \frac{aq^{IV}-p^{IV}}{p^{III}-aq^{III}} - 1. \text{ ꝛc.}$$

Es ist aber klar, daß diese Gränzen hinreichen, um die Zalen μ, μ^{I}, μ^{II}. ꝛc. zu bestimmen, weil man weiß, daß es lauter ganze Zalen seyn müssen. Auf diese Art hängt die Bestimmung von μ nur von den vier Gliedern p^{I}, p^{II}, q^{I}, q^{II}, die von μ^{I} nur von p^{II}, p^{III}, q^{II}, q^{III}, ab, u. s. w. Kennt man also die Werthe von p^{I}, p^{II}, q^{I}, q^{II}, so findet sich zuerst μ, und sodann hieraus p und q aus den Formeln $p = \mu p^{I} + p^{II}$, $q = \mu q^{I} + q^{II}$.

Eben so findet sich μ^{I} aus den Gliedern p^{II}, p^{III}, q^{II}, q^{III}, vermöge der Bedingung $\mu^{I} < \frac{aq^{III}-p^{III}}{p^{II}-aq^{II}}$ >

$> \frac{aq''' - p'''}{p'' - aq''} - 1$; hieraus ergibt sich p^{I}, q^{I} aus den Formeln $p' = \mu' p'' + p'''$, $q' = \mu' q'' + q'''$, sodann μ, und endlich hieraus p und q u. s. w.

Aus diesen Betrachtungen folgt also, daß man nur die zwei lezten Glieder von jeder der beiden correspondirenden Reihen p, p', p'' 2c. q, q', q'' 2c. zu wissen brauche, um von denselben zu allen übrigen Gliedern hinauf zu steigen, und also die beiden Reihen ganz zu bestimmen.

So wäre also dieses Problem darauf zurükgeführt, daß nur die beiden lezten Glieder jener Reihen gesucht werden dürfen.

Es müssen aber beide Reihen, ihrer Natur nach, sich mit o endigen; denn aus den Formeln $p = \mu p' + p''$, $p' = \mu' p'' + p'''$ 2c. erhellet, daß μ der Quotient und p'' der Rest der Division von p durch p' ist, daß μ' der Quotient und p''' der Rest der Division von p' durch p'' ist, u. s. w., so daß also p'', p''' 2c. die Ueberreste vorstellen, auf die man geräth, wenn man den größten gemeinschaftlichen Theiler der beiden Zalen p und p' sucht, welche leztere nach der Voraussetzung unter sich Primzalen sind; folglich muß man nothwendig auf einen Rest kommen, der = o ist. Eben diß gilt auch von den Zalen q'', q''' 2c. die nichts anders sind, als die verschiedenen Ueberreste, die aus der Untersuchung des größten gemeinschaftlichen Theilers von q und q' entspringen.

Gesezt nun die Reihe q, q', q'' 2c. endige sich vor der correspondirenden Reihe p, p', p'' 2c. und es sey z. B. $q^{IV} = 0$; so verwandelt sich die Gleichung $p^{III} q^{IV} - q^{III} p^{IV} = \mp 1$ in $q^{III} p^{IV} = \pm 1$, und weil q^{III} und p^{IV} nichts anders als bejahte Zalen seyn können, so folgt hieraus, daß $q^{III} = 1$ und $p^{IV} = 1$ sey; mithin verwandeln sich die beiden Grössen $p^{III} - a q^{III}$, $p^{IV} - a q^{IV}$ in $p^{III} - a$ und 1. Wir haben aber gezeigt, daß diese Grössen verschiedene Zeichen haben, und daß (ohne Rüksicht auf die Zeichen) die zweite grösser als die erste sey, weil dieselben die auf einander folgenden Glieder der Reihe der kleinsten Werthe sind; folglich muß $a - p^{III} > 0$ und < 1, und mithin $p^{III} < a$ und $> a - 1$ seyn.

Also ist p^{III} bekannt, weil diese Grösse eine ganze Zal seyn muß, und daher keine andere seyn kann, als diejenige, die zwischen a und $a - 1$ fällt.

In dem Fall, von dem also gegenwärtig die Rede ist, sind die zwei lezten Glieder der Reihe q, q^{I}, q^{II} 2c. 1, 0; und die correspondirenden der Reihe p, p^{I}, p^{II} 2c. α und 1, wo α diejenige ganze Zal bedeutet, die zwischen a und $a - 1$ fällt.

Gesezt nun auch, die ganze Reihe p, p^{I}, p^{II} 2c. endige sich zuerst, und es sey, z. B. $p^{IV} = 0$; alsdann wird die Gleichung $p^{III} q^{IV} - q^{III} p^{IV} = \mp 1$ diese: $p^{III} q^{IV} = \mp 1$, und da p und q bejaht seyn müssen, so folgt, daß $p^{III} = 1$, $q^{IV} = 1$ ist, und daß mithin die zwei Grössen $p^{III} - a q^{III}$, $p^{IV} - a q^{IV}$, welche nicht nur verschiedene Zeichen haben, sondern von denen die zweite auch grösser als die erste seyn muß, sich in $1 - a q'''$, und $-a$ verwandeln; woraus dann weiter folgt, daß $1 - a q''' > 0$ und $< a$ sey; diß gibt $q''' < \frac{1}{a}$

und

und $q''' + 1 > \frac{1}{a}$, und folglich $q''' < \frac{1}{a}, > \frac{1}{a} - 1$; d. i. q''' muß diejenige ganze Zal seyn, die zwischen $\frac{1}{a}$ und $\frac{1}{a} - 1$ fällt.

Also werden überhaupt in diesem zweiten Fall die zwei lezten Glieder der Reihe p, p', p'' 2c. $1, 0$; und die correspondirenden in der Reihe q, q', q'' 2c. $\beta, 1$, wo β diejenige ganze Zal bedeutet, die zwischen $\frac{1}{a}$ und $\frac{1}{a} - 1$ fällt.

Man sieht hieraus, daß der erste Fall immer statt findet, wenn a grösser, und der zweite, wenn a kleiner als die Einheit ist.

Kennt man nun aber die beiden lezteren Glieder der correspondirenden Reihen p, p', p'' 2c. und q', q', q'' 2c. so lassen sich auch vermittelst der oben gegebenen Formeln alle übrigen Glieder jener Reihen finden, die das Problem auflösen.

§. 25.

Es ist bequemer, beide Reihen rükwärts zu betrachten, und bei den leztern Gliedern anzufangen. Auf diese Art erhalten wir zwei steigende Reihen, die wir, der Bequemlichkeit wegen, also vorstellen wollen $p^{0}, p^{I}, p^{II}, p^{III}$ 2c. $q^{0}, q^{I}, q^{II}, q^{III}$ 2c. und für welche wir folgende Bestimmungen haben:

Wenn $a > 1$.

$$p^{0} = 1,\ p^{I} < a > a - 1,\ q^{0} = 0,\ q^{I} = 1.$$

Wenn a < 1.

$$p^0 = 0,\ p^I = 1,\ q^0 = 1,\ q^I < \frac{1}{a} > \frac{1}{a} - 1;$$

ferner

$$p^{II} = \mu^I\ p^I + p^0 \qquad q^{II} = \mu^I\ q^I + q^0$$
$$p^{III} = \mu^{II}\ p^{II} + p^I \qquad q^{III} = \mu^{II}\ q^{II} + q^I$$
$$p^{IV} = \mu^{III}\ p^{III} + p^{II} \qquad q^{IV} = \mu^{III}\ q^{III} + q^{II}$$
$$\text{rc.} \qquad\qquad \text{rc.}$$

und zur Bestimmung von μ^I, μ^{II}, μ^{III} rc. folgende Bedingungen:

$$\mu^I < \frac{p^0 - aq^0}{aq^I - p^I} > \frac{p^0 - aq^0}{aq^I - p^I} - 1.$$

$$\mu^{II} < \frac{p^I - aq^I}{aq^{II} - p^{II}} > \frac{p^I - aq^I}{aq^{II} - p^{II}} - 1.$$

$$\mu^{III} < \frac{p^{II} - aq^{II}}{aq^{III} - p^{III}} > \frac{p^{II} - aq^{II}}{aq^{III} - p^{III}} - 1.$$

rc.

Es ist noch zu bemerken, daß der zweite Fall aus dem ersten folgt. Denn, wenn man in den Formeln des ersten Falls $a < 1$ sezt, so erhält man nothwendig $p^I < a > a - 1 = 0$; folglich $p^0 = 1$, $p^I = 0$, $q^0 = 0$, $q^I = 1$, und hieraus $\mu^I < \frac{1}{a} > \frac{1}{a} - 1$, $p^{II} = 1$, $q^{II} = \mu^I$; so daß hier p^I, p^{II} und q^I, q^{II} eben das sind, was p^0, p^I, q^0, q^I nach den Formeln des zweiten Falls seyn würden, und folglich werden in beiden Fällen die folgenden Glieder eben dieselben seyn.

Was demnach auch a für eine Zak seyn mag, so kann man immer folgende Bestimmungen festsetzen:

$$p^0 = 1.$$

$$
\begin{array}{ll}
p^{0} = 1. & q^{0} = 0. \\
p^{I} = \mu. & q^{I} = 1. \\
p^{II} = \mu^{I}\, p^{I} + 1. & q^{II} = \mu^{I}. \\
p^{III} = \mu^{II}\, p^{II} + p^{I}. & q^{III} = \mu^{II}\, q^{II} + q^{I} \\
p^{IV} = \mu^{III}\, p^{III} + p^{II} & q^{IV} = \mu^{III}\, q^{III} + q^{II} \\
\text{ꝛc.} & \text{ꝛc.}
\end{array}
$$

hernach $\mu < a.$

$$\mu^{I} < \frac{p^{0} - a q^{0}}{aq^{I} - p^{I}} > \frac{1}{a - \mu}.$$

$$\mu^{II} < \frac{aq^{I} - p^{I}}{p^{II} - aq^{II}}$$

$$\mu^{III} < \frac{p^{II} - aq^{II}}{aq^{III} - p^{III}}$$

$$\mu^{IV} < \frac{aq^{III} - p^{III}}{p^{IV} - aq^{IV}} \quad \text{ꝛc.}$$

wo das Zeichen $<$ diejenige ganze Zal bedeutet, die unmittelbar kleiner ist, als der Werth der hinter diesem Zeichen stehenden Grösse.

Auf diese Art findet man also nach und nach alle Werthe von p und q, welche das Problem auflösen; denn diese Werthe können keine andre seyn, als die correspondirenden Glieder der beiden Reihen p^{0}, p', p'', p''' ꝛc. q^{0}, q' q'', q''' ꝛc.

1. Zusaz.

§. 26.

Wenn $b = \dfrac{p^{0} - q^{0}}{aq' - p'}$

$$c = \frac{aq' - p'}{p'' - aq''}$$

$$d = \frac{p'' - aq''}{aq''' - p'''}$$ rc. gesezt wird,

so erhält man

$$b = \frac{1}{a - \mu}$$

$$c = \frac{1}{b - \mu'}$$

$$d = \frac{1}{c - \mu''}$$ rc.

und $\mu < a$; $\mu' < b$; $\mu'' < c$; $\mu''' < d$ rc.; folglich sind die Zalen μ, μ', μ'' rc. keine andre, als eben diejenigen, welche wir §. 3. mit α, β, γ rc. bezeichnet haben; d. i. es sind die Glieder des fortlaufenden Bruchs, der den Werth a ausdrükt, so, daß seyn wird

$$a = \mu + \cfrac{1}{\mu' + \cfrac{1}{\mu'' + \cfrac{1}{\mu''' + 1}}}$$

folglich werden die Zalen p', p'', p''' rc. die Zäler, und q', q'', q''' rc. die Nenner der sich der Grösse a nähernden Brüche seyn, welche wir §. 10 durch $\frac{A}{A'}$, $\frac{B}{B'}$, $\frac{C}{C'}$ &c. vorgestellt haben.

Alles läuft also darauf hinaus, den Werth von a in einen fortlaufenden Bruch zu verwandeln, dessen

sämt-

sämtliche Glieder bejaht sind, welches nach dem obigen leicht geschehen kann, weil man nur immer die nächst kleineren Werthe nehmen darf; alsdann mache man eine der Grösse a sich nähernde Reihe von Hauptbrüchen; so werden die Glieder eines jeden einzelnen derselben die Werthe von p und q seyn, die das Problem auflösen, so daß also $\frac{p}{q}$ nichts anders, als einer von diesen Brüchen seyn kann.

2. Zusaz.

§. 27.

Diß wäre also eine neue Eigenschaft der fortlaufenden Brüche. Wenn nemlich $\frac{p}{q}$ einer von den Hauptbrüchen ist, die sich der Grösse a nähern (wenn sie anders aus demjenigen fortlaufenden Bruch hergeleitet worden, dessen Glieder alle bejaht sind), so wird die Grösse $p - aq$, (wenn von den Zeichen abstrahirt wird), immer einen kleineren Werth haben, als wenn statt p und q jede andre kleinere Zalen gesezt würden.

2. Problem.

§. 28.

Es sey die Grösse $Ap^m + Bp^{m-1}q + Cp^{m-2}q +$ 2c. . . $+ Vq$ gegeben, in welcher A, B, C 2c. ganze, gegebene bejahte oder verneinte Zalen vorstellen, und p und q unbestimmte aber ganze und bejahte Grössen seyn sollen. Man sucht solche Werthe für p und q, daß die gegebene Grösse so klein, als möglich werde.

Auflösung.

Es seyen α, β, γ ꝛc. die wirklichen, und $\mu \pm \nu \sqrt{-1}$, $\pi \pm \varrho \sqrt{-1}$ ꝛc. die eingebildeten Wurzeln der Gleichung $A\lambda^m + B\lambda^{m-1} + C\lambda^{m-2} +$ ꝛc. $+ V = 0$; so folgt aus der Theorie der Gleichungen, daß

$$Ap^m + Bp^{m-1}q + Cp^{m-2}q^2 + \text{ꝛc. } Vq^m$$

$$= A(p-\alpha q)(p-\beta q)(p-\gamma q)\ldots\ldots$$

$$\left(p-(\mu+\nu\sqrt{-1})q\right)\left(p-(\mu-\nu\sqrt{-1})q\right)$$

$$\left(p-(\pi+\varrho\sqrt{-1})q\right)\left(p-(\pi-\varrho\sqrt{-1})q\right)$$

$$\ldots\ldots \text{ oder } = A(p-\alpha q)(p-\beta q)(p-\gamma q)\ldots\ldots$$

$$\left((p-\mu q)^2+\nu^2 q^2\right)\left((p-\pi q)^2+\varrho^2 q^2\right)$$

$\ldots\ldots\ldots$ sey.

Folglich kommt es also darauf an, daß das Produkt der Grössen $p-\alpha q$, $p-\beta q$, $p-\gamma q$ ꝛc. und $(p-\mu q)^2+\nu^2 q^2$, $(p-\pi q)^2+\varrho^2 q^2$ ꝛc. so klein, als möglich werde, wenn p und q ganze bejahte Zalen vorstellen.

Wir wollen nun annehmen, die Werthe von p und q, welche ein Minimum geben, seyen bereits gefunden. Wenn demnach statt p und q andre, kleinere Zalen gesezt werden, so muß das obige Produkt grösser werden. Also muß nothwendig der Werth von irgend einem der Faktoren desselben zunehmen. Es ist aber klar, daß, wenn, z. B. α verneint wäre, der Faktor $p-\alpha q$ immer abnehmen müßte, wenn p und q abnähmen; eben diß gilt auch von dem Faktor $(p-\mu q)^2+\nu^2 q^2$, wenn μ verneint wäre, und so von den übrigen. Hieraus folgt, daß unter den ein-

fachen

fachen wirklichen Faktoren, nur diejenigen, deren Wurzeln bejaht sind, zunehmen können; und unter den doppelten eingebildeten Faktoren, können nur diejenigen vermehrt werden, bei denen der wirkliche Theil der eingebildeten Wurzel bejaht ist. Ueberdiß ist noch in Absicht auf diese lezteren zu bemerken, daß, damit $(p-\mu q)^2+\nu^2 q^2$ zunehmen könne, wenn p und q abnehmen, nothwendig der Theil $(p-\mu q)$ zunehmen müsse, weil das andre Glied $\nu^2 q^2$ nothwendig abnimmt; folglich hängt die Vermehrung dieses Faktors von der Grösse $p-\mu q$ ab. Eben diß gilt auch von den übrigen.

Die Werthe von p und q, welche ein Minimum geben, müssen demnach so beschaffen seyn, daß die Grösse $p-aq$ zunimmt, wenn p und q kleinere Werthe bekommen, und man anstatt a eine von den bejahten wirklichen Wurzeln der Gleichung

$$A\lambda^m + B\lambda^{m-1} + C\lambda^{m-2} + V = 0$$

oder einen wirklichen bejahten Theil einer eingebildeten Wurzel eben dieser Gleichung nimmt, wenn welche vorhanden sind.

Es seyen r und s ganze bejahte Zalen, und zwar solche, die kleiner als p und q sind, so muß $r-as >$ $p-aq$ seyn, (wo von den Zeichen dieser zwei Unterschiede abstrahirt wird.) Man setze nun, wie §. 23. diese Zalen seyen so, daß $ps-qr=\pm 1$; wo das obere Zeichen für den Fall gilt, wenn $p-aq$ verneint ist, so daß die zwei Grössen $p-aq$ und $r-as$ verschiedne Zeichen haben; so ist diß vollkommen eben der Fall, auf welchen wir das vorhergehende Problem §. 24. zurükgeführt haben, und dessen Auflösung bereits gegeben worden ist.

Also müssen (§. 26.) die Werthe von p und q nothwendig unter den Gliedern derjenigen Hauptbrüche gefunden werden, die sich a, d. i. einer von denjenigen Grössen nähern, von denen wir oben gesagt haben, daß man sie statt a setzen könne.

Also verwandle man alle jene Grössen in fortlaufende Brüche (welches durch die bereits erklärte Methode leicht geschehen kann), und leite sodann alle convergirende Brüche, von denen hier die Rede ist, daraus ab. Sodann setze man nach und nach p allen Zälern dieser Brüche, und q allen correspondirenden Nennern derselben gleich, so wird diejenige dieser Voraussetzungen, welche den kleinsten Werth der vorgegebenen Funktion gibt, auch eben diejenige seyn, welche das gesuchte Minimum bewirkt.

1. Anmerkung.

§. 29.

Wir haben angenommen, daß die beiden Zalen p und q bejaht seyen. Es ist klar, daß, wenn beide verneint wären, keine Veränderung in dem absoluten Werthe der vorgegebenen Formel vorgienge; im Fall nemlich m ungerad wäre, würde nur das Zeichen jenes Werths verändert werden, für ein gerades m aber bliebe alles ganz unverändert; haben aber p und q verschiedene Zeichen, so ist der Fall ganz anders; weil alsdann die Glieder der gegebenen Gleichung abwechslungsweise ihre Zeichen verändern, welches auch eine Veränderung in den Zeichen der Wurzeln α, β, γ rc. $\mu \pm \nu \sqrt{-1}$; $\pi \pm \varrho \sqrt{-1}$. nach sich zieht, so daß diejenigen von den Grössen α, β, γ rc. μ, π rc. welche verneint, und folglich im ersten

Falle

Falle unnüz waren, in diesem leztern Falle bejaht, und statt der andern gebraucht werden.

Hieraus folgt also allgemein, daß wenn ein Minimum bei der vorgegebenen Formel gesucht wird, ohne irgend eine andre Einschränkung als diese, daß p und q ganze Zalen seyn sollen, man anstatt a alle wirkliche Wurzeln α, β, γ ꝛc. und alle wirkliche Glieder μ, π ꝛc. der unmöglichen Wurzeln der Gleichung

$$A\lambda^m + B\lambda^{m-1} + C\lambda^{m-2} \ldots\ldots + V = 0.$$

setzen, und ganz von den Zeichen dieser Grössen abstrahiren, zulezt aber p und q einerlei, oder verschiedene Zeichen geben müsse, je nachdem die Grösse, welche statt a angenommen worden, ursprünglich bejaht oder verneint war.

2. Anmerkung.

§. 30.

Wenn unter den wirklichen Wurzeln α, β, γ ꝛc. solche sich befinden, die commensurabel sind, so muß die gegebene Grösse = 0 werden, wenn man $\frac{p}{q}$ einer dieser Wurzeln gleich sezt; in diesem Fall gibt es also, eigentlich zu reden, kein Minimum; in allen andern Fällen wird es unmöglich seyn, daß die Grösse, von der die Rede hier ist, 0 werde, wenn p und q ganze Zalen sind. Da aber die Coefficienten A, B, C ꝛc. nach der Voraussetzung ebenfalls ganze Zalen sind, so wird gewiß diese Grösse einer ganzen Zal gleich, und folglich nie kleiner als 1 seyn.

Wenn daher die Gleichung

$$Ap^m + Bp^{m-1}q + Cp^{m-2}q^2 \ldots\ldots + Vq^m = \pm 1.$$

in ganzen Zalen aufgelößt werden soll, so muß man die Werthe von p und q durch die Methode des vorhergehenden Problems suchen, ausser in dem Fall, wenn die Gleichung

$$A\lambda^m + B\lambda^{m-1} + C\lambda^{m-2} \ldots\ldots + V = 0$$

commensurable Wurzeln oder Theiler hat, weil alsdann $Ap^m + Bp^{m-1} q + Cp^{m-2} q^2 \ldots\ldots +$ ꝛc. in zwei oder mehrere ähnliche Grössen von niedrigerem Grade aufgelößt werden kann; so daß eine jede dieser einzelnen Formeln für sich der Einheit gleich seyn muß, und man daher wenigstens zwei Gleichungen zur Bestimmung von p und q bekommt. Ich habe bereits an einem andern Orte (Denkwürdigkeiten der Berliner Akad. 1768) eine Auflösung dieses leztern Problems gegeben; aber diejenige, die hier in diesem Kapitel angezeigt worden, ist einfacher und direkter, obgleich beide aus ebenderselben Theorie der fortlaufenden Brüche hergeleitet sind.

3. Problem.

§. 31.

Man sucht diejenigen Werthe von p und q in ganzen Zalen, welche die Grösse $Ap^2 + Bpq + Cq^2$ so klein als möglich machen.

Auflösung.

Dieses Problem ist, wie man siehet, nur ein besonderer Fall des Vorhergehenden. Es ist aber der Mühe werth, besonders von demselben zu handeln, weil es einer sehr einfachen zierlichen Auflösung fähig ist, von der wir in der Folge bei Auflösung der Gleichungen mit zwei unbekannten Grössen in ganzen Zalen Gebrauch machen werden. Nach der allgemeinen Me-

Methode muß man also damit anfangen, die Wurzeln der Gleichung

$$A\lambda^2 + B\lambda + C = 0$$

zu suchen, welche, wie bekannt,

$$= -\frac{B \pm \sqrt{(B^2 - 4AC)}}{2A}$$

sind.

Aber

1) Wenn $B^2 - 4AC$ einem wirklichen Quadrat gleich ist, so werden die beiden Wurzeln commensurabel seyn, und folglich gibt es eigentlich kein Minimum, weil die Grösse $Ap^2 + Bqp + Cq^2 = 0$ werden kann.

2) Wenn $B^2 - 4AC$ kein Quadrat ist, so werden die beiden Wurzeln irrational, oder eingebildet, seyn, und $B^2 - 4AC$ ist entweder > 0 oder < 0. Diß gibt zwei Fälle. Wir fangen mit dem lezteren, als dem leichtesten, an.

Erster Fall, wenn $B^2 - 4AC < 0$.

§. 32.

Da die beiden Wurzeln in diesem Falle eingebildet sind, so ist $-\frac{B}{2A}$ der einzige wirkliche Theil derselben, welcher also anstatt a angenommen werden muß.

Es muß demnach der einzige Bruch $\frac{-B}{2A}$ (wo von dem Zeichen desselben einstweilen abstrahirt wird), nach der Methode des §. 4., in einen fortlaufenden Bruch verwandelt werden. Aus diesem bilde man sodann, nach §. 10., eine Reihe von convergirenden Brüchen,

Brüchen, welche nothwendig irgendwo abbricht. Nachdem diß geschehen, so setze man anstatt p alle Zäler dieser Brüche, und anstatt q die correspondirenden Nenner. Nur ist wohl zu bemerken, daß p und q entweder einerlei oder verschiedene Zeichen haben müssen, je nachdem $-\frac{B}{2A}$ entweder bejaht oder verneint ist. Auf diese Art finden sich diejenigen Werthe von p und q, welche die vorgegebene Formel zu einem Minimum machen.

Beispiel.

Die gegebene Grösse, welche ein Minimum werden soll, sey $49 \cdot p^2 - 238\,pq + 290\,q^2$.

Es ist also hier $A = 49$, $B = -238$, $C = 290$. mithin $B^2 - 4AC = -196$; und $-\frac{B}{2A} = \frac{17}{7}$.

Wenn man daher nach §. 4. mit diesem Bruche verfährt, so finden sich die Quotienten 2, 2, 3 und aus diesen nach §. 20. folgende Brüche

$$\begin{matrix} & 2 & 2 & 3 \\ \frac{1}{0}, & \frac{2}{1}, & \frac{5}{2}, & \frac{17}{7} \end{matrix}$$

so, daß 1, 2, 5, 17 statt p und 0, 1, 2, 7 statt q gesezt werden können. Wenn man aber die vorgegebene Grösse P heißt, so findet sich

p	q	P
1	0	49
2	1	10
5	2	5
17	7	49

woraus man siehet, daß der kleinste Werth P = 5 ist, welcher

welcher aus den Voraussetzungen $p=5$, und $q=2$ entsteht; man kann also allgemein hieraus schliessen, daß die gegebene Formel nie kleiner als 5 werden könne, wenn p und q ganze Zalen seyn sollen; so daß demnach ein Minimum statt findet, wenn $p=5$ und $q=2$ angenommen wird.

Zweiter Fall, wenn $B^2-4AC>0$.

§. 33.

Da in diesem Falle die Gleichung $A\lambda^2+B\lambda+C=0$ zwei wirkliche irrationale Wurzeln hat, so muß man beide in fortlaufende Brüche verwandeln. Diese Operation kann ausserordentlich leicht vermittelst einer besondern Methode geschehen, die ich anderswo erklärt habe, die aber auch ganz natürlich aus den Formeln des §. 25. fließt, und alle zur vollständigen und allgemeinsten Auflösung des gegebenen Problems nöthige Principien enthält. Wir wollen daher durch a diejenige Wurzel bezeichnen, welche in einen fortlaufenden Bruch verwandelt werden soll, und welche wir immer bejaht annehmen werden, und b sey die andre Wurzel; so ist, wie bekannt,

$$a+b=-\frac{B}{A} \text{ und } ab=\frac{C}{A}, \text{ woraus}$$

$$a-b=\frac{\sqrt{(B^2-4AC)}}{A}$$ folgt. Es sey, der Kürze wegen, $\sqrt{(B^2-4AC)}=\sqrt{E}$, und mithin

$$a-b=\frac{\sqrt{E}}{A};$$ wo die Wurzelgrösse $\sqrt{E}$ bejaht oder verneint seyn kann; Sie wird nemlich bejaht seyn, wenn die Grösse a die grössere der beiden Wurzeln, und verneint, wenn sie die kleinere ist; also

a=

$$a = -\frac{B + \sqrt{E}}{2A},\ b = -\frac{B - \sqrt{E}}{2A}.$$

Wenn nun die Benennungen des §. 25. beibehalten werden, so hat man blos den vor a so eben gefundenen Werth zu substituiren, und die ganze Schwierigkeit besteht sodann darinn, die ganze Grössen μ', μ'', μ''' 2c. auf eine leichte Art zu bestimmen.

Um diesen Zwek zu erreichen, multiplicire ich sowol die Zäler als Nenner der Brüche

$$\frac{p^{\circ} - aq^{\circ}}{aq' - p'},\ \frac{aq' - p'}{p'' - aq''},\ \frac{p'' - aq''}{aq''' - p'''}\ \&c.$$

respektive durch $A(bq' - p')$, $A(p'' - bq'')$ &c. Nun ist $A(p^{\circ} - aq^{\circ})(p^{\circ} - bq^{\circ}) = A$.

$A(aq' - p')(bq' - p') = A(p')^2 - A(a + b)p'q' + Aab(q')^2 = A(p')^2 + Bp'q' + C(q')^2$; $A(p'' - aq'')(p'' - bq'') = A(p'')^2 - A(a + b)p''q'' + Aab(q'')^2 = A(p'')^2 + Bp''q'' + C(q'')^2$ &c.; u. $A(p^{\circ} - aq^{\circ})(bq' - p') = -\mu A - \frac{1}{2}B - \frac{1}{2}\sqrt{E}$; $A(aq' - p')(p'' - bq'') = -Ap'p'' + Aap''q' + Abp'q'' - Aabq'q'' = -Ap'p'' - Cq'q'' - \frac{1}{2}B(p'q'' + q'p'') - \frac{1}{2}\sqrt{E}(p'q'' - q'p'')$; $A(p'' - aq'')(bq''' - p''') = -Ap''p''' + Aap'''p'' + Abp''q''' - Aabq''q''' = -Ap''p''' - Cq''q''' - \frac{1}{2}B(p''q''' + q''p''') + \frac{1}{2}\sqrt{E}(p'''q'' - q'''p'')$ und so weiter.

Man

Man setze nun, der Kürze wegen,

$P^{\circ} = A.$

$P' = A(p')^2 + Bp'q' + C(q')^2$

$P'' = A(p'')^2 + Bp''q'' + C(q'')^2$

$P''' = A(p''')^2 + Bp'''q''' + C(q''')^2$ &c.

$Q^{\circ} = \frac{1}{2} B.$

$Q' = A\mu + \frac{1}{2} B.$

$Q'' = Ap'p'' + \frac{1}{2} B(p'q'' + q'p'') + Cq'q''.$

$Q''' = Ap''p''' + \frac{1}{2} B(p''q''' + q''p''') + Cq''q'''$

so erhält man, weil $p''q' - q''p' = 1$; $p'''q'' - q'''p'' = -1$; $p^{IV}q^{III} - q^{IV}p^{III} = 1$; ꝛc. folgende Formeln:

$$\mu < -\frac{Q^{\circ} + \frac{1}{2}\sqrt{E}}{P^{\circ}}$$

$$\mu' < -\frac{Q^{I} - \frac{1}{2}\sqrt{E}}{P^{I}}$$

$$\mu'' < -\frac{Q^{II} + \frac{1}{2}\sqrt{E}}{P^{II}}$$

$$\mu''' < -\frac{Q^{III} - \frac{1}{2}\sqrt{E}}{P^{III}} \quad \text{\&c.}$$

Nun setze man aber in dem Ausdruk Q'' statt p'' und q'' ihre Werthe $\mu'p' + 1$ und μ', so wird derselbe $= \mu'P' + Q'$; ferner wenn in Q''' statt p''' und q''' die Werthe $\mu''p'' + p'$ und $\mu''q'' + q'$ gesezt werden, so wird dieser Ausdruk $= \mu''P'' + Q''$ u. s. w. so daß

$$Q^{I} = \mu\, P^{\circ} + Q^{\circ}$$
$$Q^{II} = \mu^{I}\, P^{I} + Q^{I}$$
$$Q^{III} = \mu^{II}\, P^{II} + Q^{II}$$
$$Q^{IV} = \mu^{III}\, P^{III} + Q^{III} \quad \text{\&c.}$$

Eben so, wenn man in P'' die Werthe von p'' und q'' sezt, verwandelt sich dieser Ausdruk in

$$(\mu')^2 P' + 2\mu' Q' + A.$$

und wenn die Werthe von p''' und q''' in P''' gesezt werden, so wird $P''' = (\mu'')^2 + 2\mu'' Q'' + P'$ und so weiter; so daß also

$$P' = \mu^2 P^\circ + 2\mu Q^\circ + C$$
$$P'' = (\mu')^2 P' + 2\mu' Q' + P^\circ$$
$$P''' = (\mu'')^2 P'' + 2\mu'' Q'' + P' \ \&c.$$

Auf solche Art kann man also, vermittelst dieser Formeln, die Reihen der Zalen μ, μ', μ'', Q°, Q', Q'' und P°, P', P'' ꝛc. nach Belieben fortsetzen, welche, wie man siehet, wechselseitig von einander abhangen, und worinn die Werthe p°, p', p'' ꝛc. und q°, q', q'' ꝛc. nicht mehr vorkommen.

Man kann aber auch die Werthe P', P'', P''' ꝛc. durch noch einfachere Formeln, als die vorhergehenden sind, auf folgende Art bestimmen. Es ist nemlich:

$$(Q')^2 - P^\circ P' = (\mu A + \tfrac{1}{2}B)^2 - A(\mu^2 A + \mu B + C)$$
$$= \tfrac{1}{4}B^2 - AC;$$
$$(Q'')^2 - P'P'' = (\mu' P' + Q')^2 - P'(\mu')^2 P' + 2\mu' Q' + A$$
$$= (Q')^2 - AP' = \tfrac{1}{4}E \text{ u. s. w.}$$

Mithin ist

$$(Q')^2 - P^\circ P' = \tfrac{1}{4}E.$$
$$(Q'')^2 - P' P'' = \tfrac{1}{4}E.$$
$$(Q''')^2 - P'' P''' = \tfrac{1}{4}E \quad \&c.$$

woraus $P' = \dfrac{(Q')^2 - \frac{1}{4}E}{P^\circ}$

$$P'' = \frac{(Q'')^2 - \frac{1}{4}E}{P'}$$

$$P''' = \frac{(Q''')^2 - \frac{1}{4}E}{P''} \quad \&c.$$

Nachdem nun die Zalen μ, μ' μ'' 2c. auf diese Art gefunden worden, so ist, nach §. 26, der fortlaufende Bruch

$$a = \mu + \cfrac{1}{\mu' + \cfrac{1}{\mu'' + \&c.}}$$

Um daher das Minimum der Formel $Ap^2 + Bpq + Cq^2$ zu finden, müssen die Zalen p°, p', p'' 2c. und q°, q', q'' 2c. (§. 25.) berechnet, und nach und nach statt p und q gesezt werden. Man kann aber diese Operation auch ganz unterlassen; denn P°, P', P'', P''' 2c. sind nichts anders, als die Werthe der Formeln selbst, von denen hier die Rede ist *), wenn nach und nach $p = p^\circ$, p', p'', p''' 2c. und $q = q^\circ$, q', q'', q''' 2c. gesezt wird. Man muß also sehen, welches Glied der Reihe P°, P', P'' 2c. das kleinste ist, diß wird sodann auch das gesuchte Minimum seyn. Die correspondirenden Werthe von p und q finden sich sodann aus den oben angeführten Formeln.

*) $Ap^2 + Bpq + Cq^2 = A(p - aq)(p - bq)$ wenn a und b die zwei wirklichen Wurzeln der Gleichung sind. (§.28.) Sind nun p und $q = p^\circ$ und q°, so ist dieser Werth $= A(p^\circ - aq^\circ)(p^\circ - bq^\circ) = A = P^\circ$. Nimmt man aber statt p und q, die Werthe p' und q', so ist eben dieser Werth $= A(aq' - p')(bq' - p') = A(p')^2 + Bp'q' + C(q')^2 = P'$. und so die übrigen.

Anm. d. Ueb.

§. 34.

Wenn aber die Reihe P°, P', P'' ꝛc. fortgesezt wird, so behaupte ich, man werde nothwendig auf zwei auf einander folgende Glieder, die verschiedene Zeichen haben, kommen, und, von diesen an werden sodann alle folgende Glieder abwechslungsweise verschiedene Zeichen haben. Denn, nach dem vorhergehenden §. ist $P^{\circ} = A\,(p^{\circ} - a\,q^{\circ})\,(p^{\circ} - b\,q^{\circ})$; $P' = A\,(p' - aq)\,(p' - bq')$ ꝛc. aber aus dem, was wir im zweiten Problem bewiesen haben, folgt, daß die Grössen $p^{\circ} - aq^{\circ}$; $p' - aq'$; $p'' - aq''$ ꝛc. abwechselnde Zeichen haben, und immer kleiner werden. Wenn also

1) die Grösse b verneint ist, so werden die Grössen $p^{\circ} - bq^{\circ}$, $p' - bq'$ ꝛc. alle bejaht; folglich müssen sodann in P°, P', P'' ꝛc. die Zeichen abwechseln.

2) Wenn b bejaht ist, so muß man, da $p' - aq'$, $p' - aq''$ ꝛc. und also auch um so mehr $\frac{p'}{q'} - a$; $\frac{p''}{q''} - a$ ꝛc. eine ins Unendliche abnehmende Reihe bilden, nothwendig auf eine dieser leztern Grössen kommen, wie z. B. $\frac{p'''}{q'''} - a$, welche $< a - b$ seyn wird; (ich abstrahire nemlich von den Zeichen), und dann werden auch alle folgende, als $\frac{p^{IV}}{q^{IV}} - a$; $\frac{p^{V}}{q^{V}} - a$ ꝛc. es ebenfalls seyn; so daß also alle Grössen, wie $a - b + \frac{p'''}{q'''} - a$, $a - b + \frac{p^{IV}}{q^{IV}} - a$ ꝛc. nothwendig eben dasselbe

Zeichen

Zeichen haben werden, wie a – b *). Folglich haben die Grössen $\frac{p'''}{q^{III}} - b$, $\frac{p^{IV}}{q^{IV}} - b$ ꝛc. und diese $p''' - bq'''$, $p^{IV} - bp^{IV}$ und so fort ins Unendliche einerlei Zeichen; folglich haben P^{III}, P^{IV} ꝛc. abwechselnde Zeichen.

Wir wollen daher annehmen, in der Reihe P', P'', P''' ꝛc. sey das Glied P^{λ} das erste, bei welchem diese Abwechslung der Zeichen anfängt, so daß alle Glieder P^{λ}, $P^{\lambda+1}$, $P^{\lambda+2}$ &c. bis ins Unendliche abwechselnd bejaht und verneint sind, so behaupte ich, daß keines dieser Glieder grösser, als E seyn könne. Denn da z. B. P^{III}, P^{IV}, P^{V} &c.

 abwechs=

*) Denn entweder ist a – b bejaht, oder verneint. Im ersten Fall muß $a - b + \frac{p'''}{q'''} - a$ immer bejaht seyn, wenn $\frac{p'''}{q'''} - a$ kleiner als a – b angenommen wird; denn wenn auch gleich $\frac{p'''}{q'''} - a$ verneint wäre, so müßte in der angenommenen Voraussetzung immer ein bejahter Rest übrig bleiben.

Ist aber a – b verneint, so muß auch $a - b + \frac{p'''}{q'''} - a$ verneint seyn, weil, wenn $\frac{p'''}{q'''} - a$ auch gleich bejaht wäre, der Ueberrest doch immer auf Seiten der grösseren Zal a – b, und mithin verneint seyn müßte.

Anm. d. Ueb.

abwechselnde Zeichen haben, so ist klar, daß die Produkte von je zwei aufeinander folgenden Gliedern P^{III} P^{IV}, P^{IV}, P^{V} rc. verneint seyn müssen; aber nach dem vorhergehenden §. ist $(Q^{IV})^2 - P^{III}\ P^{IV} = E$; $(Q^{V})^2 - P^{IV}\ P^{V} = E$ rc. folglich werden die bejahten Zalen $- P^{IV}\ P^{V}$, $- P^{IV}\ P^{V} -$ rc. alle kleiner, oder wenigstens nicht grösser als E seyn. Da nun P', P'', P''' rc. ihrer Natur nach ganze Zalen sind; so können die Zalen P^{III}, P^{IV} rc. und überhaupt P^{λ}, $P^{\lambda+1}$ rc. (wenn man von dem Zeichen abstrahirt,) niemals grösser als E seyn. Hieraus folgt nun ferner, daß die Glieder Q^{IV}, Q^{V} rc. und überhaupt Q^{λ}, $Q^{\lambda+1}$ rc. nie grösser werden können, als $\sqrt{E}$.

Es ist also aus dem bisherigen leicht zu schliessen, daß die zwei Reihen, $P^{\lambda+1}$, $P^{\lambda+2}$ rc. und $Q^{\lambda+1}$, $Q^{\lambda+2}$ rc. obschon ins Unendliche fortgesezt, doch nur aus einer gewissen Anzal von verschiedenen Gliedern bestehen werden; denn diese Glieder können für die erstere Reihe keine andre seyn, als die natürliche Zalen bis E, bejaht oder verneint genommen, und für die zweite, die natürliche Zalen bis $\sqrt{E}$, mit den dazwischen fallenden Brüchen $\frac{1}{2}$, $\frac{3}{2}$, $\frac{5}{2}$ rc. ebenfalls bejaht, oder verneint genommen; indem nach dem vorhergehenden §. die Zalen Q', Q'', Q''' rc. immer ganze Zalen sind, wenn B gerade ist, aber jede den Bruch $\frac{1}{2}$ enthalten wird, wenn B ungerad ist.

Wenn man daher die beiden Reihen P', P'', P''' rc. Q', Q'', Q''' rc. fortsezt, so müssen nothwendig nach einer gewissen Anzal von Zwischengliedern zwei correspondirende Glieder, wie P^{π}, Q^{π} wieder zum Vorschein

schein kommen. Diese Anzal von Zwischengliedern kann aber immer als gerade betrachtet werden; denn da dieselben Glieder P^{π} und Q^{π} zu gleicher Zeit unzäligemal wieder zum Vorschein kommen, indem die Anzal der verschiednen Glieder bei beiden Reihen und mithin auch die Anzal ihrer Kombinationen auf bestimmte Gränzen eingeschränkt ist, so ist klar, daß wenn jene beiden Glieder nach einer ungeraden Anzal von Zwischengliedern zum Vorschein kämen, man nur je zwei und zwei Rükkehrungen derselben betrachten dürfte, und dann würden alle Intervalle aus einer geraden Anzal von Gliedern bestehen.

Wenn demnach 2ϱ die Anzal dieser Zwischenglieder bezeichnet, so ist $P^{\pi+2\varrho} = P^{\pi}$; $Q^{\pi+2\varrho} = Q^{\pi}$ und dann werden alle Glieder P^{π}; $P^{\pi+1}$; $P^{\pi+2}$ rc. und Q^{π}, $Q^{\pi+1}$, $Q^{\pi+2}$ rc. und μ^{π}, $\mu^{\pi+1}$, $\mu^{\pi+2}$ rc. jedes nach 2ϱ dazwischen liegenden, wieder zum Vorschein kommen. Denn es ist leicht, aus denen im vorhergehenden §. für μ', μ'', μ''' rc. wie auch für Q', Q'', Q''' rc. und P', P'', P''' rc. bestimmten Werthen, zu sehen, daß, nach dem $P^{\pi+2\varrho} = P^{\pi}$ und $Q^{\pi+2\varrho} = Q^{\pi}$ erhalten worden, auch $\mu^{\pi+2\varrho} = \mu^{\pi}$ und nachher $Q^{\pi+2\varrho+1} = Q^{\pi+1}$ und $P^{\pi+2\varrho+1} = P^{\pi+1}$, also auch $\mu^{\pi+2\varrho+1} = \mu^{\pi+1}$ seyn müsse, u. s. w.

Wenn daher Π eine Zal bedeutet, die entweder $= \pi$ oder $> \pi$, und überdiß m irgend eine beliebige ganze bejahte Zal ist, so wird überhaupt

$$P^{\Pi + 2m\varrho} = P^{\Pi}; \quad Q^{\Pi + 2m\varrho} = Q^{\Pi}$$

$\mu^{\Pi + 2m\varrho} = \pi^{\Pi}$ seyn. Wenn man aber die $\pi + 2\varrho$ ersten Glieder dieser drei Reihen kennt, so weiß man auch alle folgende, welche nichts anders seyn werden, als die 2ϱ lezten in ebenderselben Ordnung ins Unendliche wiederholt.

Aus dem bisherigen folgt, daß man, um den kleinsten Werth von $P = Ap^2 + Bpq + Cq^2$ zu finden, die Reihen P°, P', P'', P''' ꝛc. und Q°, Q', Q'', Q''' ꝛc. nur so weit fortsetzen darf, bis zwei correspondirende Glieder, wie P^{π} und Q^{π} zugleich, nach einer geraden Anzal von Zwischengliedern erhalten werden, so daß $P^{\pi+2\varrho} = P^{\pi}$, und $Q^{\pi+2\varrho} = Q^{\pi}$ ist, und dann wird das kleinste Glied der Reihe P°, P', P'', P''' ꝛc. $P^{\pi+2\varrho}$ das gesuchte Minimum seyn.

1. Zusaz.

§. 35.

Wenn das kleinste Glied der Reihe P°, P', P'' ꝛc. $P^{\pi+2\varrho}$ nicht vor dem Gliede P^{π} gefunden wird, so kommt dasselbe in jener ins Unendliche fortlaufenden Reihe mehreremal vor, und es finden sich daher in diesem Fall eine unzälige Menge von Werthen für p und q, die ein Kleinstes geben, und durch die Formeln des §. 25., vermittelst blosser Wiederholung ebenderselben Glieder $\mu^{\pi+1}$, $\mu^{\pi+2}$ ꝛc. der über das Glied $\mu^{2\varrho+\pi}$ hinaus fortgesezten Reihe μ', μ'', μ''' ꝛc. erhalten werden, wie bereits oben gezeigt worden ist. Es lassen sich zwar auch allgemeine

Formeln

Formeln für p und q finden; allein da dieses nicht ohne Weitläufigkeit hier gezeigt werden könnte; so verweise ich den Leser auf die schon einigemal angeführten Berliner Denkwürdigkeiten vom Jahr 1768, S. 123 ꝛc.; wo eine allgemeine und neue Theorie der fortlaufenden periodischen Brüche vorkommt.

2. Zusaz.

§. 36.

Es ist §. 34. gezeigt worden, daß, wenn die Reihe P', P'', P''' ꝛc. fortgesezt wird, man nothwendig auf zwei aufeinander folgende Glieder von verschiedenen Zeichen kommen müsse. Wir wollen also annehmen, P^{III} und P^{IV} seyen die ersten, denen diese Eigenschaft zukommt; so müssen die beiden Grössen $p^{III} - bq^{III}$ ung $p^{IV} - bq^{IV}$ nothwendig einerlei Zeichen haben, weil die Grössen $p^{III} - aq^{III}$ und $p^{IV} - aq^{IV}$ ihrer Natur nach verschiedne Zeichen haben *). Wenn man aber in den Ausdrücken $p^{V} - bq^{V}$, $p^{VI} - bq^{VI}$ ꝛc. nach §. 25. die Werthe für p^{V}, p^{VI} ꝛc. und für q^{V}, q^{VI} ꝛc. sezt, so findet sich

$$p^{V} - bq^{V} = \mu^{IV}(p^{IV} - bq^{IV}) + p^{III} - bq^{III}$$

$$p^{VI} - bq^{VI} = \mu^{V}(p^{V} - bq^{V}) + p^{IV} - bq^{IV} \text{ ꝛc.}$$

woraus erhellet, daß, da μ^{IV}, μ^{V} ꝛc. lauter bejahte Zalen sind, die Grössen $p^{V} - bq^{V}$, $p^{VI} - bq^{VI}$ ꝛc. bis ins

*) Da $P''' = A(p''' - aq''')(p''' - bq''')$ und $P^{IV} = A(p^{IV} - aq^{IV})(p^{IV} - bq^{IV})$ und $P^{III}.P^{IV}$, nach der Voraussetzung verneint ist, so müssen nothwendig die Grössen $p^{III} - bq^{III}$ und $p^{IV} - bq^{IV}$ entweder beide bejaht oder beide verneint seyn, weil jenes Produkt sonst nicht verneint seyn könnte.

Anm. d. Ueb.

ins Unendliche eben dieselben Zeichen haben müssen, als die Grössen $p^{III} - bq^{III}$ und $p^{IV} - bq^{IV}$; folglich sind auch alle Glieder P^{III}, P^{IV}, P^{V} rc. ins Unendliche abwechslungsweise bejaht und verneint.

Nach den vorhergehenden Gleichungen ist

$$\mu^{IV} = \frac{p^{V} - bq^{V}}{p^{IV} - bq^{IV}} - \frac{p^{III} - bq^{III}}{p^{IV} - bq^{IV}}$$

$$\mu^{V} = \frac{p^{VI} - bq^{VI}}{p^{V} - bq^{V}} - \frac{p^{IV} - bq^{IV}}{p^{V} - bq^{V}}$$

$$\mu^{VI} = \frac{p^{VII} - bq^{VII}}{p^{VI} - bq^{VI}} - \frac{p^{V} - bq^{V}}{p^{VI} - bq^{VI}} \text{ rc. rc.}$$

wo die Grössen $\frac{p^{III} - bq^{III}}{p^{IV} - bq^{IV}}$, $\frac{p^{IV} - bq^{IV}}{p^{V} - bq^{V}}$ rc. alle bejaht seyn werden.

Weil demnach, nach der Voraussetzung, die Zalen μ^{IV}, μ^{V}, μ^{VI} rc. alle ganz und bejaht seyn müssen, so muß die Grösse $\frac{p^{V} - bq^{V}}{p^{IV} - bq^{IV}}$, so wie auch $\frac{p^{VI} - bq^{VI}}{p^{V} - bq^{V}}$ und $\frac{p^{VII} - bq^{VII}}{p^{VI} - bq^{VI}}$ rc. bejaht und grösser als 1 und mithin $\frac{p^{IV} - bq^{IV}}{p^{V} - bq^{V}}$, $\frac{p^{V} - bq^{V}}{p^{VI} - bq^{VI}}$ rc. bejaht, und kleiner als die Einheit seyn: Die Grössen μ^{V}, μ^{VI} rc. können also keine andere, als diejenigen ganzen Zalen seyn, die unmittelbar kleiner sind, als die Werthe $\frac{p^{VI} - bq^{VI}}{p^{V} - bq^{V}}$, $\frac{p^{VII} - bq^{VII}}{p^{VI} - bq^{VI}}$ rc. Was aber den Werth

von

von μ^{IV} anbetrift, so ist derselbe ebenfalls diejenige ganze Zal, die unmittelbar kleiner, als $\frac{p^{III} - bq^{III}}{p^{IV} - bq^{IV}}$ ist, wenn $\frac{p^{III} - bq^{III}}{p^{IV} - bq^{IV}} < 1$. ist. Man hat also

$$\mu^{IV} < \frac{p^{V} - bq^{V}}{p^{IV} - bq^{IV}}, \text{ wenn } \frac{p^{III} - bq^{III}}{p^{IV} - bq^{IV}} < 1.$$

$$\mu^{V} < \frac{p^{VI} - bq^{VI}}{p^{V} - bq^{V}}$$

$$\mu^{VI} < \frac{p^{VII} - bq^{VII}}{p^{VI} - bq^{VI}} \quad \text{2c.}$$

wo übrigens, wie oben gesagt worden, das nach μ^{III}, μ^{IV}, μ^{V} 2c. stehende Zeichen $<$ diejenigen ganzen Zalen bedeutet, die unmittelbar kleiner sind, als die nach demselben folgenden Ausdrücke.

Es ist aber leicht, durch ähnliche Reduktionen wie §. 33., die Grössen $\frac{p^{V} - bq^{V}}{p^{IV} - bq^{IV}}$, $\frac{p^{VI} - bq^{VI}}{p^{V} - bq^{V}}$ 2c. in $\frac{Q^{V} + \frac{1}{2}\sqrt{E}}{p^{IV}}$, $\frac{Q^{VI} - \frac{1}{2}\sqrt{E}}{p^{V}}$ 2c. zu verwandeln.

Ueberdiß ist die Bedingung, daß $\frac{p^{III} - bq^{III}}{p^{IV} - bq^{IV}} < 1$ seyn muß, vollkommen einerlei mit dieser $- \frac{p^{III}}{p^{IV}} < \frac{aq^{III} - p^{III}}{p^{IV} - aq^{IV}}$, welche demnach, da $\frac{aq^{III} - p^{III}}{p^{IV} - aq^{IV}}$

$< 1,$

< 1, immer statt finden wird, wenn $-\dfrac{P^{III}}{P^{IV}} =$ oder < 1 ist *).

Es ist also

$$\mu^{IV} < \frac{Q^V + \frac{1}{2}\sqrt{E}}{P^{IV}}, \text{ wenn } -\frac{P^{III}}{P^{IV}} = \text{ oder } < 1.$$

$$\mu^V < \frac{Q^{VI} - \frac{1}{2}\sqrt{E}}{P^V}$$

$$\mu^{VI} < \frac{Q^{VII} + \frac{1}{2}\sqrt{E}}{P^{VI}} \quad \&\text{c.} \quad \&\text{c.}$$

Wenn man diese Formeln mit denjenigen des §. 33. welche das Gesez der Reihen P', P'', P''' ꝛc. und Q' Q'', Q''' ꝛc. enthalten, vergleicht, so wird man leicht sehen, daß, wenn zwei correspondirende Glieder dieser

---

*) Es ist $-\dfrac{P^{III}}{P^{IV}} = \left(\dfrac{p^{III} - bq^{III}}{p^{IV} - bq^{IV}}\right) \cdot \left(\dfrac{aq^{III} - p^{III}}{p^{IV} - aq^{IV}}\right)$

wenn daher $\dfrac{p^{III} - bq^{III}}{p^{IV} - bq^{IV}} < 1$ ist, so muß also $-\dfrac{P^{III}}{P^{IV}}$

einem Theile von $\dfrac{aq^{III} - p^{III}}{p^{IV} - aq^{IV}}$ gleich seyn, folglich

$-\dfrac{P^{III}}{P^{IV}} < \dfrac{a^{III} - qp^{III}}{p^{IV} - aq^{IV}}.$ Aber $\dfrac{aq^{III} - p^{III}}{p^{IV} - aq^{IV}}$ ist > 1.

folglich ist die Bedingung $\dfrac{p^{III} - bq^{III}}{p^{IV} - bq^{IV}} < 1$ einerlei mit

dieser $-\dfrac{P^{III}}{P^{IV}} =$ oder < 1.

Anm. d. Ueb.

dieser beiden Reihen, deren Zal grösser als 3 ist, als bekannt angenommen werden, man auf die vorhergehenden Glieder bis auf P^{IV} und Q^{V}, und, wenn die Bedingung $-\frac{P^{III}}{P^{IV}} =$ oder < 1 statt findet, bis auf P^{III} und Q^{IV} zurükgehen kann, und daß mithin alle diese Glieder durch diejenigen bestimmt sind, die man als gegeben annahm.

In der That, wenn z. B. P^{VI} und Q^{VI} als bekannt angenommen werden, so ergibt sich zuerst P^{V} aus der Gleichung $(Q^{VI})^2 - P^{V}.\, P^{VI} = \frac{1}{2} E$; sodann aus Q^{VI} und P^{V} der Werth von μ^{V}, hieraus sofort Q^{V} durch die Gleichung $Q^{V} = \mu^{V}\, P^{V} + Q^{V}$. Ferner gibt die Gleichung $(Q^{V})^2 - P^{IV}.\, P^{V} = \frac{1}{4} E$ den Werth von P^{IV}, und wenn voraus bekannt ist, daß $-\frac{P^{III}}{P^{IV}} =$ oder < 1. seyn muß, so findet sich alsdann μ^{IV}, und aus diesem Q^{V}, aus der Gleichung $Q^{V} = \mu^{IV}.\, P^{IV} + Q^{IV}$, und endlich P^{III} aus $(Q^{IV})^2 - P^{III}\, P^{IV} = \frac{1}{4} E$.

Hieraus kann man leicht den allgemeinen Schluß ziehen: Wenn P^{λ} und $P^{\lambda+1}$ die ersten aufeinander folgenden Glieder der Reihen P', P'', P''' rc. sind, welche verschiedene Zeichen haben, so wird sowol das Glied $P^{\lambda+1}$ als die folgenden, nach einer gewissen Anzal von Zwischengliedern, immer zum Vorschein kommen, und auch das Glied P^{λ}, wann $\frac{\pm P^{\lambda}}{P^{\lambda+1}} =$ oder < 1 ist.

Denn

Denn wenn wir annehmen, es sey, (wie §. 34.) $P^{\pi+2\varrho} = P^{\pi}$ und $Q^{\pi+2\varrho} = Q^{\pi}$ gefunden worden, und π sey überdiß $> \lambda$, nemlich $\pi = \lambda + \nu$ so kan man einerseits von dem Gliede P^{π} zu $P^{\lambda+1}$ oder P^{λ} und andrerseits von $P^{\pi+2\varrho}$ zu $P^{\lambda+2\varrho+1}$ oder $P^{\lambda+2\varrho}$ hinaufsteigen; und da die Glieder, von denen man beiderseits ausgeht, gleich sind, so werden auch alle übrige, die aus ihnen entspringen, respective gleich seyn, so daß also $P^{\lambda+2\varrho+1} = P^{\lambda+1}$ und im Fall $\frac{\pm P^{\lambda}}{P^{\lambda+1}} =$ oder < 1, auch $P^{\lambda+2\varrho}$ $= P^{\lambda}$.

Hieraus kann man also einigermassen auf die Perioden in der Reihe P°, P', P'', P''' 2c. und folglich auch in den beiden andern Reihen Q°, Q', Q'', Q''' 2c. und μ, μ', μ'', μ''' 2c. schliessen. Was aber die Länge derselben anbetrift, so hängt sie von der Beschaffenheit von E, und zwar einzig und allein von dem Werthe dieser Zal ab, wie ich erweisen könnte, wenn ich nicht befürchtete, allzuweitläufig zu werden.

3. Zusaz.

§. 37.

Was im vorhergehenden §. bewiesen worden ist, kann auch auf folgenden schönen Lehrsaz angewandt werden:

Jede

Jede Gleichung von der Gestalt $p^2 - Kq^2 = 1$, wo K eine ganze bejahte Zal, die keine Quadratzal ist, bedeutet, und p und q unbestimmte Grössen sind, kann immer in ganzen Zalen aufgelößt werden. Denn wenn man $p^2 - Kq^2$ mit der allgemeinen Formel $Ap^2 + Bpq + Cq^2$ vergleicht, so ergibt sich $A = 1$, $B = 0$, $C = - K$; mithin $E = B^2 - 4 AC = 4 K$ und $\frac{1}{2} \sqrt{E} = \sqrt{K}$. (§. 33.) Folglich $P^o = 1$, $Q^o = 0$, also $\mu < \sqrt{K}$, $Q^I = \mu$ und $P^I = \mu^2 - K$; woraus erhellet, daß 1) P^I verneint ist, und folglich mit P^o verschiedne Zeichen hat. 2) Daß $- P^I =$ oder > 1 ist, weil K und μ ganze Zalen sind; so daß also $\frac{P^o}{-P^I} =$ oder < 1; folglich ist, nach dem vorhergehenden §. $\lambda = 0$, und $P^{2\varrho} = P^o = 1$; so daß wenn man also die Reihe P^o, P', P'' 2c. fortsezt, das Glied $P^o = 1$ nothwendig nach einer gewissen Anzal von Zwischengliedern wieder zum Vorschein kommen muß; folglich lassen sich immer eine unzälige Menge von Werthen für p und q finden, welche die Formel $p^2 - Kq^2$ der Einheit gleich machen *).

4. Zusaz.

*) Um das bisherige durch ein Beispiel zu erläutern, wollen wir annehmen, es soll $1 + 97 q^2$ zu einem Quadrat in ganzen Zalen gemacht werden. Man setze also $1 + 97 q^2 = p^2$ so muß $p^2 - 97 q^2 = 1$. seyn. Vergleicht man nun diese Formel mit der allgemeinen $Ap^2 + Bpq + Cq^2$, so ist hier: $A = 1$, $B = 0$. und $C = - 97$: folglich $E = B^2 - 4 AC = 4 . 97$ also $\frac{1}{4} E = 97$ und $\frac{1}{2} \sqrt{E} = \sqrt{97}$. Ferner ist $Q^o = \frac{1}{2} B = 0$ und $P^o = A = 1$. Man stelle also nach den Formeln

$Q^o =$

4. Zusaz.

§. 38.

Man kann auch folgenden Lehrsaz beweisen: Wenn die Gleichung $p^2 - Kq^2 = \pm H$ in ganzen Zalen soll aufgelößt werden können, (wo übrigens K keine Quadratzal, und H bejaht, und kleiner als $\sqrt{K}$ ist), so müssen die Zalen p und q so seyn, daß $\frac{p}{q}$ einer von denjenigen Hauptbrüchen ist, die sich dem Werthe $\sqrt{K}$ nähern.

Wir wollen zuerst annehmen, daß das obere Zeichen statt finde, und also $p^2 - Kq^2 = H$ sey; also ist

$$p - q\sqrt{K} = \frac{H}{p + q\sqrt{K}}$$

und $$\frac{p}{q} - \sqrt{K} = \frac{H}{q^2\left(\frac{p}{q} + \sqrt{K}\right)}$$

Man suche nun zwei ganze bejahte Zalen r und s, die kleiner als p und q, und zugleich so sind, daß $ps - qr = 1$. welches (nach §. 23.) immer möglich ist, so wird $\frac{p}{q} - \frac{r}{s} = \frac{1}{qs}$; zieht man diese Gleichung von

der

$$Q^0 = \tfrac{1}{2} B, \quad P^0 = A, \quad \mu < -\frac{Q^0 + \frac{1}{2}\sqrt{E}}{P^0}$$

$$Q' = \mu P^0 + Q^0; \; P' = \frac{(Q^0)^2 - \frac{1}{4}E}{P^0}; \; \mu' < -\frac{Q' - \frac{1}{2}\sqrt{E}}{P'}$$

&c. &c.

folgende Berechnung an:

$Q^0 = 0.$

$Q^{0} = 0$	$P^{0} = 1$	$\mu < \sqrt{97} = 9$
$Q^{I} = 1 \cdot 9 + 0 = 9$	$P^{I} = \frac{9^2 - 97}{1} = -16$	$\mu^{I} < \frac{-9-9}{-16} = 1$
$Q^{II} = -1 \cdot 16 + 9 = -7$	$P^{II} = \frac{7^2 - 97}{-16} = 3$	$\mu^{II} < \frac{7+9}{3} = 5$
$Q^{III} = 5 \cdot 3 - 7 = 8$	$P^{III} = \frac{8^2 - 97}{3} = -11$	$\mu^{III} < \frac{-8-9}{-11} = 1$
$Q^{IV} = -1 \cdot 11 + 8 = -3$	$P^{IV} = \frac{3^2 - 97}{-11} = 8$	$\mu^{IV} < \frac{3+9}{8} = 1$
$Q^{V} = 1 \cdot 8 - 3 = 5$	$P^{V} = \frac{5^2 - 97}{8} = -9$	$\mu^{V} < \frac{-5-9}{-9} = 1$
$Q^{VI} = -1 \cdot 9 + 5 = -4$	$P^{VI} = \frac{4^2 - 97}{-9} = 9$	$\mu^{VI} < \frac{4+9}{9} = 1$

$Q^{VII} = 1 . 9 - 4 = 5 \qquad P^{VII} = \frac{5^2 - 97}{9} = -8 \qquad \mu^{VII} < \frac{-5-9}{-8} = 1$

$Q^{VIII} = -1 . 8 + 5 = -3 \qquad Q^{VIII} = \frac{3^2 - 97}{-8} = 11 \qquad \mu^{VIII} < \frac{3+9}{11} = 1$

$Q^{IX} = 1 . 11 - 3 = 8 \qquad P^{IX} = \frac{8^2 - 97}{11} = -3 \qquad \mu^{IX} < \frac{-8-9}{-3} = 5$

$Q^{X} = -3 . 5 + 8 = -7 \qquad P^{X} = \frac{7^2 - 97}{-3} = 16 \qquad \mu^{X} < \frac{7+9}{16} = 1$

$Q^{XI} = 1 . 16 - 7 = 9 \qquad P^{XI} = \frac{9^2 - 97}{16} = -1 \qquad \mu^{XI} < \frac{-9-9}{-1} = 18$

$Q^{XII} = -1 . 18 + 9 = -9 \qquad P^{XII} = \frac{9^2 - 97}{-1} = 16 \qquad \mu^{XII} < \frac{9+9}{16} = 1$

Da

der vorhergehenden ab, so ist

$$\frac{r}{s} - \sqrt{K} = \frac{H}{q^2\left(\frac{p'}{q} + \sqrt{K}\right)} - \frac{1}{qs}$$

Da nun hier $P^{XII} = -1$ ist, so ist es nicht nöthig, die Rechnung weiter fortzusetzen; weil für P^{XIII}, P^{XIV} ꝛc. eben die Werthe wie für P', P'' ꝛc. nur mit verkehrten Zeichen zum Vorschein kommen, und man also, um auf $P^{\lambda} = +1$ zu kommen, nur die bereits berechneten, nebst den, ihnen zugehörigen Werthen von μ, μ' ꝛc. nehmen darf. Nun muß man bis auf die Werthe von p und q rükwärts gehen, welches entweder durch die §. 25. gegebenen Formeln, oder noch leichter vermittelst der bei den fortlaufenden Brüchen erklärten Methode auf folgende Art geschehen kann.

	1	0
9	0	1
1	1	9
5	1	10
1	6	59
1	7	69
1	13	128
1	20	197
1	33	325
1	53	522
5	86	847
1	483	4757
18	569	5604
1	10725	105629
5	11294	111233

so daß also $p - q\sqrt{K} = \dfrac{H}{q\left(\dfrac{p}{q} + \sqrt{K}\right)}$

$$r - s\sqrt{K} = \frac{1}{q}\left\{\frac{sH}{q\left(\dfrac{p}{q} + \sqrt{K}\right)} - 1\right\}$$

da

1	67195	661794
1	78489	773027
1	145684	1434821
1	224173	2207848
1	369857	3642669
1	594030	5850517
5	963887	9493186
1	5413465	53316447
18	6377352	62809633

Mithin ist in $p^2 = 1 + 97\,q^2$, $q = 62809633$ und $p = 6377352$, welches zugleich die kleinsten Werthe in ganzen Zalen sind.

In dem XIten Bande der neuen Petersburger Commentare gibt Euler ebenfalls eine allgemeine Auflösung dieses Problems, die sehr sinnreich und bei weitem kürzer ist, als die Pellische Methode. Indessen aber behauptet dennoch die hier vorgetragene des De la Grange, sowol in Absicht auf die Vollständigkeit der Sätze, auf welche sie gebaut ist, als auch besonders wegen der grossen Einfachheit der Rechnungen, die sie erfordert, immerhin den Vorzug, und läßt, was dieses so merkwürdige Problem betrift, nichts mehr zu wünschen übrig. **A. d. Ueb.**

da aber $\frac{p}{q} > \sqrt{K}$ *), und $H < \sqrt{K}$; so muß

$\frac{H}{\frac{p}{q} + \sqrt{K}} < \frac{1}{2}$ seyn. Es ist demnach $p - q\sqrt{K} < \frac{1}{2q}$

also $\frac{sH}{q\left(\frac{p}{q} + \sqrt{K}\right)}$ um so mehr $< \frac{1}{2}$, weil $s < q$

ist: folglich ist der Ausdruk $r - s\sqrt{K}$ verneint, aber bejaht genommen, ist derselbe $> \frac{1}{2q}$,

weil $1 - \frac{sH}{q\left(\frac{p}{q} + \sqrt{K}\right)} > \frac{1}{2}$.

Man hat demnach die zwei Grössen $p - q\sqrt{K}$ und $r - s\sqrt{K}$, oder wenn $a = \sqrt{K}$ gesezt wird, $p - aq$ und $r - as$, welche eben denselben Bedingungen unterworfen sind, die wir §. 24. voraussezten, folglich ꝛc. §. (26.) Wäre aber $p^2 - Kq^2 = -H$, so müßte man solche Werthe für r und s suchen, daß $ps - qr = -1$, und man erhielte demnach diese zwei Gleichungen

$$q\sqrt{K} - p = \frac{H}{q\left(\sqrt{K} + \frac{p}{q}\right)}$$

$s\sqrt{K}$

*) Da $p^2 - Kq^2 = H$, so ist $\frac{p}{q} = \sqrt{\left(K + \frac{H}{q^2}\right)}$,

also $\frac{p}{q} > \sqrt{K}$.

$$f\sqrt{K} - r = \frac{1}{q}\left\{\frac{fH}{q\left(\sqrt{K}+\frac{p}{q}\right)} - 1\right\}$$

Da aber $H < \sqrt{K}$, und $f < q$, so muß $\frac{fH}{q\left(\sqrt{K}+\frac{p}{q}\right)} < 1$ seyn; so daß also die Grösse $f\sqrt{K} - r$ verneint ist. Aber eben diese Grösse, bejaht genommen, ist grösser als $q\sqrt{K} - p$. Um diß zu beweisen, muß gezeigt werden, daß

$$\frac{1}{q}\left\{1 - \frac{fH}{q\left(\sqrt{K}+\frac{p}{q}\right)}\right\} < \frac{H}{q\left(\sqrt{K}+\frac{p}{q}\right)}$$

oder daß $1 > \frac{H\left(1+\frac{f}{q}\right)}{\sqrt{K}+\frac{p}{q}}$, das ist, daß $\sqrt{K}+\frac{p}{q}$

$$> H + \frac{fH}{q}.$$

Aber nach der angenommenen Voraussetzung ist $\sqrt{K} > H$, also bleibt noch zu erweisen daß $\frac{p}{q} > \frac{fH}{q}$, oder $p > fH$. Nun ist aber $f\sqrt{K} - r$ verneint, also muß $r > f\sqrt{K}$ seyn, folglich auch um so mehr p, das grösser als r ist, $> f\sqrt{K}$, also auch grösser als fH.

Also

Also haben $p - q \surd K$ und $r - s \surd K$ verschiedene Zeichen, und überdiß (wenn man von den Zeichen abstrahirt), ist die zweite grösser als die erste, wie im vorhergehenden Fall. Folglich ꝛc.

Wenn also eine Gleichung von der Form $p - Kq^2 = \pm H$. (wo $H < \surd K$ ist) in ganzen Zalen aufgelößt werden solle, so sind eben dieselben Operationen zu machen, wie §. 33.; wobei also $A = 1$, $B = 0$ und $C = -K$ gesezt wird. Findet sich nun in der Reihe P^o, P', P'', P''' ꝛc. $P^{\pi + 2\varrho}$ ein Glied $= \pm H$, so ist die Frage aufgelöst, wo nicht, so gibt es für solchen Fall keine Auflösung in ganzen Zalen.

Anmerkung.

§. 39.

Wir haben §. 33. in $A\lambda^2 + B\lambda + C$ nur eine Wurzel betrachtet, und dieselbe bejaht angenommen: Sollten nun aber in dieser Gleichung beide Wurzeln bejaht seyn, so muß man sie, eine nach der andern, statt a setzen, und bei beiden eben dieselbe Operation vornehmen; Wäre aber eine derselben, oder gar alle beide verneint, so müssen sie erstlich dadurch in bejahte Zalen verwandelt werden, daß man erstens das Zeichen von B verändert, übrigens aber wie oben verfährt, und nachher zweitens den Werthen von p und q verschiedene Zeichen gibt, nemlich dem einen plus, dem andern minus (§. 29.) Im allgemeinen hat also B beide Zeichen ±, und so auch $\surd E$, das ist: es wird $Q^o = \mp \frac{1}{2} B$, und $\surd E = \pm \surd E$ seyn. Nur müssen diese Zeichen so genommen werden, daß die Wurzel $a = \frac{\mp \frac{1}{2} B \pm \frac{1}{2} \surd E}{A}$ bejaht sey, welches immer auf zweierlei Art geschehen kann. Das obere Zeichen von B wird die bejahte Wurzel bedeuten, in welchem Falle p und q einerlei Zeichen haben müssen, im Gegentheil aber ist das Zeichen von B für die verneinte Wurzel, in welchem Fall die Zeichen p und q verschieden sind.

Beispiel.

§. 40.

Man sucht diejenigen ganzen Zalen für p und q, daß $9\,p^2 - 118\,pq + 378\,q^2$ so klein, als möglich werde.

Wenn man diese Formel mit der allgemeinen Formel der dritten Aufgabe vergleicht, so ergibt sich $A = 9$, $B = -118$, $C = 378$. also $B^2 - 4\,AC = 316$; woraus zu ersehen, daß dieser Fall sich auf §. 33. bezieht; Es sey also $E = 316$, und mithin $\frac{1}{2}\sqrt{E} = \sqrt{79}$; und da $\sqrt{79} > 9$ ist, so läßt sich anstatt der Wurzelgrösse $\sqrt{79}$ entweder 8 oder 9 annehmen. Indessen gebe man sowol B als $\sqrt{E}$ das doppelte Zeichen + und —, und nehme hernach diese Zeichen also, daß $a = \frac{\pm 59 \mp \sqrt{79}}{9}$ bejaht sey, (§. 39.). In diesem Falle muß man also für 59 immer das obere Zeichen nehmen; die Wurzelgrösse $\sqrt{79}$ aber kann sowol + als — haben. Es sey demnach immer $Q^\circ = -\frac{1}{2}B$; $\sqrt{E}$ aber sowol bejaht, als verneint. Laßt uns nun 1) $\frac{1}{2}\sqrt{E} = \sqrt{79}$ bejaht annehmen, und (nach §. 23.) folgende Rechnung anstellen:

$Q^\circ =$

$$Q^{0} = \qquad -59 \qquad P^{0} = \qquad 9 \qquad \mu < \frac{59+\sqrt{79}}{9} = 7$$

$$Q^{I} = 9 \cdot 7 - 59 = -4 \qquad P^{I} = \frac{16-79}{9} = -7 \qquad \mu^{I} < -\frac{4-\sqrt{79}}{-7} = 1$$

$$Q^{II} = -7 \cdot 1 + 4 = -3 \qquad P^{II} = \frac{9-79}{-7} = 10 \qquad \mu^{II} < \frac{3+\sqrt{79}}{10} = 1$$

$$Q^{III} = 10 \cdot 1 - 3 = 7 \qquad P^{III} = \frac{49-79}{10} = -3 \qquad \mu^{III} < -\frac{7-\sqrt{79}}{-3} = 5$$

$$Q^{IV} = -3 \cdot 5 + 7 = -8 \qquad P^{IV} = \frac{64-79}{-3} = 5 \qquad \mu^{IV} < \frac{8+\sqrt{79}}{5} = 3$$

$$Q^{V} = 5 \cdot 3 - 8 = 7 \qquad P^{V} = \frac{49-79}{5} = -6 \qquad \mu^{V} < -\frac{7-\sqrt{79}}{6} = 2$$

$$Q^{VI} = -6 \cdot 2 + 7 = -5 \qquad P^{VI} = \frac{25 - 27}{-6} = 9 \qquad \mu^{VI} < \frac{5 + \sqrt{79}}{9} = 1$$

$$Q^{VII} = 9 \cdot 1 - 5 = 4 \qquad P^{VII} = \frac{16 - 79}{9} = -7 \qquad \mu_{\prime}^{VII} < -\frac{4 - \sqrt{79}}{-7} = 1$$

Weiter

Weiter setze ich die Rechnung nicht fort, weil $Q^{VII} = Q^{I}$ und $P^{VII} = P^{I}$, und der Unterschied 1 und 7 eine gerade Zal ist; woraus folgt, daß alle folgenden Glieder wiederum ebendieselben seyn werden, wie die vorhergehenden, so daß also $Q^{VII} = 4$, $Q^{VIII} = -3$, $Q^{IX} = 7$ ꝛc. $Q^{VII} = -7$, $P^{VIII} = 10$, $P^{IX} = -3$ ꝛc. und daher die oben angezeigte Reihe, durch blose Wiederholung, nach Belieben ins Unendliche fortgesezt werden kann.

2°. Nun wollen wir $\sqrt{79}$ auch mit dem verneinten Zeichen nehmen, und dann wird die Rechnung diese seyn:

$Q^{0} =$

$$Q^{0} = -\ 59 \qquad P^{0} = 9 \qquad \mu < \frac{59 - \sqrt{79}}{9} = 3$$

$$Q^{I} = 9 \cdot 5 - 59 = -\ 14 \qquad P^{I} = \frac{196 - 79}{9} = 13 \qquad \mu^{I} < \frac{14 + \sqrt{79}}{13} = 1$$

$$Q^{II} = 13 \cdot 1 - 14 = -\ 1 \qquad P^{II} = \frac{1 - 79}{13} = -\ 6 \qquad \mu^{II} < \frac{1 - \sqrt{79}}{-\ 6} = 1$$

$$Q^{III} = -\ 6 \cdot 1 - 1 = -\ 7 \qquad P^{III} = \frac{49 - 79}{-\ 6} = 5 \qquad \mu^{III} < \frac{7 + \sqrt{79}}{5} = 3$$

$$Q^{IV} = 5 \cdot 3 - 7 = 8 \qquad P^{IV} = \frac{64 - 79}{5} = -\ 3 \qquad \mu^{IV} < \frac{-9 - \sqrt{79}}{-\ 3} = 5$$

$$Q^{V} = -\ 3 \cdot 5 + 8 = -\ 7 \qquad P^{V} = \frac{49 - 79}{-\ 3} = 10 \qquad \mu^{V} < \frac{7 + \sqrt{97}}{10} = 1$$

$$Q^{VI} = 10 \cdot 1 - 7 = 3 \qquad P^{VI} = \frac{9 - 79}{10} = -7 \qquad \mu^{VI} < \frac{-3 - \sqrt{79}}{-7} = 1$$

$$Q^{VII} = -7 \cdot 1 + 3 = -4 \qquad P^{VII} = \frac{16 - 79}{-7} = 9 \qquad \mu^{VII} < \frac{4 + \sqrt{79}}{9} = 1$$

$$Q^{VIII} = 9 \cdot 1 - 4 = 5 \qquad P^{VIII} = \frac{25 - 75}{9} = -6 \qquad \mu^{VIII} < \frac{-5 - \sqrt{79}}{-6} = 2$$

$$Q^{IX} = -6 \cdot 2 + 5 = -7 \qquad P^{IX} = \frac{49 - 79}{-6} = 5 \qquad \mu^{IX} < \frac{7 + \sqrt{79}}{5} = 3$$

&c. &c. &c.

Weiter

Weiter wäre es unnüz, die Reihe fortzusetzen, weil $Q^{IX} = Q^{III}$ und $P^{IX} = P^{III}$, und allerdiß der Unterschied von 9 und 3 gerade ist, und man also ebendieselben Glieder in ebenderselben Ordnung ins Unendliche wiederhohlt, wieder erhalten würde.

Wenn man aber die Werthe von P^{o}, P', P'' ꝛc. die in beiden Fällen gefunden werden, vergleicht, so findet sich, daß der kleinste derselben $= -3$ ist, und zwar im ersten Fall ist es das Glied P''', dem die Werthe p''' und q''' correspondiren, in andern aber P^{IV}, dem p^{IV} und q^{IV} correspondiren.

Es folgt also hieraus, daß der kleinste Werth, dessen die gegebene Formel fähig ist, $= -3$ sey; um nun die correspondirenden Werthe von p und q zu bekommen, nehme man für den ersten Fall die Zalen μ, μ', μ'', d. i. 7, 1, 1, und mache daraus die convergirenden Hauptbrüche $\frac{7}{1}$, $\frac{8}{1}$, $\frac{15}{2}$, der dritte Bruch ist $\frac{p'''}{q'''}$, so daß also $p''' = 15$, und $q''' = 2$ ist; und diß sind daher die gesuchten Werthe für p und q. Im zweiten Falle nehme man die Zalen μ, μ', μ'', μ''', oder 5, 1, 1, 3, welche diese Brüche geben: $\frac{5}{1}$, $\frac{6}{1}$, $\frac{11}{2}$, $\frac{39}{7}$, so daß also $p^{IV} = 39$, $q^{IV} = 7$, und mithin $p = 39$ und $q = 7$ seyn wird.

Die Werthe, die für p und q gefunden worden, und die Formel zu einem Minimum machen, sind zugleich auch die kleinsten; man kann aber, nach Belieben, nach und nach grössere finden, weil ebendasselbe Glied -3 nach Verfluß von je 6 Zwischengliedern immer wieder zum Vorschein kommt: so daß für den

ersten

ersten Fall $P''' = -3$, $P^{IX} = -3$, $P^{XV} = -3$ 2c. und für den zweiten $P^{IV} = -3$, $P^{X} = -3$ 2c. Folglich gibt es für den erstern Fall folgende Werthe für p und q, p''', q''', p^{IX}, q^{IX}, p^{XV}, q^{XV} 2c. und für den zweiten p^{IV}, q^{IV}, p^{X}, q^{X}, p^{XVI}, q^{XVI} 2c. Aber die correspondirenden μ, μ', μ'' 2c. sind für den ersten 7, 1, 1, 5, 3, 2, 1, 1, 1, 5, 3, 2, 1, 1 1, 5, 3, 2c. bis ins Unendliche, weil $\mu^{VII} = \mu^{I}$, $\mu^{VIII} = \mu^{II}$ 2c. woraus (nach §. 20.) folgende Brüche entspringen:

$$\overset{7}{\frac{7}{1}},\ \overset{1}{\frac{8}{1}},\ \overset{1}{\frac{15}{2}},\ \overset{5}{\frac{83}{11}},\ \overset{3}{\frac{264}{35}},\ \overset{2}{\frac{611}{81}},\ \overset{1}{\frac{875}{116}},$$

$$\overset{1}{\frac{1486}{197}},\ \overset{1}{\frac{2361}{313}},\ \overset{5}{\frac{13291}{1762}},$$

wo man also statt p die Zäler des dritten, neunten, fünfzehnten 2c. Bruchs, und statt q die zugehörigen Nenner, also $p = 15$, $q = 2$, oder $p = 2361$ und $q = 313$ 2c. setzen kann. Im zweiten Fall sind die Werthe von μ, μ', μ'' 2c. 5, 1, 1, 3, 5, 1, 1, 1, 2, 3, 5, 1, 1, 1, 2 2c. weil $\mu^{IX} = \mu^{III}$, $\mu^{X} = \mu^{IV}$ 2c. woraus folgende Brüche entspringen:

$$\overset{5}{\frac{5}{1}},\ \overset{1}{\frac{6}{1}},\ \overset{1}{\frac{11}{2}},\ \overset{3}{\frac{39}{7}},\ \overset{5}{\frac{206}{37}},\ \overset{1}{\frac{245}{44}},\ \overset{1}{\frac{451}{81}},\ \overset{1}{\frac{696}{125}},$$

$$\overset{2}{\frac{1843}{331}},\ \overset{3}{\frac{6225}{1118}},\ \overset{5}{\frac{32968}{5921}}.\ \frac{\&c.}{\&c.}$$

und hier werden der vierte, zehnte, sechszehnte Bruch die Werthe von p und q geben, welche demnach sind: $p = 39$, $q = 7$, oder $p = 6225$, und $q = 1118$ 2c.

Auf

Auf diese Art lassen sich alle Werthe von p und q finden, welche die gegebene Formel $= -3$ machen, das demnach der kleinste mögliche Werth derselben ist. Es liessen sich auch, wie wir oben gesagt haben, allgemeine Formeln angeben, die alle diese Werthe von p und q in sich enthielten, wobei wir uns aber nicht aufhalten.

Wir fanden, daß das Minimum der vorgegebenen Formel $= -3$, und folglich verneint sey. Man könnte aber auch nach dem kleinsten bejahten Werthe fragen, dessen ebendieselbe Formel fähig ist, und nun müßten also die Reihen P°, P', P'', P''' ꝛc. für beide Fälle durchgegangen werden. Nun ist im ersteren P^{IV}, und im zweiten $P''' = 5$; die Werthe von p und q also, die den kleinsten bejahten Werth geben, sind im ersten Falle p^{IV}, q^{IV}, oder p^{X}, q^{X} ꝛc. und im zweiten p''', q''', p^{IX}, q^{IX} ꝛc. oder $p = 83$, $q = 11$, $p = 13291$, $q = 1762$ ꝛc. und $p = 11$, $q = 2$, oder $p = 1843$, $q = 331$ ꝛc.

Uebrigens muß man sich erinnern, daß die Zalen μ, μ', μ'' ꝛc. die in beiden Fällen gefunden worden, nichts anders sind, als die Glieder der fortlaufenden Brüche, welche die beiden Wurzeln der Gleichung $9\lambda^2 - 118\lambda + 378 = 0$ vorstellen.

Diese Wurzeln werden also seyn:

$$7 + \cfrac{1}{1 + \cfrac{1}{1 + \cfrac{1}{5 + \cfrac{1}{3 + \&c.}}}}$$

5+1

$$5 + \cfrac{1}{1 + \cfrac{1}{1 + \cfrac{1}{3 + \cfrac{1}{5 + \&c.}}}}$$

welche Ausdrücke durch blose Wiederholung ebenderselben Zalen ins Unendliche fortgesezt werden können. Aus diesem läßt sich also ersehen, wie man zu verfahren habe, um die Wurzeln einer jeden Gleichung des zweiten Grads in fortlaufende Brüche zu verwandeln.

Anmerkung.

Euler gibt in dem XI. Bande der neuen Petersburger Abhandlungen eine Methode, die der unsrigen ähnlich ist, obschon dieselbe aus etwas andern Grundsäzen hergeleitet worden, nach welcher die Wurzel einer jeden ganzen Zal, die kein Quadrat ist, in einen fortlaufenden Bruch verwandelt werden kann, und fügt zugleich eine Tabelle bei, in welcher die fortlaufenden Brüche für alle natürliche Zalen bis 120 berechnet sind. Da diese Tabelle bei mehreren Gelegenheiten nüzlich seyn kann, besonders bei Auflösung der unbestimmten Gleichungen vom zweiten Grade, wie im Kap. VII. gezeigt werden soll; so hoffe ich, es werde dem Leser angenehm seyn, wenn ich diese Tabelle ebenfalls beifüge. Nur ist zu bemerken, daß jeder Wurzel zwei Reihen ganzer Zalen correspondiren: die obere ist die Reihe der Zalen P^{0}, — P', P'', — P''' 2c. und die untere diejenige der Zalen μ, μ', μ'', μ''' 2c.

√ 2	1 1 1 1 ꝛc. 1 2 2 2 ꝛc.
√ 3	1 2 1 2 1 2 1 ꝛc. 1 1 2 1 2 1 2 ꝛc.
√ 5	1 1 1 1 ꝛc. 2 4 4 4 ꝛc.
√ 6	1 2 1 2 1 2 1 ꝛc. 2 2 4 2 4 2 4 ꝛc.
√ 7	1 3 2 3 1 3 2 3 1 ꝛc. 2 1 1 1 4 1 1 1 4 ꝛc.
√ 8	1 4 1 4 1 4 1 ꝛc. 2 1 4 1 4 1 4 ꝛc.
√ 10	1 1 1 1 ꝛc. 3 6 6 6 ꝛc.
√ 11	1 2 1 2 1 2 1. ꝛc. 3 3 6 3 6 3 6 ꝛc.
√ 12	1 3 1 3 1 3 1 ꝛc. 3 2 6 2 6 2 6 ꝛc.
√ 13	1 4 3 3 4 1 4 3 3 4 1 ꝛc. 3 1 1 1 1 6 1 1 1 1 6 ꝛc.
√ 14	1 5 2 5 1 5 2 5 1 ꝛc. 3 1 2 1 6 1 2 1 6 ꝛc.
√ 15	1 6 1 6 1 6 1 ꝛc. 3 1 6 1 6 1 6 ꝛc.
√ 17	1 1 1 1 1 ꝛc. 4 8 8 8 8 ꝛc.
√ 18	1 2 1 2 1 2 1 2 1 ꝛc. 4 4 8 4 8 4 8 4 8 ꝛc.

v 19	1 3 5 2 5 3 1 3 5 2 5 3 1 ꝛc.
	4 2 1 3 1 2 8 2 1 3 1 2 8 ꝛc.
v 20	1 4 1 4 1 4 1 4 1 ꝛc.
	4 2 8 2 8 2 8 2 8 ꝛc.
v 21	1 5 4 3 4 5 1 5 4 3 4 5 1 ꝛc.
	4 1 1 2 1 1 8 1 1 2 1 1 8 ꝛc.
v 22	1 6 3 2 3 6 1 6 3 2 3 6 1 ꝛc.
	4 1 2 4 2 1 8 1 2 4 2 1 8 ꝛc.
v 23	1 7 2 7 1 7 2 7 1 ꝛc.
	4 1 3 1 8 1 3 1 8 ꝛc.
v 24	1 8 1 8 1 8 1 ꝛc.
	4 1 8 1 8 1 8 ꝛc.
v 26	1 1 1 1 ꝛc.
	5 10 10 10 ꝛc.
v 27	1 2 1 2 1 2 1 ꝛc.
	5 5 10 5 10 5 10 ꝛc.
v 28	1 3 4 3 1 3 4 3 1 ꝛc.
	5 3 2 3 10 3 2 3 10 ꝛc.
v 29	1 4 5 5 4 1 4 5 5 4 1 ꝛc.
	5 2 1 1 2 10 2 1 1 2 10 ꝛc.
v 30	1 5 1 5 1 5 1 5 1 ꝛc.
	5 2 10 2 10 2 10 2 10 ꝛc.
v 31	1 6 5 3 2 3 5 6 1 6 5 ꝛc.
	5 1 1 3 5 3 1 1 10 1 1 ꝛc.
v 32	1 7 4 7 1 7 4 7 1 ꝛc.
	5 1 1 1 10 1 1 1 10 ꝛc.
v 33	1 8 3 8 1 8 3 8 1 ꝛc.
	5 1 2 1 10 1 2 1 10 ꝛc.

v 34	1 9 2 9 1 9 2 9 1 ꝛc.
	5 1 4 1 10 1 4 1 10 ꝛc.
v 35	1 10 1 10 1 10 1 10 ꝛc.
	5 1 10 1 10 1 10 1 ꝛc.
v 37	1 1 1 1 1 ꝛc.
	6 12 12 12 12 ꝛc.
v 38	1 2 1 2 1 2 1 ꝛc.
	6 6 12 6 12 6 12 ꝛc.
v 39	1 3 1 3 1 3 1 ꝛc.
	6 4 12 4 12 4 12 ꝛc.
v 40	1 4 1 4 1 4 1 ꝛc.
	6 3 12 3 12 3 12 ꝛc.
v 41	1 5 5 1 5 5 1 ꝛc.
	6 2 2 12 2 2 12 ꝛc.
v 42	1 6 1 6 1 6 1 ꝛc.
	6 2 12 2 12 2 12 ꝛc.
v 43	1 7 6 3 9 2 9 3 6 7 1 7 6 ꝛc.
	6 1 1 3 1 5 1 3 1 1 12 1 1 ꝛc.
v 44	1 8 5 7 4 7 5 8 1 8 5 ꝛc.
	6 1 1 1 2 1 1 1 12 1 1 ꝛc.
v 45	1 9 4 5 4 9 1 9 4 5 4 9 1 9 4 ꝛc.
	6 1 2 2 2 1 12 1 2 2 2 1 12 1 2 ꝛc.
v 46	1 10 3 7 6 5 2 5 6 7 3 10 1 10 3 ꝛc.
	6 1 3 1 1 2 6 2 1 1 3 1 12 1 3 ꝛc.
v 47	1 11 2 11 1 11 2 11 1 ꝛc.
	6 1 5 1 12 1 5 1 12 ꝛc.
v 48	1 12 1 12 1 12 ꝛc.
	6 1 12 1 12 1 ꝛc.

√ 50	1 1 1 1 ꝛc.
	7 14 14 14 ꝛc.
√ 51	1 2 1 2 1 2 ꝛc.
	7 7 14 7 14 7 ꝛc.
√ 52	1 3 9 4 9 3 1 3 9 4 9 3 1 3 ꝛc.
	7 4 1 2 1 4 14 4 1 2 1 4 14 4 ꝛc.
√ 53	1 4 7 7 4 1 4 7 7 4 1 4 7 ꝛc.
	7 3 1 1 3 14 3 1 1 3 14 3 1 ꝛc.
√ 54	1 5 9 2 9 5 1 5 9 2 9 5 1 5 ꝛc.
	7 2 1 6 1 2 14 2 1 6 1 2 14 2 ꝛc.
√ 55	1 6 5 6 1 1 6 5 6 1 ꝛc.
	7 2 2 2 14 2 2 2 14 2 ꝛc.
√ 56	1 7 1 7 1 7 1 ꝛc.
	7 2 14 2 14 2 14 ꝛc.
√ 57	1 8 7 3 7 8 1 8 7 ꝛc.
	7 1 1 4 1 1 14 1 1 ꝛc.
√ 58	1 9 6 7 7 6 9 1 9 6 ꝛc.
	7 1 1 1 1 1 1 14 1 1 ꝛc.
√ 59	1 10 5 2 5 10 1 10 5 ꝛc.
	7 1 2 7 2 1 14 1 2 ꝛc.
√ 60	1 11 4 11 1 11 4 ꝛc.
	7 1 2 1 14 1 2 ꝛc.
√ 61	1 12 3 4 9 5 5 9 4 3 12 1 12 3 ꝛc.
	7 1 4 3 1 2 2 1 3 4 1 14 1 4 ꝛc.
√ 62	1 13 2 13 1 13 2 ꝛc.
	7 1 6 1 14 1 6 ꝛc.
√ 63	1 14 1 14 1 14 ꝛc.
	7 1 14 1 14 1 ꝛc.

v 65	1 1 1 1 ꝛc.
	8 16 16 16 ꝛc.
v 66	1 2 1 2 1 ꝛc.
	8 8 16 8 16 ꝛc.
v 67	1 3 6 7 9 2 9 7 6 3 1 3 6 ꝛc.
	8 5 2 1 1 7 1 1 2 5 16 5 2 ꝛc.
v 68	1 4 1 4 1 4 ꝛc.
	8 4 16 4 16 4 ꝛc.
v 69	1 5 4 11 3 11 4 5 1 5 4 ꝛc.
	8 3 3 1 4 1 3 3 16 3 3 ꝛc.
v 70	1 6 9 5 9 6 1 6 9 ꝛc.
	8 2 1 2 1 2 16 2 1 ꝛc.
v 71	1 7 5 11 2 11 5 7 1 7 5 ꝛc.
	8 2 2 1 7 1 2 2 16 2 2 ꝛc.
v 72	1 8 1 8 1 8 ꝛc.
	8 2 16 2 16 2 ꝛc.
v 73	1 9 8 3 3 8 9 1 9 8 ꝛc.
	8 1 1 5 5 1 1 16 1 1 ꝛc.
v 74	1 10 7 7 10 1 10 7 ꝛc.
	8 1 1 1 1 16 1 1 ꝛc.
v 75	1 11 6 11 1 11 6 ꝛc.
	8 1 1 1 16 1 1 ꝛc.
v 76	1 12 5 8 9 3 4 3 9 8 5 12 1 12 5 ꝛc.
	8 1 2 1 1 5 4 5 1 1 2 1 16 1 2 ꝛc.
v 77	1 13 4 7 4 13 1 13 4 ꝛc.
	8 1 3 2 3 1 16 1 3 ꝛc.
v 78	1 14 3 14 1 14 3 ꝛc.
	8 1 4 1 16 1 4 ꝛc.

√ 79	1 15 2 15 1 15 2 &c.
	8 1 7 1 16 1 7 &c.
√ 80	1 16 1 16 1 16 &c.
	8 1 16 1 16 1 &c.
√ 82	1 1 1 1 &c.
	9 18 18 18 &c.
√ 83	1 2 1 2 1 2 &c.
	9 9 18 9 19 9 &c.
√ 84	3 3 1 3 1 3 &c.
	9 6 18 6 18 6 &c.
√ 85	1 4 9 9 4 1 4 9 &c.
	9 4 1 1 4 18 4 1 &c.
√ 86	1 5 10 7 11 2 11 7 10 5 1 5 10 &c.
	9 3 1 1 1 8 1 1 1 3 18 3 1 &c.
√ 87	1 6 1 6 1 6 &c.
	9 3 18 3 18 3 &c.
√ 88	1 7 9 8 9 7 1 7 9 &c.
	9 2 1 1 1 2 18 2 1 &c.
√ 89	1 8 5 5 8 1 8 5 &c.
	9 2 3 3 2 18 2 3 &c.
√ 90	1 9 1 9 1 &c.
	9 2 18 2 18 &c.
√ 91	1 10 9 3 14 3 9 10 1 10 9 &c.
	9 1 1 5 1 5 1 1 18 1 1 &c.
√ 92	1 11 8 7 4 7 8 11 1 11 8 &c.
	9 1 1 2 4 2 1 1 18 1 1 &c.
√ 93	1 12 7 11 4 3 4 11 7 12 1 12 7 &c.
	9 1 1 1 4 6 4 1 1 1 18 1 1 &c.

$\sqrt{94}$	1, 13, 6, 5, 9, 10, 3, 15, 2, 15, 3, 10, 9, 5, 6, 13, 2c.
	9, 1, 2, 3, 1, 1, 5, 1, 8, 1, 5, 1, 1, 3, 2, 1, 18 2c.
$\sqrt{95}$	1 14 5 14 1 14 2c.
	9 1 2 1 18 1 2c.
$\sqrt{96}$	1 15 4 15 1 15 2c.
	9 1 3 1 18 1 2c.
$\sqrt{97}$	1 16 3 11 8 9 9 8 11 3 16 1 16 2c.
	9 1 5 1 1 1 1 1 1 5 1 18 1 2c.
$\sqrt{98}$	1 17 2 17 1 17 2c.
	9 1 8 1 18 1 2c.
$\sqrt{99}$	1 18 1 18 1 2c.
	9 1 18 1 18 2c.

So ist also z. B.

$$\sqrt{2} = 1 + \cfrac{1}{2 + \cfrac{1}{2 + \text{2c.}}}$$

$$\sqrt{3} = 1 + \cfrac{1}{1 + \cfrac{1}{2 + \text{2c.}}}$$

und so weiter.

Und wenn man nach jedem einzelnen dieser fortlaufenden Brüche die convergirenden Brüche

$$\frac{p^\circ}{q^\circ},\ \frac{p'}{q'},\ \frac{p''}{q''},\ \frac{p'''}{q'''}\ \text{2c.}$$

bildet, so erhält man

$$(p^\circ)^2 - 2\,(q^\circ)^2 = \quad 1.$$
$$(p')^2 - 2\,(q')^2 = -1.$$
$$(p'')^2 - 2\,(q'')^2 = \quad 1.\ \text{2c.}$$

Und

Und eben so

$$(p^{\circ})^2 - 3\,(q^{\circ})^2 = \quad 1.$$
$$(p')^2 - 3\,(q')^2 = -2.$$
$$(p'')^2 - 3\,(q'')^2 = \quad 1.\ \text{\&c. \&c.}$$

Drittes Kapitel.

Ueber die Auflösung der unbestimmten Gleichungen vom ersten Grad mit zwei unbekannten Grössen, in ganzen Zalen.

Zusaz zum ersten Kapitel des zweiten Theils.

§. 42.

Wenn eine Gleichung von der Gestalt $ax-by=c$ aufgelöst werden soll, worinn a, b, c gegebene ganze, bejahte oder verneinte Grössen vorstellen, und x und y ebenfalls ganze Zalen seyn sollen; so braucht man nur eine einzige Auflösung zu wissen, um sodann alle mögliche Auflösungen auf eine leichte Art daraus herzuleiten.

Um diß zu zeigen, wollen wir annehmen, die Werthe $x=\alpha$, $y=\beta$ leisten der Bedingung Genüge, so ist also $a\alpha - b\beta = c$, und daher $ax - by = a\alpha - b\beta$, oder $a(x-\alpha) - b(y-\beta) = 0$, mithin

$$\frac{b}{a} = \frac{x-\alpha}{y-\beta}.$$

Wenn man nun annimmt, der Bruch $\frac{b}{a}$ sey auf die

kleinste

kleinste Zal $\frac{b'}{a'}$ gebracht, und b′ und a′ haben also keinen gemeinschaftlichen Theiler mehr, so erhellet, daß wofern $x - \alpha$ und $y - \beta$ ganze Zalen vorstellen, die Gleichung $\frac{b'}{a'} = \frac{x - \alpha}{y - \beta}$ nicht bestehen könne, wenn nicht $x - \alpha = mb'$ und $y - \beta = ma'$ ist, wo m irgend eine ganze Zal vorstellt. Hieraus findet sich sodann allgemein $x = \alpha + mb'$ und $y = \beta + ma'$.

Da m nach Belieben bejaht oder verneint genommen werden kann, so ist leicht zu sehen, daß diese Zal m immer so angenommen werden könne, daß der Werth von x nicht grösser als $\frac{b'}{2}$ oder y nicht grösser als $\frac{a'}{2}$ wird; wobei wir übrigens von den Zeichen dieser Grösse abstrahiren) *). Hieraus folgt, daß,

*) Nach der Voraussetznng ist α ein Werth für x, und nach dem so eben Erwiesenen, $\alpha \pm mb'$ ein anderer, wo m willkührlich ist. Folglich gibt es dieser Werthe unzälige, die alle in dem Ausdruk $\alpha \pm mb'$ enthalten sind. Daß aber unter diesen unzäligen Werthen auch einer zwischen die Gränzen $\frac{b'}{2}$ und $-\frac{b'}{2}$ falle, kann also gezeigt werden. Da m jede ganze Zal vorstellt, so gibt es also unzälige Werthe für x, die alle grösser als b′ sind. Einer dieser Werthe heisse α; Nun sey $\alpha = nb' + q$, wo $q < b'$ ist.

daß, um die Gleichung $ax - by = c$ in ganzen Zalen aufzulösen, man statt x nach und nach alle sowol bejahte

Es ist aber q entweder $> \frac{b'}{2}$, oder $< \frac{b'}{2}$, oder $= \frac{b'}{2}$.

Im ersten Falle sey $q = \frac{tb'}{r}$, wo also $\frac{t}{r} > \frac{1}{2}$.

Folglich $x = \alpha \pm mb' = nb' \pm mb' + \frac{tb'}{r}$, oder wenn m negativ genommen wird, $x = (n - m) b' + \frac{tb'}{r}$. Nun sey das willkührliche m so, daß $n - m = -1$, das ist, es sey $m = n + 1$; so ist also $x = -b' \left(1 - \frac{t}{r}\right)$; aber $\frac{t}{r} > \frac{1}{2}$, also $1 - \frac{t}{r} < \frac{1}{2}$, folglich ist $x < -\frac{b'}{2}$.

Ist aber zweitens $q < \frac{b'}{2}$, so ist, wenn wiederum $q = \frac{tb'}{r}$ gesezt wird, wo $\frac{t}{r} < \frac{1}{2}$, in diesem Falle $x = \alpha \pm mb' = nb' + q - mb' = (n - m) b' + \frac{tb'}{r}$. Sezt man nun hier $m = n$, so wird $x = \frac{tb'}{r}$ und also $x < \frac{b'}{2}$.

Sollte aber $q = \frac{b'}{2}$ selbst seyn, so liesse sich statt dieses

bejahte als verneinte ganze Zalen setzen müsse, die zwischen den Gränzen $\frac{b'}{2}$ und $-\frac{b'}{2}$ enthalten sind, und auf diese Art findet sich nothwendig ein Werth für x, der die Gleichung auflößt. Eben so läßt sich auch ein Werth für y finden, der zwischen $\frac{a'}{2}$ und $-\frac{a'}{2}$ enthalten ist.

So findet sich also die erste Auflösung, aus welcher sodann unzälige andre hergeleitet werden können.

§. 43.

Statt dieser Methode aber, die öfters sehr mühsam ist, kann man sich auch derjenigen, die im ersten Kapitel des zweiten Theils erklärt worden, und die äusserst

dieses Werths immer wieder ein andrer $= \alpha$ finden, wo q entweder grösser, oder kleiner, als $\frac{b'}{2}$ ist, und wo also das so eben Erwiesene statt findet.

Wenn also α so ist, daß $q > \frac{b'}{2}$ so ist ein Werth $x < -\frac{b}{2}$, und für $q < \frac{b'}{2}$ gibt es einen andern der $< +\frac{b'}{2}$. Folglich muß zwischen den Gränzen von $+\frac{b'}{2}$ und $-\frac{b'}{2}$ nothwendig ein Werth für x enthalten seyn.

A. d. U.

äusserst einfach und direkt ist, oder auch folgender bedienen.

1) Wenn a und b nicht unter sich Primzalen sind, so kann die Gleichung unmöglich in ganzen Zalen bestehen, wenn die gegebene Zal c nicht ebenfalls durch das größte gemeinschaftliche Maas von a und b theilbar ist. Gesezt nun diese Theilung sey wirklich verrichtet, und a', b', c' seyen die gefundenen Quotienten, so ist folgende Gleichung aufzulösen:

$$a'x - b'y = c'$$

wo a und b unter sich Primzalen sind.

2) Wenn die Werthe von b und q gefunden werden können, welche der Gleichung

$$a'p - b'q = \pm 1$$

Genüge leisten, so kann auch $a'x - b'y = c'$ aufgelöst werden. Denn wenn man jene Werthe von p und q mit $\pm c'$ multiplicirt, und $x = \pm pc'$, $x = \pm qc'$ sezt, so wird dadurch $a'x - b'y = c'$ aufgelöst.

Aber die Gleichung $a'p - b'q = \pm 1$, ist immer in ganzen Zalen auflösbar, wie §. 23. gezeigt worden ist; und um die kleinsten Werthe p und q zu finden, muß der Bruch $\frac{b'}{a'}$ nach §. 4. in einen fortlaufenden Bruch verwandelt, und aus demselben nach §. 10. die Reihe der gegen diesen Bruch $\frac{b'}{a'}$ convergirenden Hauptbrüche hergeleitet werden. Der lezte derselben wird $\frac{b'}{a'}$ seyn, und wenn der lezte ohn eins

$\frac{p}{q}$

$\frac{p}{q}$ heißt, so muß nach dem Gesez dieser Brüche (§. 12.) $a'p - b'q = \pm 1$ seyn, wo das obere Zeichen für den Fall gilt, wo die Stelle des Bruchs $\frac{p}{q}$ gerade, und das untere für denjenigen, wo diese Stelle ungerade ist.

Es ist also erstens $x = \pm pc'$ und $y = \pm qc'$ und wenn diese Werthe α und β heissen, so hat man zweitens allgemein (§. 42.)

$$x = \pm pc' + mb'$$
$$y = \pm qc' + ma'$$

in welchen beiden Ausdrücken nothwendig alle mögliche Auflösungen der gegebenen Gleichung in ganzen Zalen enthalten sind.

Damit aber bei der Anwendung dieser Methode keine Schwierigkeit entstehe, so bemerke ich noch, daß, obgleich die Zalen a und b bejaht oder verneint seyn können, sie gleichwol immer bejaht angenommen werden können, wenn man anders x entgegengesezte Zeichen gibt, wenn a verneint ist, und so auch y wenn b verneint ist.

Beispiel.

§. 44.

Um diese Methode auf ein Beispiel anzuwenden, wollen wir dasjenige vornehmen, das im I. Kapitel §. 14. gegeben worden, wo die Gleichung $39p = 56q + 11$ aufgelößt werden solle. Wenn man also hier p und q in x und y verwandelt, so muß $39x - 56y = 11$ seyn. Es ist daher $a = 39$, $b = 56$ und $c = 11$,

und

und da 56 und 39 unter sich Primzalen sind, so ist $a' = 39$, $b' = 56$, $c' = 11$. Man verwandle also den Bruch $\frac{56}{39}$ in einen fortlaufenden Bruch, und stelle deshalb nach §. 20. folgende Rechnung an:

$$\begin{array}{r|r|l}
39 & 56 & 1 \\
 & 39 & \\
\hline
17 & 39 & 2 \\
 & 34 & \\
\hline
5 & 17 & 3 \\
 & 15 & \\
\hline
2 & 5 & 2 \\
 & 4 & \\
\hline
1 & 2 & 2 \\
 & 2 & \\
\hline
\end{array}$$

Aus den Quotienten 1, 2, 3, 2, 2 mache man die Brüche:

$$\begin{array}{ccccc} 1 & 2 & 3 & 2 & 2 \\ \frac{1}{1}, & \frac{3}{2}, & \frac{10}{7}, & \frac{23}{16}, & \frac{56}{39} \end{array}$$

so wird der lezte ohne eins $\frac{23}{16}$ derjenige seyn, den wir mit $\frac{p}{q}$ bezeichnet haben, so daß $p = 23$, $q = 16$ ist, und da dieser Bruch der vierte, und seine Stelle also gerade ist, so muß das obere Zeichen genommen werden, so daß also allgemein seyn wird

$$x = 23 \cdot 11 + 56\,m$$
$$y = 16 \cdot 11 + 39\,m$$

wo m jede ganze bejahte oder verneinte Zal seyn kann.

Anm.

Anmerkung.

§. 45.

Die erste Auflösung dieses Problems verdankt man dem Bachet von Meziriac, welcher dieselbe in der zweiten Auflage seiner mathematischen Erholungsstunden, die den Titel: Probleme führen, bekannt gemacht hat. Die erste Auflage dieses Werks ist vom Jahr 1612; aber die Auflösung von welcher wir hier reden, erschien erst in der zweiten Auflage, im Jahr 1624. Die Methode des Bachet ist eben so sinnreich als direkt, und es bleibt weder in Absicht auf ihre Allgemeinheit, noch auf ihre Zierlichkeit, nicht das geringste mehr zu wünschen übrig.

Ich ergreife mit Vergnügen diese Gelegenheit, diesem gelehrten Schriftsteller hierüber diejenige Gerechtigkeit wiederfahren zu lassen, die ihm gebührt; denn ich habe bemerkt, daß die Geometer, die eben dasselbe Problem nach ihm abhandelten, mit keinem Worte von seiner Arbeit Erwähnung gethan haben.

Bachet's Methode besteht kürzlich in folgendem:

Nachdem derselbe gezeigt, wie die Auflösung der Gleichung $ax - by = c$ (wo a und b unter sich Primzalen sind), auf diese $ax - by = \pm 1$ zurük geführt werden könne, so löset er diese lezte Gleichung auf, und schreibt deshalb vor, man solle mit den Zalen a und b dieselbe Operation vornehmen, wie wenn ihr gröster gemeinschäftlicher Theiler gesucht würde (wie auch wir oben gethan haben). Wenn nun c, d, e, f ꝛc. die aus den Theilungen entspringenden Ueberreste sind, und f z. B. den lezten Ueberrest vorstellt, welcher nothwendig $= 1$ ist, (weil a und b unter sich Primzalen sind), so muß man, wenn die Anzal dieser Ueberreste, wie im gegenwärtigen Fall gerade ist, setzen $e \mp 1 = \varepsilon$, $\frac{\varepsilon d \pm 1}{e} = \delta$,

$$\frac{\delta c \mp 1}{d} = \gamma, \quad \frac{\gamma b \pm 1}{c} = \beta, \quad \frac{\beta a \mp 1}{b} = \alpha$$

so werden diese lezten Zalen β und α die kleinsten Werthe von x und y seyn. Wäre aber die Anzal dieser Ueberreste ungerade, und also z. B. g der lezte Ueberrest, so müßte man setzen

$$f \pm 1 = \xi, \quad \frac{\xi e \mp 1}{f} = \varepsilon, \quad \frac{\varepsilon d \pm 1}{e} = \delta \text{ \&c.}$$

Nach diesem ist nun leicht zu sehen, daß diese Methode eben dieselbe ist, wie die im ersten Kapitel vorgeschriebene; sie ist aber deswegen sehr unbequem, weil sie Divisionen erfordert. Doch können Geometer, die an dergleichen Problemen ein Vergnügen finden, in den Werken des Bachet selbst nachsehen, welcher Kunstgriffe er sich bediente, um auf die oben angeführte Regel zu kommen, und die vollständige Auflösung der Gleichungen $ax - by = c$ daraus herzuleiten.

Viertes Kapitel.

Allgemeine Methode, Gleichungen mit zwei unbekannten Grössen in ganzen Zalen aufzulösen, wenn eine derselben nicht über den ersten Grad steigt.

Zusaz zum dritten Kapitel.

§. 46.

Es sey die allgemeine Gleichung $a+bx+cy+dx^2+exy+fx^3+gx^2y+\&c.=0.$ gegeben, worinn die Coefficienten a, b, c, d ꝛc. gegebene ganze Zalen, x und y aber zwei unbestimmte Grössen vorstellen, die ebenfalls ganze Zalen seyn sollen.

Wenn man den Werth von y aus dieser Gleichung sucht, so erhält man

$$y=-\frac{a+bx+dx^2+fx^3+hx^4\ \&c.}{c+ex+gx^2+kx^3+\&c.}$$

und die Frage beruht also darauf, für x einen solchen Werth in ganzen Zalen zu finden, daß der Zäler dieses Bruchs durch seinen Nenner ohne Rest getheilt werden könne.

Man setze demnach

$$p = a + bx + dx^2 + fx^3 + hx^4 + \text{ꝛc.}$$
$$q = c + ex + gx^2 + kx^3 + \text{ꝛc.}$$

und eliminire x aus diesen beiden Gleichungen, so findet sich durch die gewöhnlichen Regeln der Algebra eine Endgleichung von der Form

$$A + Bp + Cq + Dp^2 + Epq + Fq^2 + Gp^3 + \text{ꝛc.} = 0.$$

wo die Coefficienten A, B, C ꝛc. rationale und ganze Funktionen der Zalen a, b, c ꝛc. sind.

Da aber $y = -\frac{p}{q}$, so ist $p = -qy$; sezt man nun diesen Werth in obige Gleichung, so wird

$$A - Byq + Cq + Dy^2q^2 - Epq^2y^2 + Fq^2 + \text{ꝛc.} = 0.$$

seyn; woraus man siehet, daß alle Glieder, ausser dem ersten A, mit q multiplicirt sind. Damit also q und y zugleich ganze Zalen seyn können, muß A nothwendig durch q theilbar seyn. Man suche daher alle Theiler der bekannten Zal A, und setze nach und nach jeden diesen Theiler statt q, so ergibt sich aus jeder dieser Voraussetzungen eine bestimmte Gleichung in x ausgedrükt, von welcher, nach den bekannten Methoden, die rationale und ganze Wurzeln, wenn welche vorhanden sind, gesucht werden können. Diese Wurzeln setze man nun statt x, und dann wird sich zeigen, ob die Werthe, die für p und q sich ergeben, so sind, daß $\frac{p}{q}$ eine ganze Zal werde. Auf diese Art ist man sicher, alle diejenigen ganzen Werthe von x zu finden, die in der vorgegebenen Gleichung auch für y ganze Werthe geben.

Hier-

Hieraus siehet man, daß die Auflösungen dieser Gleichungen in ganzen Zalen nothwendig immer auf eine bestimmte Anzal eingeschränkt sind. Indessen gibt es einen Fall, der eine Ausnahme macht, und der gegenwärtigen Methode entgeht.

§. 47.

Dieser Fall ist derjenige, wo die Coefficienten e, g, k ꝛc. = o sind, und also

$$y = - \frac{a + bx + dx^2 + fx^3 + hx^4}{c} \text{ ist.}$$

Um nun hier alle diejenigen Werthe von x zu finden, welche so beschaffen sind, daß die Grösse

$$a + bx + dx^2 + fx^3 + hx^4 \text{ ꝛc.}$$

durch c theilbar werde, nehme ich an, man habe eine ganze Zal n gefunden, die dieser Bedingung Genüge leistet, und dann ist leicht zu sehen, daß jede andre Zal von der Gestalt $n \pm \mu c$ ebenfalls Genüge leiste, wenn μ irgend eine ganze Zal vorstellt. Ueberdiß erhellet, daß, wenn $n > \frac{c}{2}$, (wobei wir von den Zeichen von n u. c abstrahiren), die Zal μ u. das derselben voranstehende Zeichen immer so bestimmt werden könne, daß $n \pm \mu c < \frac{c}{2}$ werde. Zugleich siehet man aber auch, daß diß für gegebene n und c auf mehr als eine Art möglich sey. Wenn also dieser Werth von $n \pm \mu c$, welcher $< \frac{c}{2}$ ist, durch n^{I} bezeichnet wird, so wird überhaupt $n = n^{I} \mp \mu c$ seyn, wo μ jede ganze Zal bedeuten kann.

Hieraus folgt, daß, wenn man in der Formel $a + bx + dx^2 + fx^3 +$ ꝛc. statt x nach und nach alle ganze bejahte und verneinte Zalen sezt, die $< \frac{c}{2}$ sind, und diejenigen derselben durch n^{I}, n^{II}, n^{III} 2c. bezeichnet, welche die Grösse $a + bx + dx^2 +$ 2c. durch c theilbar machen, alle andre Zalen, die eben diese Bedingung erfüllen, nothwendig in diesen Formeln enthalten seyn müssen

$$n^{I} \pm \mu^{I} c, \; n^{II} \pm \mu^{II} c, \; n^{III} \pm \mu^{III} c \text{ 2c.}$$

wo μ^{I}, μ^{II}, μ^{III} 2c. jede ganze Zal bedeuten können.

Hier liessen sich mehrere Bemerkungen machen, die Erforschung der Zalen n^{I}, n^{II}, n^{III} 2c. zu erleichtern; ich halte mich aber nicht länger bei dieser Materie auf, indem ich in einer besondern Abhandlung, die in den Denkschriften der Berliner Akademie vom Jahr 1768 enthalten ist, und den Titel: Nova Methodus resolvendi Problemata indeterminata, führt, weitläuftig hievon gehandelt habe, worauf ich also den Leser verweise. Man sehe auch eine Abhandlung von Legendre über die unbestimmte Analytik in dem Recueil de l'académie des sciences de Paris, vom Jahr 1785.

§. 48.

Indessen will ich am Schlusse dieses Kapitels noch etwas von der Art sagen, zwei Zalen x und y zu bestimmen, daß der Bruch

$$\frac{ay^m + by^{m-1}x + dy^{m-2}x^2 + fy^{m-3}x^3 + \text{2c.}}{c}$$

eine ganze Zal werde, weil diese Untersuchung in der Folge von dem größten Nutzen seyn wird.

Ich setze voraus, y und x, so wie auch y und c seyen unter sich Primzalen, und behaupte nun, es könne

könne immer $x = ny - cz$ gesezt werden, wo n und z unbestimmte Grössen bedeuten. Denn, wenn man x, y und c als gegebene Zalen betrachtet, so erhält man eine Gleichung, welche nach dem dritten Kapitel immer in ganzen Zalen auflösbar ist, weil y und c, nach der Voraussetzung, kein andres gemeinschaftliches Maas haben, als die Einheit. Sezt man aber diesen Werth von x in den Ausdruk $ay^m + by^{m-2}x$ + ꝛc., so verwandelt sich derselbe in

$$\begin{aligned} &(a + bn + dn^3 + fn^2 +)\, y^m \text{ ꝛc.} \\ -&(b + 2\,dn + 3\,fn^2 + \text{ꝛc.})\, cy^{m-1}z \\ +&(d + 3\,fn + \text{ꝛc.})\, c^2\, y^{m-2}\, z^2 \\ -&\text{ꝛc.} = c. \end{aligned}$$

Man siehet aber leicht, daß diese Grösse nicht durch c theilbar seyn könne, wenn nicht das erste Glied

$$(a + bn + dn^2 + fn^3 + \text{ꝛc.})\, y^m$$

durch diese Grösse theilbar ist, weil alle übrigen Glieder mit c multiplicirt sind. Da aber, nach der Voraussetzung, c und y unter sich Primzalen sind, so muß die Grösse

$$a + bn + dn^2 + fn^3 + \text{ꝛc.}$$

selbst durch c theilbar seyn. Man suche also nach der Methode des vorhergehenden §. alle Werthe n, welche dieser Bedingung Genüge leisten; hierauf mache man für jeden dieser Werthe

$$\begin{aligned} &a + bn + dn^2 + fn^3 + \text{ꝛc.} = cA \\ &b + 2\,dn + 3\,fn^2 + \text{ꝛc.} = B \\ &d + 3\,fn + = C \text{ ꝛc.} \end{aligned}$$

so verwandelt sich die obige Gleichung, nachdem diese Grössen anstatt obiger Werthe substituirt, und alle Glieder mit c dividirt worden, in

$$Ay^m - By^{m-1}z + Ccy^{m-2}z^2 - \text{ꝛc.} = 1$$

Diese Gleichung, die jezt also auf die Form von §. 30 gebracht worden, kann demnach auch nach denen im

II. Kapitel vorgetragenen Methoden behandelt werden, vermittelst welcher sich alle Werthe von y und z finden lassen. Nachdem nun diese Werthe, so wie auch n gefunden worden, so hat man allgemein $x = ny - cz$.

Wir haben bei der vorhergehenden Auflösung vorausgesezt, daß x und y unter sich Primzalen seyn sollen, desgleichen auch y und c. Diese Voraussetzungen sind zwar erlaubt, weil x und y unbestimmte Zalen bedeuten; da sie aber nicht wesentlich scheinen, so müssen wir nun noch untersuchen, in welchem Fall sie aufhören, statt zu finden.

Wir wollen daher annehmen, 1) x und y können ein gemeinschaftliches Maas α haben, so läßt sich also in der vorgegebenen Gleichung anstatt x und y durchaus αx^{I} und αy^{I} setzen, wo sodann x^{I} und y^{I} als Primzalen unter sich betrachtet werden können. Nun finden sich durch diese Substitution alle Glieder der ersten Seite der Gleichung durch α^{m} multiplicirt; folglich muß die zweite Seite c durch α^{m} theilbar seyn. Hieraus folgt nun, daß man für α keine andre Zalen setzen könne, als diejenigen Theiler von c, die in die Potenz m erhoben sind. Wenn daher die Zal c keinen Factor enthält, oder in die Potenz m erhoben ist, so kann man versichert seyn, daß die Zalen x und y nothwendig unter sich Primzalen seyn müssen.

Enthält aber die Zal c einen oder mehrere Faktoren, die in die Potenz m erhoben sind, so muß man für α nach und nach jeden dieser Faktoren, oder jedes Produkt mehrerer derselben setzen, deren mte Potenz in c dividirt werden kann, und diß wird sodann eben

so

so viele verschiedene Auflösungen geben, wenn man bei jeder derselben x^I und y^I als Primzalen unter sich betrachtet.

Man nehme nun auch 2) an, y und c haben ein gemeinschaftliches Maas β, und setze daher anstatt y und c die Werthe βy^I und βc^I, wo also y^I und c^I unter sich Primzalen sind. Durch diese Substitutionen sind alle Glieder der ersten Seite, welche y enthalten, durch eine Potenz von β multiplicirt; nur das lezte Glied, das ich durch gx^m vorstellen will, und das kein y enthält, wird nicht durch β multiplicirt seyn. Weil aber die zweite Seite der Gleichung sich in βc^I verwandelt, so folgt, daß auch das Glied gx^m durch β theibar seyn müsse. Da nun vorausgesetzt wird, daß x und y unter sich Primzalen sind, so kann x nicht durch β theilbar seyn; folglich muß der Coefficient g durch diese Grösse getheilt werden können. Hieraus schliesse ich also, daß man anstatt β nach und nach alle Theiler von g setzen könne; nachdem man aber βy^I und βc^I anstatt y und c gesezt, und die ganze Gleichung durch β getheilt hat, so wird man aufs neue auf den Fall gerathen, wo die unbestimmte Grösse y^I und die Zal c^I, die das zweite Glied ausmacht, nothwendig unter sich Primzalen seyn müssen.

Fünftes Kapitel.

Direkte und allgemeine Methode, die Werthe von x zu finden, welche den Ausdruk $\sqrt{(a + bx + cx^2)}$ rational machen, wie auch die unbestimmten Gleichungen vom zweiten Grad mit zwei unbekannten Grössen aufzulösen, wenn sie anders Auflösungen dieser Art zulassen.

Zusaz zum vierten Kapitel.

§. 49.

Vor allen Dingen nehme ich an, die bekannten Grössen a, b und c seyen ganze Zalen: Denn, wenn sie Brüche wären, so liessen sie sich alle auf einen gemeinschaftlichen Nenner, der ein Quadrat wäre, bringen, den man also beiseit setzen könnte. Sodann setze ich einstweilen voraus, daß x sowol eine ganze Zal, als einen Bruch bedeuten könne, und werde erst weiter unten zeigen, wie die Frage aufgelößt werden müsse, wenn x eine ganze Zal seyn soll.

Es sey daher $\sqrt{(a + bx + cx^2)} = y$
und mithin $2cx + b = \sqrt{(4cy^2 + b^2 - 4ac)}$;
so besteht also die ganze Schwierigkeit darinn, den Ausdruk $\sqrt{(4cy^2 + b^2 - 4ac)}$ rational zu machen.

§. 50.

§. 50.

Laßt uns daher allgemein annehmen, der Ausdruk $\sqrt{(Ay^2 + B)}$ solle rational gemacht, oder welches eben so viel ist, $Ay^2 + B$ solle in ein Quadrat verwandelt werden, wo A und B gegebene Zalen sind, y hingegen eine unbestimmte Zal vorstellt, die aber rational seyn muß.

Wäre nun erstlich eine der beiden Grössen A und B der Einheit, oder überhaupt irgend einer Quadratzal gleich, so könnte diß Problem durch die bekannten Diophanteischen Methoden aufgelöst werden, welche im vierten Kapitel des zweiten Theils abgehandelt worden sind. Wir übergehen also diese Fälle, oder führen vielmehr alle andre auf sie zurük.

Ferner: hätten die Grössen A und B Quadrate zu Factoren, so dürfte man auch diese beiseit setzen, und statt A und B nur die Quotienten nehmen, die aus der Division dieser Grössen durch die größtmöglichen Quadrate entspringen. Denn, wenn $A = \alpha^2 A^I$ und $B = \beta^2 B^I$ gesezt werden, so muß also $A^I \alpha^2 y^2 + B^I \beta^2$ ein Quadrat seyn. Nun sey $\frac{\alpha y}{\beta} = y^I$, so muß demnach die unbekannte Grösse y^I so bestimmt werden, daß $A'(y^I)^2 + B^I$ ein Quadrat ist.

Hieraus folgt aber auch, daß nachdem derjenige Werth y gefunden worden, welcher $Ay^2 + B$ (wo in A und B die quadratische Faktoren α^2 und β^2 hinweggeworfen worden sind) zu einem Quadrate macht, nachher diese gefundene Zal y mit $\frac{\beta}{\alpha}$ multiplicirt

werden

werden müsse, um diejenige Grösse zu erhalten, die der Bedingung Genüge leistet.

§. 51.

Wir betrachten daher den Ausdruk $A\nu^2 + B$, worinn A und B gegebene ganze Zaleu vorstellen, die kein Quadrat zum Faktor haben: und da vorausgesezt wird, y könne auch ein Bruch seyn, so sey $y = \frac{p}{q}$, und p und q solche ganze Zalen, die kein gemeinschaftliches Maas haben, so, daß also der Bruch $\frac{p}{q}$ auf seine kleinste Zal gebracht sey. Die Grösse $\frac{Ap^2}{q^2} + B$, und mithin auch $Ap^2 + Bq^2$ muß demnach ein Quadrat seyn, so daß also $Ap^2 + Bq^2 = z^2$ ist, wo p, q und z ganze Zalen bedeuten.

Es müssen aber q und A, und so auch p und B unter sich Primzalen seyn; denn wenn q und A einen gemeinschaftlichen Theiler hätten, so ist klar, daß das Glied Bq^2 durch das Quadrat dieses Theilers theilbar wäre; das Glied Ap^2 aber wäre nur durch die erste Potenz desselben theilbar, weil q und p unter sich Primzalen sind, und A nach der Voraussetzung keinen andern quadratischen Theiler enthält. Folglich wäre die Grösse $Ap^2 + Bq^2$ nur ein einzigesmal durch den gemeinschaftlichen Theiler von q und A theilbar, und könnte also unmöglich ein Quadrat seyn. Eben so kann auch von den Grössen p und B bewiesen werden, daß sie keinen gemeinschaftlichen Theiler haben können.

Auflösung.

der Gleichung $Ap^2 + Bq^2 = z^2$ in ganzen Zalen.

§. 52.

Gesezt A sey grösser als B; man schreibe daher diese Gleichung also: $Ap^2 = z^2 - Bq^2$, woraus nun sogleich erhellet, daß, da p, q und z ganze Zalen sind, $z^2 - Bq^2$ durch A theilbar seyn müsse. Weil aber (nach dem vorhergehenden §.) A und q unter sich Primzalen sind, so setze man nach der, Kap. IV. §. 48. erklärten Methode

$$z = nq - Aq^I,$$

wo n und q^I unbestimmte ganze Zalen vorstellen, wodurch die Formel $z^2 - Bq^2$ in

$$(n^2 - B)\,q^2 - 2\,nAqq^I + A^2\,(q^I)^2$$

verwandelt wird, wo $n^2 - B$ durch A theilbar seyn muß, und n nicht $> \frac{A}{2}$ ist.

Man probire also für n alle ganze Zalen, die nicht grösser als $\frac{A}{2}$ sind, und wenn keine gefunden wird, die so ist, daß $n^2 - B$ durch A theilbar wird, so läßt sich ohne weiters daraus schliessen, daß die Gleichung $Ap^2 = z^2 - Bq^2$ nicht in ganzen Zalen aufgelöst, und also auch $Ay^2 + B$ nie ein Quadrat werden könne.

Findet sich aber einer oder mehrere Werthe für n, so setze man sie der Reihe nach statt n, und setze die Rechnung weiter fort, wie sogleich gezeigt werden soll.

Vorher bemerke ich nur noch, daß es unnüz ist,

für

für n grössere Zalen zu nehmen, als $\frac{A}{2}$; denn, wenn n^{I}, n^{II}, n^{III} rc. diejenigen Werthe von n bedeuten, die kleiner, als $\frac{A}{2}$ sind, und durch welche $n^2 - B$ durch A theilbar wird, so werden alle andere Werthe, die eben diß leisten, in den Formeln

$$n^{I} \pm \mu^{I} A,\ n^{II} \pm \mu^{II} A,\ n^{III} \pm \mu^{III} A \text{ rc.}$$

enthalten seyn (IV. Kap. §. 47.). Aber, wenn man diese Werthe anstatt n in die Formel

$$(n^2 - B)\, q^2 - 2\, n\, A q q^{I} + A^2 (q^{I})^2,$$

$$\text{d. i. in } (nq - Aq^{I})^2 - Bq^2,$$

sezt, so ist klar, daß ebendieselbe Grösse erhalten wird, als wenn man blos n^{I}, n^{II}, n^{III} rc. statt n sezte, und zu q^{I} die Grössen $\mp \mu^{I} q$, $\pm \mu^{II} q$ rc. addirte, so daß, da q^{I} eine unbestimmte Zal ist, diese Substitutionen also solche Formeln geben, die nicht von jenen verschieden sind, welche durch die Werthe n^{I}, n^{II}, n^{III} rc. allein erhalten werden. *)

§. 53.

*) Wenn in $(n^2 - B)\, q^2 - 2\, nAqq^{I} + A^2 (q^{I})^2$ oder $(nq - Aq^{I})^2 - 2\, Bq^2$ statt n, der Werth $n^{I} \pm \mu^{I} A$ gesezt wird, so verwandelt sich dieser Ausdruk in

$$\left(n^{I} q - A\,(q^{I} \mp \mu^{I} q)\right)^2 - Bq^2.$$

Aber q^{I} ist eine unbestimmte Grösse, mithin auch $q \mp \mu^{I} q$. Setzen wir nun diese leztere $= \gamma$, so verwandelt sich der vorhergehende Ausdruk in

$$(n^{I} q - A\gamma)^2 - Bq^2.$$

Substituirt man aber in

$$(nq - Aq^{I})^2 - Bq^2 \text{ statt } n,$$

nur allein den Werth n^{I}, so verwandelt sich dieser Ausdruk in $(n^{I} q - Aq^{I})^2 - Bq^2$.

Da

§. 53.

Weil also $n^2 - B$ durch A theilbar seyn muß, so sey A^I der Quotient dieser Theilung, und demnach $AA^I = n^2 - B$; wird nun die Gleichung
$Ap^2 = z^2 - Bq^2 (n^2 - B) q^2 - 2nAqq^I + A^2 (q^I)^2$.
mit A dividirt, so verwandelt sie sich in

$$p^2 = A^I q^2 - 2nqq^I + A(q^I)^2;$$

wo A^I nothwendig kleiner als A ist, weil

$$A^I = \frac{n^2 - B}{A}, \text{ und } B < A, \text{ und } n \text{ nicht} > \tfrac{1}{2}A.$$

Wenn nun

1) A' eine Quadratzal ist, so erhellet von selbst, daß diese Gleichung durch die bekannten Methoden aufgelöst werden könne, und man wird die klenste mögliche Auflösung erhalten, wenn man $q^I = 0$, und $q = 1$ sezt, wodurch sodann $p = \sqrt{} A^I$ wird.

Ist aber

2) A^I kein Quadrat, so muß man sehen, ob diese Zal kleiner als B ist, oder durch irgend eine Quadratzal getheilt werden kann; so daß der Quotient (wenn wiederum von den Zeichen abstrahirt wird), kleiner als B ist. In diesem Fall nun multiplicire man durch A^I, so wird, weil $AA^I - n^2 = -B$,

$$A^I p^2 = (A^I q - nq^I)^2 - B(q^I)^2;$$

so daß also $B(q^I)^2 + A^I p^2$ ein Quadrat

seyn

Da aber q^I hier, so wie im vorhergehenden γ, eine unbestimmte Grösse vorstellt, so erhellet die Wahrheit der obigen Behauptung.

Anm. d. Ueb.

seyn muß; wenn daher diese Gleichung mit p^2 dividirt, $\frac{q'}{p} = y^I$, und $A^I = C$ gesezt wird, so muß $B(y^I)^2 + C$ ein Quadrat werden, welcher Ausdruk, wie man siehet, demjenigen des §. 52. ähnlich ist. Wenn nun C einen quadratischen Theiler γ^2 enthält, so kann dieser hinwegelassen werden, nur muß man nachher den für y^I gefundenen Werth mit γ multipliciren, um den wahren Werth dieser Grösse zu bekommen, und so ergibt sich dann eine Formel, welche in derjenigen des §. 51. enthalten ist, nur mit dem Unterschiede, daß hier B und C kleiner seyn werden, als dort A und B.

§. 54.

Ist aber A^I nicht kleiner als B, und kann auch diese Grösse, nachdem sie mit dem grösten quadratischen Theiler, den sie etwan enthält, dividirt worden, nicht kleiner als B werden, so sey in diesem Falle $q = \nu q^I + q^{II}$. Dieser Werth, in obige Gleichung gesezt, verwandelt sie in

$$p^2 = A^I (q^{II})^2 - 2 n^I q^{II} q^I + A^{II} (q^I)^2$$

wo $n^I = n - \nu A^I$ und

$$A^{II} = A^I \nu^2 - 2 n \nu + A = \frac{(n^I)^2 - B.}{A^I}$$

Nun bestimme man, wie solches immer möglich ist *), die ganze Zal ν also, daß n^I nicht $> \frac{1}{2} A^I$, (wobei wiederum vom Zeichen abstrahirt wird,) und dann erhellet, daß $A^{II} < A^I$ seyn müsse, weil $A^{II} -$ (n^I)

*) Aus $n^I = n - \nu A^I$.

$= \frac{(n^I)^2 - B}{A'}$, und B = oder < A^I, und n^I= oder < $\frac{1}{2} A^I$ ist.

Nun läßt sich hier wieder ebenderselbe Schluß machen, wie im vorhergehenden §. Ist nemlich A'' ein Quadrat, so ist das Problem aufgelößt. Ist aber A'' kein Quadrat, so ist es entweder < B, oder wird durch die Division mit einem quadratischen Theiler kleiner, und in diesem ersten Falle werde die Gleichung mit A'' multiplicirt, so ergibt sich, wenn $\frac{p}{q''} = y'$ und $A'' = C$ gesezt wird, die Formel $B(y')^2 + C$, welche ein Quadrat werden muß, und in welcher die Coefficienten B und C, (nachdem die quadratischen Theiler, wenn welche vorhanden sind, weggeworfen worden) kleiner seyn werden als die Coefficienten der Formel $A y^2 + B$. (§. 51.)

Findet aber dieser Fall nicht statt, und ist also $A'' > B$, oder als B durch einen quadratischen Theiler dividirt, so mache man wie oben

$$q' = \nu' q'' + q'''$$

und sodann verwandelt sich obige Gleichung in diese

$$p^2 = A'''(q'')^2 - 2n'' q'' q''' + A''(q''')^2$$

wo $n'' = n' - \nu' A''$

und $A''' = A''(\nu')^2 - 2n'\nu' + A' = \frac{(n'')^2 - B}{A''}$.

Man nehme nun statt ν' wiederum eine solche ganze Zal, daß n'' nicht $> \frac{1}{2} A''$, und da B nicht $> A''$, (nach der Voraussetzung) so folgt aus der Gleichung $A''' = \frac{(n'')^2 - B}{A''}$, daß $A''' < A''$

seyn wird, und nun lassen sich wieder eben die Schlüsse machen, wie oben, und ähnliche Folgerungen daraus ziehen, u. s. w.

Da indessen die Grössen A, A', A'', A''' ꝛc. eine abnehmende Reihe ganzer Zalen bilden, so ist klar, daß man endlich nothwendig auf ein Glied kommen müsse, das kleiner als die gegebene Zal B ist. Heißt dieses Glied C, so erhält man, wie oben, die Formel $B(y')^2 + C$, welche einem Quadrat gleich gemacht werden muß. Auf diese Art können wir also, durch die so eben erklärten Operationen, die Formel $Ay^2 + B$ jederzeit in eine andre einfachere $B(y')^2 + C$ verwandeln, wenn das Problem auflösbar ist.

§. 55.

Auf eben die Art, wie $Ay^2 + B$ in $B(y')^2 + C$ verwandelt worden, kann auch dieser leztere Ausdruk in $B(y'')^2 + D$ verwandelt werden, wo D kleiner als C seyn wird, u. s. w. Und da die Zalen A, B, C, D u. s. w., eine abnehmende Reihe ganzer Zalen bilden, und mithin nicht ins Unendliche fortgesezt werden können, so erhellet daß also diese Operation immer nothwendig ihre Gränzen haben müsse. Läßt die Frage keine Auflösung in ganzen Zalen zu, so gelangt man endlich auf eine unmögliche Bedingung; ist aber die Frage auflösbar, so wird man immer auf eine Gleichung kommen, die der Gleichung des §. 53. ähnlich ist, und wo einer der beiden Coefficienten, wie A', ein Quadrat seyn wird; so daß also die Gleichung durch die bekannten Methoden aufgelößt werden kann. Aus dieser lassen sich sodann, wenn man immer auf die unmittelbar vorhergehende zurükgeht, alle übrigen bis auf die erste $Ap^2 + Bq^2 = z^2$ auflösen.

Laßt uns diese Methode durch einige Beispiele erläutern.

1. Beispiel.

§. 56.

Man soll für x einen rationalen Werth finden, der den Ausdruk

$$7 + 15x + 13x^2$$

zu einem Quadrat macht. (Man sehe das IV. Kap. §. 57. im II. Theile.)

Hier ist also $a = 7$, $b = 15$, $c = 13$; also $4c = 4.13$, und $b^2 - 4ac = -139$; Wenn daher y die Wurzel des gesuchten Quadrats ist, so muß $4.13y^2 - 139$ ein Quadrat werden; mithin ist $A = 4.13$, und $B = -139$, woraus man sogleich ersiehet, daß A durch das Quadrat 4 theilbar ist. Man werfe also diesen quadratischen Theiler sogleich hinweg, und setze blos $A = 13$; doch muß man sich aus §. 50. erinnern, daß nachher der für y gefundene Werth wiederum durch 2, als die Wurzel aus 4 getheilt werden muß, um den wahren Werth zu erhalten.

Es ist also, wenn $y = \frac{p}{q}$ gesezt wird,

$$13p^2 - 139q^2 = z^2;$$

oder, weil $139 > 13$, so sey $y = \frac{q}{p}$ damit die Gleichung

$$-139p^2 + 13q^2 = z^2,$$

erhalten werde, woraus

$$-139p^2 = z^2 - 13q^2.$$

Nun setze man (nach §. 52.) $z = nq - 139q'$, und nehme für n eine ganze Zal, die nicht $> \frac{139}{2}$, d. i. die < 70, und so ist, daß $n^2 - 13$ durch 139 theilbar sey. Diese Zal n wird $= 41$ seyn, mithin $n^2 - 13 = 1668. = 139.\ 12$: substituirt man nun den gefundenen Werth, und dividirt mit -139, so findet sich

$$p^2 = -12q^2 + 2.\ 41qq' - 139(q')^2.$$

Da aber -12 kein Quadrat ist, so hat diese Gleichung die erforderlichen Bedingungen nicht: weil nun 12 bereits kleiner als 13 ist, so multiplicire man die ganze Gleichung mit -12, so wird sie

$$-12p^2 = (-12q + 41q')^2 - 13(q')^2$$

werden, so, daß also $13(q')^2 - 12p^2$, oder wenn $\frac{q'}{p} = y'$ gesezt wird, $13(y')^2 - 12$ ein Quadrat werden muß.

Hieraus erhellet, daß $y' = 1$ gesezt werden müsse. Da wir aber diesen Werth einem blosen Zufall zu verdanken haben, so wollen wir die Rechnung nach unsrer Methode weiter fortsetzen, bis wir auf eine Formel kommen, die durch die bekannten Methoden auflösbar ist. Da 12 durch 4 theilbar ist, so werfe ich auch diesen quadratischen Theiler hinweg; erinnere mich aber, daß ich nachher y' mit $\sqrt{4}$ oder mit 2 multipliciren muß. Folglich muß $13(y')^2 - 3$ oder, wenn $y' = \frac{r}{s}$ gesezt wird, (wo r und s keinen gemeinschaftlichen Theiler haben, und wie der Bruch $\frac{p}{q}$

auf

auf ihre kleinsten Zalen gebracht sind), $13 r^2 - 3 s^2$ in ein Quadrat verwandelt werden. Die Wurzel desselben sey $= z'$; und also

$$13 r^2 = (z')^2 + 3 s^2.$$

Man mache $z' = ms - 13 s'$, wo m eine ganze Zal ist, die nicht $> \frac{13}{2}$, also < 7, und so seyn muß, daß $m^2 + 3$ durch 13 theilbar ist. Aber diese Zal ist 6, diß gibt also $m^2 + 3 = 39 = 13 \cdot 3$; sezt man daher den Werth von z' in die obige Gleichung, und dividirt mit 13, so findet sich

$$r^2 = 3 s^2 - 2 \cdot 6 \cdot s \cdot s' + 13 (s')^2.$$

Da nun hier der Coefficient 3 von s^2 weder ein Quadrat noch kleiner als der von $(s')^2$ ist, so setze man (§. 54) in der vorhergehenden Gleichung $s = \mu s' + s''$, wodurch

$$r^2 = 3 (s'')^2 - 2 (6 - 3\mu) s' s'' + (3\mu^2 - 2 \cdot 6 \mu + 13) (s')^2$$

wird.

Man bestimme μ also, daß $6 - 3\mu$ nicht $> \frac{3}{2}$, hieraus erhellet, daß $\mu = 2$ gesezt werden müsse, woraus $6 - 3\mu = 0$ wird, und die obige Gleichung verwandelt sich demnach in

$$r^2 = 3 (s'')^2 + (s')^2,$$

welche, wie leicht zu sehen, auf die verlangte Form gebracht ist, weil der Coefficient des Quadrats einer der beiden unbestimmten Grössen, nemlich der des zweiten Glieds, ebenfalls ein Quadrat ist. Um also die einfachste Auflösung zu bekommen, sey $s'' = 0$, $s' = 1$; also $r = 1$; mithin $s = \mu = 2$ und daher $y' = \frac{r}{s} = \frac{1}{2}$, welcher Werth aber mit 2 multiplicirt werden muß, also $y' = 1$; folglich, wenn man immer rükwärts

 geht,

geht, $\frac{q'}{p} = 1$, also $q' = p$; also wird

$$-12p^2 = (-12q + 41q')^2 - 13(q')^2$$
$$= (-12q + 41p)^2 = p^2, \text{ also}$$
$$-12q + 41p = p, \text{ woraus } 12q = 40p,$$

mithin $y = \frac{q}{p} = \frac{40}{12} = \frac{10}{3}$; da aber der Werth von y noch durch 2 getheilt werden muß, so ist $y = \frac{5}{3}$, und diß wird die Wurzel aus $7 + 15x + 13x^2$ seyn. Sezt man also diesen Werth $= \frac{25}{9}$, und löset diese Gleichung nach den bekannten Regeln auf, so erhält man endlich $x = -\frac{19}{39}$ oder $= -\frac{2}{3}$.

Man hätte auch $-12q + 41p = -p$ setzen können; woraus $y = \frac{q}{p} = \frac{21}{6}$ also der eigentliche Werth für $y = \frac{21}{12}$, mithin $7 + 15x + 13x^2 = (\frac{21}{12})^2$ und also $x = -\frac{21}{52}$ oder $= -\frac{3}{4}$ gefunden worden wäre.

Wollte man noch andre Werthe für x haben, so müßte man noch mehrere Auflösungen von

$$r^2 = 3(s'')^2 + (s')^2$$

zum Grunde legen, welches nach den bekannten Methoden geschehen kann. Man kann aber auch hier diejenige Methode anwenden, die im II. Th. K. V. erklärt worden ist, und aus einem einzigen bekannten Werthe für x unzälige andre finden lehrt.

Anmerkung.

§. 57.

Gesezt der Ausdruk $a + bx + cx^2$ werde $= g^2$ wenn $x = f$ gesezt wird; so daß also $a + bf + cf^2 = g^2$, und mithin $a = g^2 - bf - cf^2$ ist; so wird eben dieser

Aus-

Ausdruk, wenn statt a der für diese Grösse so eben gefundene Werth darinn substituirt wird,

$$g^2 + b(x - f) + c(x^2 - f^2)$$

Man nehme nun $g + m(x - f)$ als die Quadratwurzel dieses Ausdruks an, wo m eine unbestimmte Zal bedeutet, so ist

$$g^2 + b(x-f) + c(x^2-f^2) = g^2 + 2mg(x-f) + m^2(x-f)^2$$

und also

$$x = \frac{fm^2 - 2gm + b + cf}{m^2 - c}.$$

woraus erhellet, daß dieser Ausdruk, wegen der unbestimmten Grösse m, alle mögliche Werthe von x, wodurch obige Formel ein Quadrat wird, in sich begreife. Denn, welches auch die Quadratzal seyn mag, der diese Formel gleich ist, so kann doch ihre Wurzel immer durch $g + m(x - f)$ vorgestellt werden, wenn x der gehörige Werth beigelegt wird. Wenn also, nach der oben erklärten Methode, ein Werth für x gefunden worden, so sey derselbe $= f$, und die erhaltene Wurzel $= g$, und dann erhält man durch die gegenwärtige Formel alle andre mögliche Werthe für x.

In dem vorhergehenden Beispiel war $y = \frac{5}{3}$, und $x = -\frac{2}{3}$, man setze also $g = \frac{5}{3}$, und $f = -\frac{2}{3}$, woraus

$$x = \frac{19 - 10m - 2m^2}{3(m^2 - 13)}$$

erhalten wird, welches demnach der allgemeine Ausdruk aller rationalen Werthe von x ist, welche die Grösse $7 + 15x + 13x^2$ in ein Quadrat verwandeln.

2. Beispiel.

§. 58.

Man soll einen rationalen Werth für y finden, der $23\,y^2 - 5$ zu einem Quadrat macht.

Da 23 und 5 durch keine Quadratzal theilbar sind, so ist keine Reduction mit diesen Coefficienten vorzunehmen. Wenn also $y = \frac{p}{q}$ gesezt wird, so muß $23\,p^2 - 5\,q^2$ ein Quadrat z^2 werden, so daß $23\,p^2 = z^2 + 5\,q^2$ ist. Es sey daher $z = nq - 23\,q'$ wo für n eine ganze Zal gesezt werden muß, die nicht $> \frac{23}{2}$ und zugleich so ist, daß $5 + n^2$ mit 23 theilbar werde. Aber diese Zal n ist $= 8$, woraus $n^2 + 5 = 23 \cdot 3$ folgt, und dieser Werth ist der einzige, der die gesuchten Erfordernisse hat. Man setze also $8\,q - 23\,q'$ statt z in die obige Gleichung, und dividire dieselbe durchgängig durch 23, so erhält man diese:

$$p^2 = 3\,q^2 - 2 \cdot 8\,q\,q' + 23\,(q')^2,$$

in welcher der Coefficient 3 bereits kleiner, als der Werth 5 von B ist, (wobei von den Zeichen abstrahirt wird).

Man multiplicire daher die ganze Gleichung durch 3, woraus

$$3\,p^2 = (3\,q - 8\,q')^2 + (5\,q')^2$$

entspringt, so, daß wenn $\frac{q'}{p} = y'$ gesezt wird, der Ausdruk $-5\,(y')^2 + 3$ ein Quadrat werden muß, wo übrigens die Coefficienten 5 und 3 keine weitere Reduction gestatten.

Es sey also $y' = \frac{r}{s}$ (r und s seyen unter sich Primzalen; denn q und p können es auch nicht seyn). Folglich muß $-5r^2 + 3s^2$ ein Quadrat werden. Die Wurzel davon heisse z', mithin

$$= sr^2 = (z')^2 - 3s^2.$$

Es sey nun $z' = ms - 5s'$, wo m eine ganze Zal seyn muß, die nicht $> \frac{5}{2}$ und zugleich so ist, daß $m^2 - 3$ durch 5 theilbar wird. Aber diß ist unmöglich, denn weder $m = 1$, noch $m = 2$ leisten Genüge, weil $m^2 - 3$ im ersten Fall $= -2$ und im andern $= -1$ wird. Man kann also hieraus schliessen, daß diß Problem nicht aufgelößt, und also der Ausdruk $23y^2 - 5$ unmöglich zu einem Quadrat gemacht werden könne, welche Werthe man auch statt y setzen mag.

Zusaz.

§. 59.

Wenn irgend eine Gleichung vom zweiten Grad mit zwei unbekannten Grössen gegeben ist, wie

$$a + bx + cy + dx^2 + exy + fy^2 = 0$$

und diejenige rationale Werthe von x und y gesucht werden sollen, welche dieselbe auflösen, wenn sie anders dergleichen hat, so kann diß vermittelst der so eben erklärten Methode geschehen; denn, wenn man y in x ausdrükt, so findet sich

$$2fy + ex + c = \sqrt{\left((c+ex)^2 - 4f(a+bx+dx^2)\right)}$$

oder, wenn $\alpha = c^2 - 4af$, $\beta = 2cex - 4bf$, und $\gamma = e^2 - 4df$ gesezt wird,

$$2fy + ex + c = \sqrt{(\alpha + \beta x + \gamma x^2)}$$

so daß also alles darauf ankommt, einen Werth von

x zu finden, wodurch $\sqrt{(\alpha+\beta x+\gamma x^2)}$ rational wird.

Anmerkung.

§. 60.

Ich habe in den Denkwürdigkeiten der Akademie der Wissenschaften von Berlin im Jahr 1767 eben diese Materie, wiewol nach einer etwas verschiedenen Methode, abgehandelt, und glaube der erste gewesen zu seyn, der die unbestimmten Probleme des zweiten Grads auf eine direkte Art, und ohne daß man nöthig hat, vorher einen Werth zu errathen, aufzulösen lehrte. Sollte der Leser diese Materie gründlicher zu wissen begehren, so will ich ihn auf die obenangeführten Abhandlungen verwiesen haben, wo er überdiß neue und merkwürdige Untersuchungen finden wird, die sich auf das Problem beziehen, ein n in ganzen Zalen zu finden, so daß $n^2 - B$ mit A theilbar wird, wo A und B gegebene Grössen sind. *)

Man findet auch in den Abhandlungen der Jahrgänge 1770 ꝛc. Untersuchungen über die Form der Theiler derjenigen Zalen, die in $z^2 - Bq^2$ enthalten sind, so daß man aus der Form von A öfters die Unmöglichkeit der Gleichung $Ap^2 = z^2 - Bq^2$ oder $Ay^2 + B =$ einen Quadrat, bestimmen kann. (§. 52.)

Legendre

*) Man sehe auch hierüber die 5te Abhandlung des Anhangs zu diesem Werke, worinn das Problem von $\frac{x^2 - B}{A}$ auf das vollständigste aufgelöst ist.

Anm. d. Ueb.

Legendre hat sich nach diesem in der oben §. 47 angeführten Abhandlung damit beschäftiget, die allgemeinen Bedingungen der Möglichkeit oder Unmöglichkeit der unbestimmten Gleichungen vom zweiten Grad ausfündig zu machen, und ist dabei auf den merkwürdigen Lehrsaz gerathen, daß die Gleichung $ax^2 + by^2 = cz^2$, in welcher a, b, c bejahte Zalen vorstellen, die unter sich Primzalen sind, und keine quadratische Faktoren haben, auflösbar ist, wenn man drei ganze Zalen λ, μ, ν finden kann, die so sind, daß die drei Grössen

$$\frac{a\lambda^2 - b}{c} \qquad \frac{c\mu^2 - b}{a} \qquad \frac{c\nu^2 - a}{b}$$

ganze Zalen sind.

Sechstes

Sechstes Kapitel.

Ueber die doppelten und dreifachen Gleichheiten.

§. 61.

Da die doppelten und dreifachen Gleichheiten in der diophanteischen Analysis von so grossem Nutzen sind, so will ich dieselben um so mehr mit ein paar Worten berühren, als jener grosse Geometer und seine Commentatoren besondere Regeln zur Auflösung derselben gegeben haben.

Wenn eine Formel, die eine oder mehrere unbekannte Grössen enthält, einer vollkommnen Potenz, z. B. einem Quadrat, einem Cubus ꝛc. gleichgemacht werden soll, so heißt diß in der diophanteischen Analysis eine einfache Gleichheit.

Wenn aber von zwei Formeln, die entweder eine oder mehrere unbekannte Grössen enthalten, jede einzelne einer vollkommnen Potenz gleich gemacht werden soll, so heißt diß eine doppelte Gleichheit, u. s. w.

Bisher haben wir gesehen, wie man einfache Gleichheiten auflösen könne, wenn die unbekannte Grösse den zweiten Grad nicht übersteigt, und die gegebene Potenz die zweite, d. i. ein Quadrat ist.

Nun

Nun wollen wir zeigen, wie die doppelten und dreifachen Gleichheiten eben dieser Potenzen behandelt werden müssen.

§. 62.

Gesezt, man habe folgende doppelte Gleichheit:

$a + bx =$ einem Quadrat,

$c + dx =$ einem Quadrat,

wo also x in beiden Gleichungen in der ersten Potenz ist.

Man setze

$$a + bx = t^2,$$
$$c + dx = u^2$$

und eliminire x aus diesen beiden Gleichungen, so findet sich

$$ad - bc = dt^2 - bu^2;$$

und

$$(dt)^2 = dbu^2 + (ad - bc)\,d;$$

Die ganze Schwierigkeit beruht also darauf, einen rationalen Werth u zu finden, so daß

$$dbu^2 + ad^2 - bcd$$

ein Quadrat werde. Diese einfache Gleichheit kann aber durch die oben erklärte Methode aufgelößt werden, und aus u findet sich sodann

$$x = \frac{u^2 - c}{d}$$

Wäre die doppelte Gleichheit diese:

$ax^2 + bx =$ einem Quadrat

$cx^2 + dx =$ einem Quadrat

so müßte man $x = \frac{1}{x'}$ setzen, und sodann beide For-

meln

meln mit $(x')^2$ multipliciren, wodurch sie sich in folgende verwandelten:

$$a + bx^I = \text{einem Quadrat},$$
$$c + dx^I = \text{einem Quadrat},$$

welche den vorhergehenden ähnlich sind.

Es lassen sich auch allgemein alle diejenigen doppelten Gleichheiten auflösen, wo die unbekannte Grösse in allen Gliedern vorkommt, wenn sie anders den zweiten Grad nicht übersteigt: Aber ganz anders verhält sich die Sache, wenn die Gleichheiten von dieser Form sind:

$$a + bx + cx^2 = \text{einem Quadrat}$$
$$\alpha + \beta x + \gamma x^2 = \text{einem Quadrat}$$

Denn, wenn die erstere durch unsre Methode aufgelößt wird, und f der Werth von x ist, welcher $a + bx + cx^2 = g^2$ macht, so ist allgemein (nach §. 57.)

$$x = \frac{fm^2 - 2gm + b + cf}{m^2 - c}$$

Sezt man aber diesen Werth für x in die zweite Gleichheit, und multiplicirt hernach mit $(m^2 - c)^2$, so muß folgende Gleichheit aufgelößt werden:

$$\alpha(m^2 - c)^2 + \beta(m^2 - c)(fm^2 - 2gm + b + cf)$$
$$+ \gamma(fm^2 - 2gm + b + cf)^2 =$$

einem Quadrat, in welcher Gleichung die unbekannte Grösse m auf den vierten Grad steigt.

Man hat aber noch keine allgemeine Methode für die Auflösung dieser Gleichungen, und alles, was man thun kann, besteht darinn, mehrere Auflösungen aus einer einzigen, die bekannt ist, herzuleiten. (Man sehe das 9te Kap. des 2ten Theils.)

§. 63.

Wenn man die dreifache Gleichheit hat

$$\left.\begin{array}{l} ax + by \\ cx + dy \\ hx + ky \end{array}\right\} = \text{einem Quadrat.}$$

so sey $ax + by = t^2$, $cx + dy = u^2$, und $hx + ky = ſ^2$, eliminirt man nun x aus diesen drei Gleichungen, so ergibt sich

$$(ak - bh)\, u^2 - (ck - dh)\, t^2 = (ad - cb)\, ſ^2$$

und wenn also $\frac{u}{t} = z$ gesezt wird, so besteht die ganze Schwierigkeit darinn, daß

$$\frac{ak—bh}{ad—cb}\, z^2 — \frac{ck—dh}{ad—cb}$$

= einem Quadrat werde, welches durch unsre allgemeine Methode geschehen kann.

Aus dem bekannten z findet sich sodann $u = tz$

$$x = \frac{d—bz^2}{ad—cb}\, t^2 \text{ und}$$

$$y = \frac{az^2—c}{ap—cb}\, t^2.$$

Enthielte aber die dreifache Gleichheit nur eine einzige veränderliche Grösse, so erhielte man zulezt eine Gleichheit, wo die unbekannte Grösse auf den vierten Grad stiege.

Dieser Fall kann unmittelbar aus dem vorhergehenden hergeleitet werden, wenn man $y = 1$ sezt, so daß also

$$\frac{az^2—c}{ad—cb} = 1, \text{ und mithin}$$

az²

$\frac{az^2 - c}{ad - cb}$ = einem Quadrad seyn muß.

Wenn aber f ein Werth von z ist, der die Bedingung erfüllt, und der Kürze wegen $\frac{ak - bh}{ad - cb}$ = e gesezt wird, so ist allgemein (§. 56.)

$$z = \frac{fm^2 - 2gm + ef}{m^2 - e}$$

Wird nun dieser Werth von z in die lezte Gleichheit gesezt, und durchaus mit $(m^2 - e)^2$ multiplicirt, so muß

$$\frac{a(fm^2 - 2gm + ef)^2 - c(m^2 - e)^2}{ad - cb}$$

= einem Quadrat seyn, wo also die unbekannte Grösse m auf den vierten Grad steigt.

Sieben=

Siebentes Kapitel.

Direkte und allgemeine Methode, alle Werthe von y in ganzen Zalen zu bestimmen, wodurch $\sqrt{(Ay^2+B)}$ rational gemacht werden kann, wenn A und B gegebene ganze Zalen bedeuten; wie auch alle mögliche Auflösungen der unbestimmten Gleichungen mit zwei unbekannten Grössen in ganzen Zalen zu finden.

Zusaz zum sechsten Kapitel.

§. 64.

Obschon durch die Methode des 5ten Kapitels allgemeine Formeln gefunden werden können, die alle rationale Werthe von y erhalten, wodurch $Ay^2 + B$ zu einem Quadrat gemacht werden kann; so sind dieselben doch von keinem Nutzen, wenn für y nur ganze Zalen gesucht werden. Daher wollen wir hier noch eine besondre Methode mittheilen, das Problem für den Fall, da y eine ganze Zal seyn solle, aufzulösen.

Es sey also $Ay^2 + B = x^2$, und da A und B, so wie auch y hier ganze Zalen vorstellen sollen, so erhellet, daß auch x eine ganze Zal seyn müsse; folglich wird folgende Gleichung

$$x^2 - Ay^2 = B$$

in ganzen Zalen aufgelößt werden müssen.

Hier ist zu bemerken, daß, wenn B durch keine Quadratzal theilbar ist, y unmöglich mit B einen gemeinschaftlichen Theiler haben könne. Denn, gesezt y und B hätten den gemeinschaftlichen Factor α, so daß $y = \alpha y'$ und $B = \alpha B'$ wäre, so würde

$$x^2 = A\alpha^2 (y')^2 + \alpha B',$$

und mithin x^2 durch α theilbar seyn. Da aber α weder ein Quadrat, noch durch irgend ein Quadrat theilbar ist, (nach der Voraussetzung) indem diese Grösse ein Factor von B ist, so muß x durch α theilbar seyn. Wenn daher $x = \alpha x'$ gesezt wird, so ist

$$\alpha^2 (x')^2 = \alpha^2 A(y')^2 + \alpha B', \text{ oder}$$

$$\alpha (x')^2 = \alpha A (y')^2 + B',$$

woraus erhellet, daß B' ebenfalls durch α theilbar seyn müßte, welches gegen die Voraussetzung ist.

Also nur wenn B quadratische Factoren enthält, kann y einen gemeinschaftlichen Theiler mit B haben, und es ist leicht aus vorhergehendem Beweis zu ersehen, daß diß gemeinschaftliche Maas von y und B, nichts anders als die Wurzel eines der quadratischen Factoren von B seyn könne, und die Grösse x ebendasselbe gemeinschaftliche Maas haben müsse, so daß die ganze Gleichung durch das Quadrat dieses gemeinschaftlichen Theiler von x, y und B theilbar ist.

Hieraus schliesse ich

1) daß, wenn B durch keine Quadratzal theilbar ist, y und B unter sich Primzalen seyn müssen.

2) Daß, wenn B nur durch einen einzigen quadratischen Factor α^2 theilbar ist, y entweder mit B keinen gemeinschaftlichen Theiler haben, oder durch α theilbar seyn könne; diß gibt zwei Fälle, die besonders untersucht werden müssen. Im ersten Falle löse man $x^2 - Ay^2 = B$ so auf, daß x und B unter sich als Primzalen angenommen werden; im zweiten aber hat man die Gleichung $x^2 - Ay^2 = B'$ aufzulösen, wo $B' = \frac{B}{\alpha}$, und B′ und y ebenfalls unter sich Primzalen sind. Zulezt müssen sodann die gefundenen Werthe von y und x mit α multiplicirt werden, um diejenigen zu erhalten, die der vorgegebenen Gleichung Genüge leisten.

Ist aber

3) B durch zwei verschiedene Quadrate α^2 und β^2 theilbar, so sind drei Fälle zu betrachten. Im ersten löse man die Gleichung $x^2 - Ay^2 = B$ unter der Bedingung auf, daß y und B als Primzalen unter sich betrachtet werden; im zweiten sey $x^2 - Ay^2 = B^I$, wo $B^I = \frac{B}{\alpha^2}$ ist, und y und B^I ebenfalls unter sich Primzalen sind, und multiplicire hernach die gefundenen Werthe von x und y mit α; im dritten setze man $x^2 - Ay^2 = B''$, wo $B'' = \frac{B}{\beta'}$ ist, und y und B″ unter sich Primzalen sind, und multiplicire hernach die Werthe von x und y mit β.

Also müssen

4) so viel verschiedne Gleichungen aufgelößt wer-

den, als B verschiedene quadratische Faktoren hat; aber alle diese Gleichungen sind von der Form $x^2 - Ay^2 = B$, und y und B werden immer unter sich Primzalen seyn.

§. 65.

Man betrachte demnach die allgemeine Gleichung

$$x^2 - Ay^2 = B,$$

wo y und B unter sich Primzalen sind; und da x und y ganze Zalen vorstellen, so muß also $x^2 - Ay^2$ durch B theilbar seyn.

Zu diesem Ende setze man nach der im 4ten K. §. 48. erklärten Methode,

$$x = ny - Bz,$$

so ergibt sich die Gleichung

$$(n^2 - A)\,y^2 - 2\,nByz + B^2z^2 = B,$$

woraus erhellet, daß das Glied $(n^2 - A)y^2$ durch B theilbar seyn müsse, weil alle andre es für sich selbst sind. Da nun y und B unter sich Primzalen vorstellen, so muß also $n^2 - A$ durch B theilbar seyn; so daß wenn $\frac{n^2 - A}{B} = C$ gesezt, und alles durch B dividirt wird, die Gleichung

$$Cy^2 - 2\,nyz + Bz^2 = 1$$

herauskommt. Diese Gleichung aber ist in sofern einfacher, als die vorgegebene, weil die zweite Seite derselben der Einheit gleich ist.

Man suche also die Werthe von n, die so sind, daß $n^2 - A$ durch B theilbar wird; und um diesen Endzwek zu erreichen, ist es (nach §. 47.) schon genug, anstatt n alle ganze bejahte oder verneinte Zalen zu setzen, die nicht $> \frac{B}{2}$ sind. Findet sich nun unter

diesen

diesen keine, welche Gnüge leistet, so läßt sich sogleich schliessen, daß $n^2 - A$ nicht durch B theilbar sey, und also die vorgegebene Gleichung unmöglich in ganzen Zalen aufgelöst werden könne.

Finden sich aber auf diesem Wege ein oder mehrere Werthe, die die Bedingung erfüllen, so nehme man einen nach dem andern für n, und diß wird dann eben so viele verschiedene Gleichungen geben, die man besonders vornehmen muß, und deren jede auf eine oder mehrere Auflösungen führen wird.

Was aber diejenigen Werthe von n anbetrift, die $> \frac{B}{2}$ sind, so kann man sie ganz beiseite setzen, weil die Gleichungen, die sie gäben, nicht von denen verschieden seyn würden, die aus den Werthen von n, die $< \frac{B}{2}$ sind, hergeleitet werden, wie wir bereits §. 52. gezeigt haben.

Da indessen die Bedingung, aus welcher n bestimmt wird, nur diese ist, daß $n^2 - A$ durch B theilbar sey, so erhellet hieraus, daß jeder Werth n sowol bejaht als verneint seyn könne; so daß man also nur alle natürliche Zalen, die nicht $> \frac{B}{2}$ sind, probiren, und die gefundenen Werthe von n sodann bejaht und verneint nehmen darf.

Wir haben anderswo Regeln gegeben, die Erforschung der Werthe von n zu erleichtern, und eine grosse Anzal derselben in sehr vielen einzelnen Fällen zu bestimmen. (Man sehe die Denkwürdigkeiten der Berliner Akademie vom Jahr 1767, Seite 194 und 274.

Auflösung der Gleichung $Cy^2 - 2nyz + Bz^2 = 1$. in ganzen Zalen.

Diese Gleichung kann durch zwei verschiedene Methoden aufgelößt werden, welche wir jezt abhandeln wollen.

Erste Methode.

§. 66.

Da die Grössen C, n, B ganze Zalen sind, so wie auch die unbestimmten y und z, so ist klar, daß die Grösse $Cy^2 - 2nyz + Bz^2$ nothwendig immer einer ganzen Zal gleich seyn müsse; folglich wird die Einheit der kleinste Werth seyn, dessen sie fähig ist, wenn anders sie nicht Null wird, welches aber nur dann möglich ist, wann diese Grösse in zwei rationale Factoren aufgelößt werden kann. Da aber dieser Fall keine Schwierigkeit hat, so setzen wir ihn einstweilen beiseite. Die Frage beruhet demnach darauf, solche Werthe für y und z zu finden, welche die gegebene Grösse so klein als möglich machen. Ist das erhaltene Minimum der Einheit gleich, so ist das Problem aufgelößt, wo nicht, so läßt sich sicher schliessen, daß keine Auflösung desselben in ganzen Zalen möglich sey. So ist also diß Problem nur ein besondrer Fall des im 3ten Kapitel 2ten §. aufgelösten Problems, und seine Auflösung kann also aus der am angezeigten Orte gegebenen hergeleitet werden. Da aber hier $(2n)^2 - 4BC = 4A$, (§. 65.) ist, so muß man

man zwei Fälle unterscheiden, je nachdem nemlich A bejaht oder verneint ist.

Erster Fall, wenn $n^2 - BC = A, < 0$ ist.

§. 67.

Nach der §. 32. erklärten Methode muß $\frac{n}{C}$ bejaht genommen, in einem fortlaufenden Bruch verwandelt werden, welches nach §. 4. geschehen kann. Hierauf bilde man nach den Formeln des §. 10. eine Reihe von Brüche, die gegen $\frac{n}{C}$ convergiren, und setze ihre Zäler der Reihe nach anstatt y, und die correspondirenden Nenner anstatt z. Ist nun die vorgegebene Formel in ganzen Zalen auflösbar, so finden sich auf diese Art diejenigen Werthe von y und z, welche Genüge leisten; und umgekehrt auch, wenn unter den gefundenen Zalen keine die Bedingung erfüllt, so ist diß ein sicheres Zeichen, daß die gegebene Gleichung in ganzen Zalen unmöglich aufgelöst werden könne.

Zweiter Fall, wenn $n^2 - BC = A, > 0$ ist.

§. 68.

Hier bediene man sich der Methode des §. 33 ꝛc. Also in Rüksicht auf $E = 4A$, ist zuerst die Grösse (§. 39.)

$$a = \frac{n \pm \sqrt{A}}{C}$$

zu betrachten, in welcher die Zeichen sowol von n (welche Grösse, wie wir gesehen, sowol bejaht, als verneint seyn kann,) als auch von $\sqrt{A}$ so bestimmt werden müssen, daß jene Grösse a bejaht werde; sodann stelle man folgende Rechnung an:

$$Q^{0} = -n. \qquad P^{0} = C. \qquad \mu < -\frac{Q^{0} \pm \sqrt{A}}{P^{0}}$$

$$Q' = \mu P^{0} + Q^{0} \qquad P^{I} = \frac{(Q^{I})^{2} - A}{P^{0}} \qquad \mu' < -\frac{Q^{I} \mp \sqrt{A}}{P^{I}}$$

$$Q'' = \mu' P' + Q' \qquad P^{II} = \frac{(Q^{II})^{2} - A}{P^{I}} \qquad \mu'' < -\frac{Q^{II} \pm \sqrt{A}}{P^{II}}$$

$$Q''' = \mu^{II} P^{II} + Q^{II} \qquad P^{III} = \frac{(Q^{III})^{2} - A}{P^{II}} \qquad \mu''' < -\frac{Q^{III} \mp \sqrt{A}}{P^{III}}$$

und setze diese Reihen so weit fort, bis in der ersten und zweiten zwei correspondirende gleiche Glieder wieder

wieder zum Vorschein kommen; wird nun unter den Gliedern der zweiten Reihe P^{o}, P^{I}, P^{II} ꝛc. eines gefunden, das der bejahten Einheit gleich ist, so gibt dasselbe die Auflösung der vorgegebenen Gleichung, und die Werthe von y und z werden die correspondirenden Glieder der beiden nach den Formeln des 25. §. berechneten Reihen p^{o}, p^{I}, p^{II}, p^{III} ꝛc. und q^{o}, q^{I}, q^{II}, q^{III} ꝛc. seyn. Ist aber unter P^{o}, P^{I}, P^{II} ꝛc. kein Glied der bejahten Einheit gleich, so läßt sich mit Zuverlässigkeit daraus schliessen, daß die vorgegebene Gleichung in ganzen Zalen nicht aufgelößt werden könne. (Man sehe das Beispiel des §. 40.)

Dritter Fall, wenn A = einem Quadrat ist.

§. 69.

In diesem Fall wird $\sqrt{A}$ rational, und die Grösse $Cy^2 - 2ny + Bz^2$ kann in zwei rationale Faktores zerlegt werden; denn diese Grösse ist nichts anders als

$$\frac{(Cy - nz)^2 - Az^2}{C},$$

welche, wenn $A = a^2$ gesetzt wird, unter dieser Form

$$\frac{(Cy \pm (n+a)z)(Cy \pm (n-a)z)}{C}$$

vorgestellt werden kann.

Da aber $n^2 - a^2 = AC = (n+a)(n-a)$, so muß das Produkt von $n+a$ in $n-a$, folglich einer der beiden Faktoren $n+a$ oder $n-a$ durch einen der Theiler von C theilbar seyn, und der andre durch den andern. Es sey also $C = bc$, $n+a = fb$, und $n - a = gc$, wo f und g ganze Zalen sind, so wird

$$\frac{(Cy \pm (n+a)z)\,(Cy \pm (n-a)z)}{C}$$

$$= (cy \pm fz)\,(by \pm gz).$$

Weil aber diese beiden Faktores ganze Zalen sind, so ist klar, daß ihr Produkt $= 1$ seyn werde, wie die Bedingung erfordert, wenn jeder einzelne derselben $= \pm 1$ ist. Es sey also $cy \pm fz = \pm 1$. Und hieraus bestimme man y und z. Finden sich nun für diese Grössen ganze Zalen, so ist die Gleichung aufgelößt, wo nicht, so ist eine Auflösung in ganzen Zalen unmöglich.

Zweite Methode.

§. 70.

Man nehme mit der Formel $Cy^2 - 2nyz + Bz^2$ ähnliche Verwandlungen vor, wie diejenigen, die wir §. 54. angezeigt haben, so behaupte ich, man werde immer auf eine solche kommen, wie

$$L\xi^2 - 2M\xi\Psi + N\Psi^2$$

wo die Grössen L, M, N ganze Zalen sind, die von den gegebenen Grössen C, B, n abhangen, so daß

$$M^2 - LN = n^2 - CB = A$$

und überdiß $2M$ weder $> L$, noch $> N$ ist, (wo von den Zeichen abstrahirt wird.) Die Zalen ξ und Ψ werden ebenfalls ganze Zalen seyn, die aber von den unbestimmten Grössen y und z abhangen.

Um diß zu beweisen, sey z. B. $C < B$, und die Formel, von der die Rede ist, werde also vorgestellt:

$$B'y^2 - 2nyy' + B(y')^2,$$

wo

wo $C = B'$, und $z = y'$ gesezt wird. Ist nun $2n$ nicht $>$ als B', so hat diese Formel bereits an und für sich selbst die erforderlichen Bedingnisse; Ist aber $2n > B'$, so setze man $y = my' + y''$, und substituire diesen Werth in den vorhergehenden Ausdruk, welcher sich in folgenden verwandeln wird

$$B'(y'')^2 - 2n'y''y' + B''(y')^2,$$

wo $n' = n - mB'$, und

$$B'' = m^2B' - 2mn + B = \frac{(n')^2 - A}{B'}$$ *) ist.

Da aber m unbestimmt ist, so kann man diese Zal, wenn man sie als ganz annimmt, immer so bestimmen, daß n' oder $n - mB'$ nicht $> \frac{B'}{2}$ wird, und in diesem Falle wird also $2n'$ nicht $> B'$ seyn. Ist nun auch $2n'$ nicht $> B''$, so wird die obige Gleichung

$$B'(y'')^2 - 2n'y''y' + B''(y')^2$$

so seyn, wie die Bedingung erfordert.

Ist

*) Es ist $m^2B' - 2mn + B = \frac{m^2(B')^2 - 2mnB' + B'B}{B'}$

$= \frac{m^2(B')^2 - 2mnB' + n^2 - A}{B'}$,

(weil $\frac{n^2 - A}{B'} = C = B'$) oder $= \frac{(n - mB')^2 - A}{B'}$,

mithin auch $= \frac{(n')^2 - A}{B'}$.

Anm. d. Ueb.

Ist aber $2n' > B''$, so fahre man weiter fort, und setze $y' = m'y'' + y'''$, welches folgende Verwandlung gibt:

$$B'''(y'')^2 - 2n''y''y''' + B''(y''')^2$$

wo $n'' = n'' - m'B''$ und

$$B''' = (m')^2 B'' - 2m'n' + B' = \frac{(n'')^2 - A}{B''},$$

Und nun bestimme man die ganze Zal m' so, daß $n' - m'B''$ nicht $> \frac{B''}{2}$, und also $2n''$ nicht $> B''$ wird, so daß auch hier wiederum die obige Verwandlung die gesuchte Form hat, wenn $2n''$ nicht $> B'''$. Sollte aber $2n'' > B'''$ seyn, so müßte man von neuem $y^{II} = y^{II}y^{III} + y^{IV}$ setzen, rc.

Diese Operationen können aber nicht ins Unendliche fortgehen, und die Rechnung muß nothwendig ihre Gränzen haben. Denn $2n > B'$, und $2n'$ nicht $> B'$, folglich $n' < n$. Ferner $2n > B''$, und und $2n''$ nicht $> B''$, also ist $n'' < n'$, u. s. w. Mithin bilden n, n', n'' rc. eine abnehmende Reihe ganzer Zalen, welche sich also nicht ins Unendliche erstrecken kann. Man muß also nothwendig auf eine solche Formel kommen, in welcher der Coefficient des mittleren Gliedes nicht grösser seyn wird, als die Coefficienten der äussern Glieder, und welcher überdiß die übrigen Eigenschaften haben wird, die wir oben angezeigt haben; welches aus der Natur der vorgenommenen Verwandlungen selbst klar ist.

Damit

Damit aber die Verwandlung der Formel

$$Cy^2 - 2nyz + Bz^2$$

in $$L\xi^2 - 2N\xi\Psi + N\Psi^2$$

desto leichter geschehe, so bezeichne man durch D den grössern der beiden äussern Coefficienten, und durch D′ den kleineren; ferner durch d diejenige veränderliche Grösse deren Quadrat durch D′ multiplicirt ist, und durch d′ die andre veränderliche Grösse, so daß die vorgegebene Formel die Gestalt erhält,

$$D'd^2 - 2ndd' + D(d')^2,$$

wo $D' < D$ ist. Nun stelle man folgende Rechnung an:

$$m = \frac{n}{D^{I}} \qquad n^{I} = n - m\,D^{I} \qquad D^{II} = \frac{(n')^2 - A}{D^{I}} \qquad d, = m\,d^{I} + d^{II}$$

$$m^{I} = \frac{n^{I}}{D^{II}} \qquad n^{II} = n^{I} - m^{I}\,D^{II} \qquad D^{III} = \frac{(n^{II})^2 - A}{D^{II}} \qquad d^{I} = m^{I}\,d^{II} + d^{III}$$

$$m^{II} = \frac{n^{II}}{D^{III}} \qquad n^{III} = n^{II} - m^{II}\,D^{III} \qquad D^{IV} = \frac{(n^{III})^2 - A}{D^{III}} \qquad d^{II} = m^{II}\,d^{III} + d^{IV}$$

ꝛc. ꝛc. ꝛc.

Uebrigens

Uebrigens ist wol zu bemerken, daß das Zeichen $=$, welches nach den Grössen m, m', m'' ꝛc. steht, keine absolute Gleichheit anzeigt, sondern blos die grösstmögliche Annäherung, wenn m, m', m'' ꝛc. ganze Zalen bedeuten; und ich gebrauche blos dieses Zeichen, weil kein andres schikliches vorhanden ist.

Diese Operationen müssen so weit fortgesezt werden, bis in der Reihe n, n', n'' ꝛc. ein Glied gefunden wird, z. B. n^ϱ, welches, (wenn wir von den Zeichen abstrahiren), nicht grösser als die Hälfte des correspondirenden Glieds D^ϱ der Reihe D', D'', D''' ꝛc. und auch nicht grösser als die Hälfte des folgenden Glieds $D^{\varrho+1}$ ist. Dann setze man $D^\varrho = L$, $n^\varrho = N$, $D^{\varrho+1}$ entweder $= M$ und $d^\varrho = \Psi$, $d^{\varrho+1} = \xi$, oder $D^\varrho = M$, $D^{\varrho+1} = L$ und $d^\varrho = \xi$, $d^{\varrho+1} = \Psi$. In Zukunft aber wollen wir immer annehmen, M bedeute die kleinste der beiden Zalen D^ϱ und $D^{\varrho+1}$.

§. 71.

Die Gleichung $Cy^2 - 2nyz + Dz^2 = 1$ wird also auf diese gebracht

$$L\xi^2 - 2N\xi\Psi + M\Psi^2 = 1.$$

wo $N^2 - LM = A$, und $2N$ weder $> L$ noch $> M$ ist, (wenn von den Zeichen abstrahirt wird). Da aber M der kleinste unter den beiden Coefficienten L und M ist, so multiplicire man die ganze Gleichung durch diesen Coefficienten M, und setze überdiß $\upsilon = M\Psi - N\xi$, so verwandelt sie sich in diese:

$$\upsilon^2 - A\xi^2 = M,$$

in

in welcher zwei Fälle unterschieden werden müssen, neinlich je nachdem A bejaht oder verneint ist.

1) Es sey A verneint, und $= - a$, wo a eine bejahte Zal vorstellt, so wird also $\upsilon^2 + a\xi^2 = M$ seyn. Da aber $N^2 - LM = A$, so ist $a = LM - N^2$, woraus erhellet, daß L und M einerlei Zeichen haben müssen; und da auch 2 N weder $>$ L, noch $>$ M seyn kann, und mithin N^2 nicht $> \frac{LM}{4}$ ist, so wird a entweder = oder $> \frac{3}{4}$ ML; Aber M ist $<$ als L, daher muß um so mehr a = oder $> \frac{3}{4} M^2$, und also M = oder kleiner $\sqrt{\frac{4a}{3}}$, also auch $M < \frac{4}{3} \sqrt{a}$ seyn.

Hieraus folgt, daß die Gleichung $\upsilon^2 + a\xi^2 = M$, (wenn υ und ξ ganze Zalen seyn sollen) nicht bestehen könne, wenn nicht $\xi = 0$, und also $\upsilon^2 = M$ werde, welches demnach erfordert, daß M eine Quadratzal sey.

Gesezt also, M sey $= \mu^2$, so hat man $\xi = 0$, $\upsilon = \pm \mu$; da aber $\upsilon = M\Psi - N\xi$, so ergibt sich hieraus $\mu^2 \Psi = \pm \mu$, und folglich $\Psi = \pm \frac{1}{\mu}$.

Aber nach der Bedingung muß Ψ eine ganze Zal, und demnach nothwendig μ der Einheit gleich seyn. Folgich ist M = 1.

Hieraus folgt also, daß die vorgegebene Gleichung unmöglich in ganzen Zalen aufgelößt werden könne, wenn M nicht einer bejahten

Einheit

Einheit gleich gefunden wird. Ist aber dieser lezte Fall, so setze man $\xi = 0$, $\Psi = 1$; und aus diesen Werthen lassen sich sodann, wenn mau rükwärts gehet, die Werthe von z und y finden.

Diese Methode ist in der Hauptsache einerlei mit derjenigen, die wir §. 67. vorgetragen haben; sie hat aber in sofern einen Vorzng vor dieser, weil hier nicht wie dort erst Proben mit den verschiedenen Werthen angestellt werden müssen.

2) Wenn A bejaht ist, so ist $A = N^2 - LM$. Aber da N^2 nicht $> \frac{LM}{4}$ seyn kann, so kann diese Gleichung nicht bestehen, wenn nicht $-LM$ bejaht ist, d. i. wenn nicht L und M verschiedene Zeichen haben. Also wird A nothwendig entweder $> -LM$, oder wenn $N = 0$ ist, $= -LM$ seyn; mithin ist $-LM$ entweder $=$ oder $< A$, und folglich M^2 entweder $=$ oder $< A$, und daher $M =$ oder $< \sqrt{A}$.

Der Fall $M = \sqrt{A}$ kann aber nur dann statt finden, wenn A ein Quadrat ist, und die sehr leichte Auflösung desselben kann nach der §. 69. erklärten Methode geschehen.

Mithin bleibt nur noch derjenige Fall zu erörtern übrig, wenn A kein Quadrat ist, und in welchem nothwendig $M < \sqrt{A}$ seyn muß: (wo übrigens von den Zeichen von M abstrahirt wird).

Dann aber ist die Gleichung $\upsilon^2 - A\xi^2 = M$ in dem Fall des §. 38, und kann folglich durch die von uns angezeigte Methode aufgelößt werden.

Zu diesem Endzwek muß folgende Rechnung angestellt werden:

$Q^0 = 0,$	$P^0 = 1,$	$\mu < \sqrt{A}$
$Q^I = \mu,$	$P^I = (Q^I)^2 - A$	$\mu^I < \frac{-Q^I - \sqrt{A}}{P^I}$
$Q^{II} = \mu^I P^I + Q^I$	$P^{II} = \frac{(Q^{II})^2 - A}{P^I}$	$\mu^{II} < \frac{-Q^{II} + \sqrt{A}}{P^{II}}$
$Q^{III} = \mu^{II} P^{II} + Q^{II}$	$P^{III} = \frac{(Q^{III})^2 - A}{P^{II}}$	$\mu^{III} < \frac{-Q^{III} - \sqrt{A}}{P^{III}}$
ꝛc.	ꝛc.	ꝛc.

Diß

Diß setze man fort, bis sowol in der ersten als in der zweiten Reihe wieder gleiche correspondirende Glieder zum Vorschein kommen, oder bis in der Reihe P', P'', P''' rc. ein Glied gefunden wird, das der bejahten Einheit, oder der Grösse P^o gleich ist, weil alsdann alle folgende Glieder in jeder der drei Reihen wieder in eben der Ordnung zum Vorschein kommen müssen. (§. 37.) Wird in der Reihe P', P'', P''' rc. ein Glied gefunden, das gleich M ist, so ist das Problem aufgelößt, denn man darf für υ und ξ nur die correspondirenden Glieder der Reihen p', p'', p''' rc, q', q'', q''' rc. die nach den Formeln des §. 25. berechnet werden, nehmen; und wenn man eben dieselben Reihen ins Unendliche fortsezt, so lassen sich für υ und ξ unzählige Werthe finden.

Aus den zwei bekannten Werthen υ und ξ findet sich sodann Ψ aus der Gleichung

$$\upsilon = M\Psi - N\xi,$$

welche Grösse immer eine ganze Zal seyn wird; Aus den Werthen ξ und Ψ, das ist $d^{\varrho+1}$ und d^{ϱ} findet man, immer rükwärts gehend, d und d', und endlich y und z. (§. 70.)

Ist aber in der Reihe P', P'', P''' rc. kein Glied $= M$, so kann man sicher schliessen, daß es unmöglich sey, die Gleichung in ganzen Zalen aufzulösen.

Es ist nicht überflüssig, hier zu bemerken, daß, da die Reihe P^o, P', P'' rc. so wie auch die beiden andern Q^o, Q', Q'' rc. und μ, μ', μ'' rc. nur allein von A abhängen, die für einen gegebnen Werth von A vorgenommene Rechnung, bei allen Gleichungen gebraucht werden könne, wo A, d. i. n^2-CB ebendenselben Werth hat; und aus dieser Ursache verdient diese Methode vor derjenigen des §. 68. den Vorzug, welche für jede Gleichung eine neue Rechnung erfordert.

Wenn A nicht > als 100, so kann hier die §. 41. mitgetheilte Tabelle mit Nutzen gebraucht werden, denn sie enthält für jede $\sqrt{A}$ die Werthe der Glieder der beiden Reihen P^o P', P'', P''' ꝛc. und μ, μ', μ'', μ''' ꝛc. bis eines der Glieder der ersteren = 1. wird, worauf sodann alle folgende Glieder der beiden Reihen wieder in ebenderselben Ordnung zum Vorschein kommen. Durch Hülfe dieser Tabelle läßt sich also leicht beurtheilen, ob die Gleichung $\upsilon^2 - A\xi^2 = M$ in ganzen Zalen aufgelößt werden könne, oder nicht?

Aus einer einzigen bekannten Auflösung der Gleichung

$$Cy^2 - 2nyz + Bz^2 = 1,$$

alle andre mögliche zu finden.

§. 72.

Obschon durch die bisher gegebenen Methoden alle Auflösungen dieser Gleichung gefunden werden können, wenn sie in ganzen Zalen auflößbar ist, so läßt sich doch durch einen leichtern Weg zu ebendemselben Zwecke gelangen, wie wir jezt zeigen wollen.

Die für y und z gefundenen Werthe heissen p und q, so daß also

$$Cp^2 - 2npq + Bq^2 = 1$$

sey; Nun nehme man zwei andre Zalen r und s, die

die so sind, daß $ps - qr = 1$ ist, (welches immer möglich ist, weil p und q unter sich Primzalen seyn müssen); Hierauf mache man

$$y = pt + ru, \quad \text{und} \quad z = qt + su,$$

wo t und u neue unbestimmte Grössen sind, und setze diese Ausdrücke in die Gleichung

$$Cy^2 - 2nyz + Bz^2 = 1.$$

Ist nun der Kürze halber

$$P = Cp^2 - 2npq + Bq^2$$
$$Q = Cpr - n(ps + qr) + Bqs$$
$$R = Cr^2 - 2nrs + Bs^2$$

so verwandelt sie sich in diese:

$$Pt^2 + 2Qtu + Ru^2 = 1.$$

Aber nach der Voraussetzung ist $P = 1$, und wenn überdiß ϱ und σ diejenigen zwei Werthe von r und s sind, welche der Gleichung $ps - qr = 1$ Genüge leisten, so wird (nach §. 42.) allgemein

$$r = \varrho + mp \quad \text{und} \quad s = \sigma + mq$$

seyn, wo m jede ganze Zal vorstellt. Sezt man aber diese Werthe in den Ausdruk für Q, so wird

$$Q = Cp\varrho - n(p\sigma + q\varrho) + Bq\sigma + mP.$$

Da nun $P = 1$, so kann $Q = 0$ gemacht werden, wenn

$$m = -Cp\varrho + n(p\sigma + q\varrho) - Bq\sigma$$

genommen wird.

Indessen kann, nach den gehörigen Substitutionen und Reductionen, der Werth $Q^2 - PR$ auf diesen gebracht werden: $(n^2 - CB)(ps - rq)^2$: so daß, da $ps - qr = 1$ ist, $Q^2 - PR = n^2 - CB = A$ wird. Wenn nun $P = 1$ und $Q = 0$ gemacht wird,

 so

so ist demnach $-R = A$, und also $R = -A$; mithin verwandelt sich die Gleichung

$$Pt^2 + 2Qtu + Ru^2 = 1$$
$$t^2 - Au^2 = 1;$$

Da aber y, z, p, q, r und s, nach der Voraussetzung, ganze Zalen sind, so ist leicht zu sehen, daß auch t und u ganze Zalen seyn müssen. Denn, wenn ihre Werthe aus den Gleichungen $y = pt + ru$, und $z = qt + su$ entwickelt werden, so findet sich $t = \frac{sy - rz}{ps - qr}$, und $u = \frac{pz - qy}{ps - qr}$.

Aber $ps - qr = 1$: folglich ist

$$t = sy - rz, \text{ und } u = pz - qy.$$

Man hat also die Gleichung

$$t^2 - Au^2 = 1,$$

in ganzen Zalen aufzulösen, und jeder Werth von t und u wird neue Werthe für y und z geben.

Man setze nemlich in den allgemeinen Werthen von r und s, den für m gefundenen Ausdruk, so ist

$$r = \varrho(1 - Cp^2) - Bpq\sigma + np(p\sigma + q\varrho)$$
$$s = \sigma(1 - Bq^2) - Cpq\varrho + nq(p\sigma + q\varrho)$$

oder weil

$$Cp^2 - 2npq + Bq^2 = 1.$$
$$r = (Bq - np)(q\varrho - p\sigma) = -Bq + np.$$
$$s = (Cp - nq)(p\sigma - q\varrho) = Cp - nq.$$

Diese Werthe von r und s in den Ausdruk von y und z gesezt, geben allgemein

$$y = pt - (Bq - np)u$$
$$z = qt + (Cp - nq)u.$$

§. 73.

§. 73.

Es kommt also alles auf die Auflösung der Gleichung $t^2 - Au^2 = 1$ an.

1) Wenn A verneint ist, so ist klar, daß diese Gleichung in ganzen Zalen nicht bestehen könne, wenn nicht $u = 0$, und $t = 1$ ist, woraus $y = p$ und $z = q$ folgt. Wenn also A eine verneinte Zal ist, so ist die Gleichung

$$Cy^2 - 2nyz + Bz^2 = 1$$

nur einer einzigen Auflösung in ganzen Zalen fähig.

Eben diß gilt auch für den Fall, da A eine bejahte Quadratzal ist, denn, wenn man $A = a^2$ sezt, so ist

$$(t + au)(t - au) = 1;$$

folglich $t + au = \pm 1$, und $t - au = \pm 1$; mithin $2au = 0$; folglich $u = 0$, und also $t = \pm 1$.

2) Ist aber A eine ganze Zal, die kein Quadrat ist, so ist die Gleichung $t^2 - Au^2 = 1$, einer unendlichen Anzal von Auflösungen in ganzen Zalen fähig, (§. 37.) welche alle durch die oben gegebenen Formeln (§. 71. № 2.) gefunden

*) Eine andre, äusserst einfache, Auflösung eben dieses Problems findet man in dem Anhange, unter den Problemen aus der unbestimmten Analytik und zwar Problem 1.; die um so mehr einige Aufmerksamkeit zu verdienen scheint, als sie aus den wenigstmöglichen Prämissen hergeleitet worden ist.

Anm. d. Ueb.

gefunden werden können. *) Indessen ist es genug, die kleinsten Werthe t und u zu wissen, und nachdem man deshalb in der Reihe P', P'', P''' ꝛc. auf dasjenige Glied gekommen, das der Einheit gleich ist, lassen sich durch die Formeln des §. 25, die correspondirenden Glieder der beiden Reihen p', p'', p''' ꝛc. und q', q'', q''' ꝛc. finden, welches die gesuchten Werthe von t und u seyn werden. Hieraus erhellet, daß eben die Rechnung, wodurch die Gleichung

$$\upsilon^2 - A\xi^2 = M$$

aufgelößt wird, auch bei der Auflösung von $t^2 - Au^2 = 1$. gebraucht werden könne.

Wenn A nicht grösser als 100 ist, so sind die Werthe von t und u bereits alle in derjenigen Tabelle berechnet, welche am Ende des 7. Kapitels des Eulerischen Werks angehängt ist, und wo die Zalen a, m und n eben das sind, was wir hier A, t und u genannt haben.

§. 74.

Gesezt nun, t' und u' bezeichnen die kleinsten Werthe von t und u in der Gleichung $t^2 - Au^2 = 1$; Gleichwie aber diese Werthe dazu dienen können, neue Werthe y und z in der Gleichung

$$Cy^2 - 2nyz + Bz^2 = 1$$

zu finden, so können sie auch zur Findung neuer Werthe t und u in der Gleichung

$$t^2 - Au^2 = 1$$

gebraucht werden, welche leztere nur ein besonderer Fall von jener ist. Man setze deshalb $C = 1$, und $n = 0$; diß gibt $-B = A$, und hierauf nehme man t und u statt y und z, und t' und u' statt p und

q.

q. Substituirt man diese Werthe in den allgemeinen Ausdrücken von y und z (§. 72.), und heißt überdiß die dortigen t und u hier T und V, so findet sich allgemein

$$t = Tt' + AVu'$$
$$u = Tu' + Vt'$$

und T und V werden aus der Gleichung

$$T^2 - AV^2 = 1,$$

bestimmt, welche den vorgegebenen ähnlich ist.

Gesetzt also T sey $= t'$, und $V = u'$, so ist

$$t = (t)^2 + A(u')^2$$
$$u = t'u' + u't'.$$

Bezeichnet man nun diese zweiten Werthe von t und u mit t'' und u'', so ist

$$t'' = (t')^2 + A(u')^2$$
$$u'' = 2t'u'.$$

Diese neuen Werthe t'' und u'' lassen sich nun wieder statt der ersten t' und u' setzen, so daß

$$t = Tt'' + AVu''$$

und $u = Tu'' + Vt''$

wo aufs neue $T = t'$, $V = u'$ gesetzt werden kann, woraus

$$t = t't'' + Au'u'', \text{ und } u = t'u'' + u't''$$

wird. So finden sich also neue Werthe für t und u, welche seyn werden:

$$t''' = t'\ t'' + Au'\ u'' = t'\left((t')^2 + 3A(u')^2\right)$$
$$u''' = t'u'' + u't'' = u'\left(3(t')^2 + A(u')^2\right)$$

u. s. w.

§. 75.

Die vorhergehende Methode lehrt zwar die Werthe von t'', t''' ꝛc. u'', u''' ꝛc. nur nach und nach finden; allein diese Untersuchung läßt sich leicht allgemein machen. Erstens ist

$$t = Tt' + AVu',\ u = Tu' + Vt',$$

woraus

$$t \pm u\sqrt{A} = (t' \pm u'\sqrt{A})\ (T \pm V\sqrt{A})$$

hergeleitet werden kann. Wenn also $T = t'$ und $V = u'$ gesezt wird, so ist

$$t'' \pm u''\sqrt{A} = (t' \pm u'\sqrt{A})^2$$

Nun setze man zweitens diese Werthe von t'' und u'' statt jener von t' und u', so wird

$$t \pm u\sqrt{A} = (t' \pm u'\sqrt{A})^2\ (T \pm V\sqrt{A})$$

ist nun hier wiederum $T = t'$ und $V = u'$, und heissen die hieraus entstehenden Werthe von t und u, nun t''' und u''', so ergibt sich

$$t''' \pm u'''\sqrt{A} = (t' \pm u'\sqrt{A})^3$$

Auf eine ähnliche Art findet sich

$$t^{IV} \pm u^{IV}\sqrt{A} = (t' \pm u'\sqrt{A})^4$$

und so weiter.

Wenn nun, der Einfachheit wegen, T und V die ersten und kleinsten Werthe von t und u sind, die wir oben t', u' genannt haben, so ist allgemein

$$t \pm u\sqrt{A} = (T \pm V\sqrt{A})^m$$

wo m jede ganze bejahte Zal seyn kann, und wegen dem doppelten Zeichen findet sich

$$t = \frac{(T + V\sqrt{A})^m + (T - V\sqrt{A})^m}{2}$$

und $$u = \frac{(T + V\sqrt{A})^m - (T - V\sqrt{A})^m}{2\sqrt{A}}$$

Obschon

Obschon aber diese Ausdrücke irrational scheinen, so ist dessenungeachtet leicht zu sehen, daß sie rational werden, wenn man die Potenzen von $T \pm V\sqrt{A}$ wirklich entwickelt, weil, wie bekannt,

$$(T \pm V\sqrt{A})^m = T^m \pm m T^{m-1} V\sqrt{A}$$

$$+ \frac{m(m-1)}{1 \cdot 2} T^{m-2} V^2 A \pm \frac{m(m-1)(m-2)}{1 \cdot 2 \cdot 3} T^{m-3} V^3$$

$$A\sqrt{A} + \text{etc.}$$

ist; folglich wird

$$t = T^m + \frac{m(m-1)}{1 \cdot 2} A T^{m-2} V^2$$

$$+ \frac{m(m-1)(m-2)(m-3)}{1 \cdot 2 \cdot 3 \cdot 4} A^2 T^{m-4} V^4 + \text{etc.}$$

und $u = m T^{m-1} V + \frac{m(m-1)(m-2)}{1 \cdot 2 \cdot 3} A T^{m-3} V^3$

$$+ \frac{m(m-1)(m-2)(m-3)(m-4)}{1 \cdot 2 \cdot 3 \cdot 4 \cdot 5} A^2 T^{m-5} V^5 + \text{etc.}$$

wo für m jede ganze bejahte Zal genommen werden darf.

Wenn man nun nach und nach $m = 1, 2, 3, 4$ etc. sezt, so erhält man jedesmal neue Werthe für t und u, welche immer grösser und grösser werden.

Nun ist noch übrig zu beweisen, daß man auf diese Art alle mögliche Werthe von t und u erhalte, wenn anders T und V die kleinsten sind. Deshalb muß gezeigt werden, daß zwischen den Werthen t und u, die einer beliebigen Zal m correspondiren, und denjenigen, die der folgenden Zal $m + 1$ correspondiren, unmöglich noch andre Werthe gefunden werden können,

können, die der Gleichung $t^2 - Au^2 = 1$ Genüge leisten.

Wir wollen, z. B. die Werthe t''' und u''', die aus $m = 3$ entspringen, und sodann die Werthe t^{IV} und u^{IV}, bei welchen $m = 4$ ist, nehmen, und setzen, es sey möglich, daß zwischen diese noch andere Werthe d und v fallen, welche ebenfalls der Gleichung $t^2 - Au^2 = 1$ Genüge leisten.

Weil $(t^{III})^2 - A(u^{III})^3 = 1$, $(t^{IV})^2 - A(u^{IV})^2 = 1$, und $d^2 - A\upsilon^2 = 1$, so wird auch $d^2 - (t^{III})^2 = A\left(\upsilon^2 - (u^{III})^2\right)$, und $(t^{IV})^2 - d^2 = A\left((u^{IV})^2 - \upsilon^2\right)$,

woraus erhellet, daß, wenn $d > t^{III}$, und $< t^{IV}$, auch $\upsilon > u^{III}$ und $< u^{IV}$ seye. Ueberdiß hat man auch noch folgende Werthe von t und u; nemlich

$$t = dt^{IV} - A\upsilon u^{IV}$$

und $u = du^{IV} - \upsilon t^{IV}$, welche eben der Gleichung $t^2 - Au^2 = 1$ Genüge leisten; denn, wenn man sie in dieselbe sezt, so erhält man

$$(dt^{IV} - A\upsilon u^{IV})^2 - A(\upsilon t^{IV} - du^{IV})^2$$
$$= (d^2 - A\upsilon^2)\left((t^{IV})^2 - A(u^{IV})^2\right) = 1,$$

und mithin eine identische Gleichung, weil $d^2 - A\upsilon^2 = 1$, und $(t^{IV})^2 - A(u^{IV})^2 = 1$. Aber aus den beiden lezteren Gleichungen folgt

$$d - \upsilon\sqrt{A} = \frac{1}{d + \upsilon\sqrt{A}}$$

und $t^{IV} - u^{IV}\sqrt{A} = \dfrac{1}{t^{IV} + u^{IV}\sqrt{A}}$; Sezt man

nun

nun in $u = d u^{IV} - \upsilon t^{IV}$ statt d den Werth

$$\upsilon \sqrt{A} + \frac{1}{d - \upsilon \sqrt{A}},$$

und statt t^{IV}, $u^{IV} \sqrt{A} + \frac{1}{t^{IV} + u^{IV} \sqrt{A}}$,

so findet sich $u = \frac{u^{IV}}{d + \upsilon \sqrt{A}} - \frac{\upsilon}{t^{IV} + u^{IV} \sqrt{A}}$.

Eben so kann auch die Grösse $t^{III} u^{IV} - u^{III} t^{IV}$ wegen $(t^{III})^2 - A (u^{III})^2 = 1$ also vorgestellt werden:

$$\frac{u^{IV}}{t^{III} + u^{III} \sqrt{A}} - \frac{u^{III}}{t^{IV} + u^{IV} \sqrt{A}}$$

Aber es ist leicht zu sehen, daß der vorhergehende Ausdruk für u kleiner ist, als dieser leztere, weil $d > t^{III}$, und $\upsilon > u^{III}$: folglich ist der Werth von u kleiner, als die Grösse $t^{III} u^{IV} - u^{III} t^{IV}$. Nun aber ist die leztere V gleich, denn

$$t^{III} = \frac{(T + V\sqrt{A})^3 + (T - V\sqrt{A})^3}{2}$$

$$t^{IV} = \frac{(T + V\sqrt{A})^4 + (T - V\sqrt{A})^4}{2}$$

$$u^{III} = \frac{(T + V\sqrt{A})^3 - (T - V\sqrt{A})^3}{2\sqrt{A}}$$

$$u^{IV} = \frac{(T + V\sqrt{A})^4 - (T - V\sqrt{A})^4}{2\sqrt{A}}$$

mithin $t^{III} u^{IV} - t^{IV} u^{III} =$

$$\frac{(T - V\sqrt{A})^3 (T + V\sqrt{A})^4 - (T - V\sqrt{A})^4 (T + V\sqrt{A})^3}{2\sqrt{A}}.$$

Aber

Aber

$(T-V\sqrt{A})^3 (T+V\sqrt{A})^3 = (T^2-AV^2)^3 = 1$, weil $T^2-AV^2 = 1$ ist, (ex hypoth.) folglich ist $(T-V\sqrt{A})^3 (T+V\sqrt{A})^4 = T+V\sqrt{A}$, und $(T-V\sqrt{A})^4 \quad (T+V\sqrt{A})^3 = T-V\sqrt{A}$,

folglich $t^{III} u^{IV} - t^{IV} u^{III} = \frac{2V\sqrt{A}}{2\sqrt{A}} = V$.

Es muß also u kleiner als V seyn, welches gegen die Voraussetzung ist, weil angenommen worden, daß V der kleinste Werth von u sey. Folglich fallen zwischen t^{III}, t^{IV} und u^{III}, u^{IV} keine andre Werthe von t und u. Da aber eben diese Art zu schliessen auf alle Werthe von t und u, die aus obigen Formeln hergeleitet werden, angewandt werden kann, wenn man m irgend einer ganzen Zal gleich sezt, so folgt also hieraus, daß jene Formeln alle mögliche Werthe von t und u in sich begreifen.

Endlich ist noch zu bemerken, daß die Werthe von t und u sowol bejaht als verneint angenommen werden können, welches aus eben der Gleichung $t^2-Au^2=1$ erhellet.

Methode, alle mögliche Auflösungen der unbestimmten Gleichungen vom zweiten Grade mit zwei unbekannten Grössen, in ganzen Zalen zu finden.

§. 76.

Die Methoden, welche wir vorgetragen haben, sind zwar zur vollständigen Auflösung aller Gleichungen von der Form $Ay^2+B=x^2$ hinlänglich: Aber es kann geschehen, daß Gleichungen des zweiten Grads von einer zusammengesezteren Form gegeben sind. Wir wollen demnach hier zeigen, wie auch diese aufgelößt werden können.

Es sey die Gleichung gegeben,

$$ar^2 + brs + cs^2 + dr + es + f = o$$

wo a, b, c, d, e, f gegebene ganze Zalen, und **r** und **s** zwei unbekannte Grössen sind, welche ebenfalls ganze Zalen seyn sollen.

Vordersamst erhält man vermittelst der gewöhnlichen Auflösung

$$2\,ar + bs + d = \surd\left((bs+d)^2 - 4a(cs^2+es+d)\right)$$

wo, wie man siehet, die Schwierigkeit darinn bestehet, daß

$$(bs+d)^2 - 4a(cs^2 + es + d)$$

ein Quadrat werde.

Es sey also, der Kürze wegen,

$$b^2 - 4\,ac = A,$$
$$bd - 2\,ec = g,$$
$$d^2 - 4\,af = h,$$

so muß $As^2 + 2gs + h$ ein Quadrat seyn. Gesezt dasselbe sey $= y^2$, so ist demnach

$$As^2 + 2gs + h = y^2$$

und $$As + g = \surd(Ay^2 + g^2 - Ah)$$

Es ist also nur der Ausdruk $Ay^2 + g^2 - Ah$, oder wenn $g^2 - Ah = B$ gesezt wird,

$$Ay^2 + B$$

in ein Quadrat zu verwandeln, welches vermittelst der oben abgehandelten Methoden geschehen kann.

Wenn

Wenn daher $Ay^2 + B = x^2$ gesezt wird, so ist $As + g = \pm x$, ferner ist $2ar + bs + d = \pm y$; Nachdem also die Werthe von x und y gefunden worden, so erhält man r und s aus folgenden zwei Gleichungen

$$s = \frac{\pm x - g}{A},$$

$$r = \frac{\pm y - d - bs}{2a}.$$

Da aber r und s ganze Zalen seyn sollen, so ist klar:

1) daß x und y ebenfalls ganze Zalen seyn müssen,

2) daß $\pm x - g$ durch A und $\pm y - d - bs$ durch 2a theilbar seyn muß.

Nachdem also alle mögliche Werthe von x und y in ganzen Zalen gefunden worden, müssen unter denselben diejenigen ausgelesen werden, welche r und s zu ganzen Zalen machen können.

Ist A verneint, oder eine bejahte Quadratzal, so haben wir gezeigt, daß die Anzal der Auflösungen in ganzen Zalen immer bestimmt sey: so daß man also in diesen beiden Fällen nach und nach alle gefundene Werthe für x und y zu probiren hat, und wenn keiner unter denselben gefunden wird, der für r und s ganze Zalen gibt, so kann sicher hieraus geschlossen werden, daß die vorgegebene Gleichung nicht in ganzen Zalen aufgelößt werden könne.

Es entsteht also nur dann eine Schwierigkeit, wenn A eine bejahte Zal vorstellt, die kein Quadrat ist,

ist, in welchem Falle wir gezeigt haben, daß die Anzal der möglichen Auflösungen unendlich seyn könne: und da man also eine unendliche Menge von Werthen zu probiren hätte, so läßt sich auf diesem Weg niemals richtig bestimmen, ob die vorgegebene Gleichung aufgelößt werden könne, oder nicht; ausgenommen wenn man eine sichere Regel hätte, welche dieses Probiren zwischen gewisse Gränzen einschränkte, wovon wir jezt handeln werden.

§. 77.

Weil (nach §. 65.), $x = ny - Bz$, und (§. 72.) $y = pt - (Bq - np)u$, und $z = qt + (Cp - nq)u$, so ist klar, daß die allgemeinen Ausdrücke von r und s diese Form haben:

$$r = \frac{\alpha t + \beta u + \gamma}{\delta}, \quad s = \frac{\alpha' t + \beta' u + \gamma'}{\delta},$$

wo $\alpha, \beta, \gamma, \delta, \alpha', \beta', \gamma', \delta'$ bekannte ganze Zalen, und t und u durch die Formeln §. 75, in welchen der Exponent m jede bejahte ganze Zal vorstellt, ebenfalls gegeben sind. Die Frage läuft also dahinaus, für m denjenigen Werth zu finden, bei welchem r und s ganze Zalen werden.

§. 78.

Vordersamst bemerke ich, daß es immer möglich sey, einen Werth u zu finden, der durch irgend eine gegebene Zal Δ theilbar sey; denn, wenn man $u = \Delta\omega$ sezt, so verwandelt sich die Gleichung $t^2 - Au^2 = 1$ in $t^2 - A\Delta^2\omega^2 = 1$, welche immer in ganzen Zalen auflösbar ist. Nimmt man nun $A\Delta^2$ statt A, und stellt übrigens die obige Rechnung an, so finden sich die kleinsten Werthe t und ω: Da aber diese Werthe auch der Gleichung $t^2 - Au^2 = 1$ Genüge leisten, so sind sie nothwendig in den Formeln §. 75. enthalten. Folglich muß es einen Werth von m geben, der den Ausdruk u durch Δ theilbar mache.

Dieser Werth von m heisse μ; und nun behaupte ich, daß, wenn in den allgemeinen Ausdrücken für t und u in angeführtem Orte $m = 2\mu$ gesezt wird, der Werth u durch Δ theilbar sey, und daß ferner t durch ebendiß Δ getheilt, 1 zum Ueberrest geben werde.

Denn wenn T' und V' diejenigen Werthe von t und u bedeuten, wo $m = \mu$, und T'' und V'' diejenigen, wo $m = 2\mu$; so ist (§. 75.)

$T' \pm V' \surd A = (T \pm V \surd A)^{\mu}$ und

$T'' \pm V'' \surd A = (T \pm V \surd A)^{2\mu}$, folglich

$(T' \pm V' \surd A)^2 = T'' \pm V'' \surd A$;

d. i. wenn man beiderseits die rationale Theile mit den rationalen, und die irrationale mit den irrationalen vergleicht

$$T'' = (T')^2 + A\,(V')^2, \text{ und } V'' = 2\,T'\,V',$$

folglich weil V' durch Δ theilbar ist, muß auch V'' durch eben diese Grösse theilbar seyn, und T'' wird ebendenselben Ueberrest geben, wie $(T')^2$. Nun ist

$$(T')^2 - A\,(V')^2 = 1,$$

(nach der Voraussetzung); folglich muß $(T')^2 - 1$ durch Δ theilbar seyn, und auch durch Δ^2, weil $(V')^2$ durch diese Grösse theilbar ist, folglich wird $(T')^2$, und mithin auch T'' durch Δ getheilt, 1 übrig lassen.

Ferner

Ferner sage ich, daß, wenn die Werthe von t und u, welche irgend einem Exponenten m correspondiren, durch $\triangle$ getheilt werden, ebendieselbe Ueberreste herauskommen, als bei denen Werthen von t und u, welche dem Exponenten $m + 2\mu$ correspondiren. Denn, wenn diese leztern d und υ heissen, so ist

$$t \pm u \surd A = (T \pm V \surd A)^m, \text{ und}$$

$$d \pm \upsilon \surd A = (T \pm V \surd A)^{m+2\mu} \text{ folglich}$$

$$(d \pm \upsilon \surd A) = (t \pm u \surd A)(T \pm V \surd A)^{2\mu}$$

Aber oben war

$$T'' \pm V'' \surd A = (T \pm V \surd A)^{2\mu}$$

Folglich ist

$$d \pm \upsilon \surd A = (t \pm u \surd A)(T'' \pm V'' \surd A)$$

woraus endlich, wenn die rationalen Theile mit den rationalen, und die irrationale mit mit den irrationalen verglichen werden, folgt:

$$d = tT'' + AuV'' \text{ und } \upsilon = tV'' + uT''.$$

Aber V'' ist durch $\triangle$ theilbar, und T'' gibt zum Ueberrest 1; also wird d zum Ueberrest t, und υ zum Ueberrest u haben.

Folglich werden überhaupt die Ueberreste der der Werthe von t und u, welche den Exponenten $m + 2\mu$, $m + 4\mu$, $m + 6\mu$ rc. correspondiren, ebendieselben seyn, als diejenige von den Werthen, welche dem Exponenten m correspondiren, wo m jede ganze Zal seyn kann.

Hieraus folgt also, daß um die Ueberreste zu bekommen, die aus der Division der Glieder t', t'',

t''' 2c. und u', u'', u''' 2c. (welche aus $m = 1, 2, 3$ 2c. entspringen) durch die Zal Δ, entstehen, man diese Ueberreste nur bis auf die Glieder $t^{2\mu}$ und $u^{2\mu}$ inclusive berechnen dörfe; weil nach diesen Gliedern ebendieselben Ueberreste in ebenderselben Ordnung ins Unendliche wiederkehren.

Was aber die Glieder $t^{2\mu}$ und $u^{2\mu}$ anbetrift, so werden diß ebendiejenigen seyn, von denen das eine $u^{2\mu}$ vollkommen durch Δ theilbar ist, und das andre $t^{2\mu}$ die Einheit zum Ueberrest haben wird. Also müssen die Divisionen so weit fortgesezt werden, bis man auf die Ueberreste 1 und 0 kommt, und dann kann man versichert seyn, daß die folgenden Glieder immer ebendieselbe Ueberreste, als die bereits gefundenen geben werden.

Der Exponent 2μ kann auch à priori gefunden werden. Man mache nämlich die §. 71. N° 2 angezeigte Rechnung, erstlich für die Zal A, und dann für die Zal $A\Delta^2$, und wenn π die Zal desjenigen Glieds der Reihe p', p'', p''' 2c. ist, welches im ersten Falle $= 1$ ist, und ϱ die Zal desjenigen Glieds ebenderselben Reihe, welches im zweiten Fall ebenfalls $= 1$ ist, so suche man hierauf die kleinste, sowol durch π als ϱ theilbare Zal, welche durch π dividirt, den gesuchten Werth μ geben wird.

Wenn also z. B. $A = 6$, und $\Delta = 3$ ist, so findet sich in der Tabelle §. 41. für $\sqrt{6}$, $p^{0} = 1$, $p^{I} = -2$, $p^{II} = 1$, also $\pi = 2$. Hernach ist in ebenderselben Tabelle für $\sqrt{6.9} = \sqrt{54}$, $p^{0} = 1$,

$p^{I} =$

$p^I = -5$, $p^{II} = 9$, $p^{III} = -2$, $p^{IV} = 9$, $p^V = -5$, $p^{VI} = 1$, also $\varrho = 6$. Aber die kleinste, sowol durch 2, als durch 6 theilbare Zal ist 6, welche durch 2 dividirt, 3 zum Quotienten gibt, so daß hier $\mu = 3$, $2\mu = 6$ ist.

Um also in diesem Fall alle Ueberreste der Division der Glieder t', t'', t''' ꝛc. und u', u'', u''' ꝛc. durch die Zal 3 zu bekommen, suche man nur die Ueberreste der 6 ersten Glieder einer einzigen Reihe, weil die folgenden Glieder immer ebendieselbe Ueberreste geben werden: nemlich die siebenden Glieder werden ebendieselbe Ueberreste geben, wie die ersten, die achten, wie die zweiten, und so weiter ins Unendliche.

Es kann zuweilen geschehen, daß die Glieder t^μ und u^μ ebendieselben Eigenschaften haben, wie die Glieder $t^{2\mu}$ und $u^{2\mu}$; daß nemlich u^μ durch $\triangle$ theilbar ist, und t^μ zum Ueberrest 1 haben wird. In diesen Fällen läßt sich nicht bis auf jene Glieder fortgehen, weil die Ueberreste der folgenden Glieder $t^{I+\mu}$ $t^{\mu+2}$ ꝛc. und $u^{\mu+I}$, $u^{\mu+2}$ u. s. w. ebendieselben seyn werden, als die Ueberreste der Glieder t', t'', t''' ꝛc. und u', u'', u''' ꝛc.

Ueberhaupt bezeichne M den kleinsten Werth des Exponenten m, welcher $t - 1$, und u durch $\triangle$ theilbar mache.

§. 79.

Gesezt nun, man habe irgend einen Ausdruk, der aus t, u und gegebenen ganzen Zalen besteht, so, daß derselbe immer ganze Zalen vorstelle, und man suche diejenigen Werthe, welche man dem Exponenten m geben muß, damit dieser Ausdruk durch irgend eine gegebene Zal $\triangle$ ohne Rest getheilt werden könne, so muß man nach und nach m $=$ 1, 2, 3 ꝛc. bis M machen; und wenn keine dieser Voraussetzungen den gegebenen Ausdruk durch $\triangle$ theilbar macht, so läßt sich sicher schliessen, daß derselbe niemals durch diese Grösse getheilt werden könne, was für Werthe man auch m beilegt.

Findet sich aber auf diese Art einer oder mehrere Werthe für m, welche die gegebene Formel durch $\triangle$ theilbar machen, so werden, wenn N einer dieser Werthe ist, alle andre, die eben dieses bewirken, folgende seyn: N, N $+$ M, N $+$ 2 M, N $+$ 3M ꝛc. und überhaupt N $+$ λ M, wo λ jede ganze Zal vorstellt.

Ingleichem, wenn ein andrer aus t, u und bekannten Zalen bestehender Ausdruk gegeben wäre, welcher zugleich durch irgend eine andre Zal $\triangle'$ theilbar seyn sollte: so müßte man auf ebendieselbe Art die hieher-gehörigen Werthe M und N suchen, die wir hier mit M' und N' bezeichnen wollen, und dann werden alle Werthe des Exponenten m, die der Bedingung Ge-nüge leisten, in der Formel N' $+$ λ' M' enthalten seyn, wo λ' irgend eine ganze Zal vorstellt. Mit-hin müssen diejenigen Werthe gesucht werden, die den ganzen Zalen λ und λ' beigelegt werden müssen, damit N $+$ λ M $=$ N' $+$ λ' M' werde, wo also N' $-$ N $=$ λ M $-$ λ' M' seyn muß, welche Glei-chung

chung nach der Methode des §. 42. aufgelößt werden kann.

Was wir hier gesagt haben, kann nun jezt sehr leicht auf den Fall des §. 77. angewandt werden, wo die vorgegebenen Ausdrücke die Gestalt

$$\alpha t + \beta u + \gamma, \quad \alpha' t + \beta' u + \gamma'$$

haben, und die Divisores δ und δ' sind.

Nur muß man sich erinnern, daß man, um alle mögliche Fälle zu bekommen, die Zaleu t und u sowol bejaht als verneint nehmen müsse.

Anmerkung.

§. 80.

Wenn die in ganzen Zalen aufzulösende Formel diese wäre:

$$ar^2 + 2brs + cs^2 = f,$$

so kann die Methode des §. 65. unmittelbar hierauf angewandt werden; denn

1) ist klar, daß r und s keinen gemeinschaftlichen Theiler haben können, wenn nicht f ebenfalls durch das Quadrat dieses Theilers theilbar ist, so daß sich also die Formel immer auf den Fall zurükführen läßt, da r und s keinen gemeinschaftlichen Theiler mehr haben.

2) Siehet man auch, daß s und f keinen gemeinschaftlichen Theiler haben können, wenn nicht derselbe zugleich auch es von a ist, (wo r und s nach N° 1 keinen gemeinschaftlichen Theiler haben). So läßt sich also die Frage auch auf den

Fall

Fall zurük führen, daß s und f unter sich Primzalen seyn müssen. (S. §. 64.)

Da nun also s, f und r keinen gemeinschaftlichen Theiler haben, so kann $r = ns - fz$ gesezt werden, und damit die Gleichung in ganzen Zalen aufgelößt werden könne, muß für n ein bejahter oder verneinter Werth gesezt werden, der nicht $> \frac{f}{2}$, und so ist, daß $an^2 + 2bn + c$ durch f theilbar werde Wenn dieser Werth statt n gesezt wird, so wird die ganze Gleichung durch f theilbar, und demnach auf den Fall des §. 66. ꝛc. zurükgeführt.

Eben diese Methode läßt sich auch anwenden, um die Gleichung

$$ar^m + br^m s + cr^{m-1} s^2 \text{ ꝛc. } + K s^m = b,$$

wo a, b, c ꝛc. gegebene ganze Zalen, und r und s zwei unbestim̃te Grössen sind, welche ebenfalls ganze Zalen vorstellen, in eine andre ähnliche Gleichung zu verwandeln, in welcher aber das bekannte Glied die Einheit ist; und dann läßt sich die allgemeine Methode K. 2. anwenden. Man sehe die Anmerkung §. 30.

1. Beispiel.

§. 81.

Man soll diese Grösse

$$\sqrt{(30+62s-7s^2)}$$

rational machen, indem für s nur ganze Zalen genommen werden.

Es ist also diese Gleichung

$$30 + 62s - 7s^2 = y^2$$

auf-

aufzulösen, welche, wenn man sie mit 7 multiplicirt, auch also vorgestellt werden kann

$$7 . 30 + (31)^2 - (7s - 31)^2 = 7y^2,$$

oder wenn $7s - 31 = x$ gesezt wird, $x^2 = 1171 - 7y^2$, oder $x^2 + 7y^2 = 1171$.

Diese Gleichung ist in dem Fall des §. 64., so, daß $A = -7$, und $B = 1171$, woraus erhellet, daß y und B unter sich Primzalen seyn müssen, weil diese leztere Zal keinen quadratischen Faktor enthält.

Man mache also, nach der Methode §. 65., $x = ny - 1171z$; damit nun diese Gleichung aufgelößt werden kann, muß für n eine solche ganze bejahte oder verneinte Zal gesucht werden, die nicht $> \frac{B}{2}$ d. i. nicht > 580, und zugleich so ist, daß $n^2 - A$, oder $n^2 + 7$ durch B, oder 1171 getheilt werden kann.

Diese Zal ist nun $n = \pm 321$, diß gibt

$$n^2 + 7 = 1171 . 88.$$

Sezt man nun den Werth von $x = \pm 321y - 1171z$ in die obige Gleichung, so wird sie durch 1171 theilbar, und verwandelt sich in

$$88y^2 \pm 642yz + 1171z^2 = 1.$$

Um nun diese Gleichung aufzulösen, kann man die §. 70. vorgetragene zweite Methode gebrauchen, welche in der That einfacher und bequemer, als die erste ist. Da aber der Coefficient von y^2 kleiner ist, als der von z^2, so ist hier $D = 1171$, $D' = 88$ und $n = \pm 321$.

Wenn man nun, der Kürze wegen, den Buchstaben y statt d, und y' statt z sezt, so läßt sich, nach

nach obigem, folgende Rechnung machen, wobei erstlich $n = +\ 321$ angenommen wird.

$$m = \frac{321}{88} = 4, \quad n^{I} = 321 - 4 \cdot 88 = -31$$

$$m^{I} = \frac{-31}{11} = -3, \quad n^{II} = -31 + 3 \cdot 11 = 2$$

$$m^{II} = \frac{2}{1} = 2, \quad n^{III} = 2 - 2 \cdot 1 = 0$$

$$D^{II} = \frac{31^2 + 7}{88} = 11, \quad y = 4y^{I} + y^{II}$$

$$D^{III} = \frac{4 + 7}{11} = 1, \quad y^{I} = -3y^{II} + y^{III}$$

$$D^{IV} = \frac{7}{1} = 7, \quad y^{II} = 2y^{III} + y^{IV}$$

Da $n^{III} = 0$, und mithin $< \frac{D^{III}}{2}$ und $\frac{D^{IV}}{2}$, so bricht man hier ab, und macht

$D^{III} = M = 1$; $D^{IV} = L = 7$, $n^{III} = 0 = N$, und $y^{III} = \xi$, $y^{IV} = \Psi$, weil $D^{III} < D^{IV}$.

Indessen bemerke ich, daß, da $A = -7$, und folglich verneint ist, $M = 1$ seyn müsse, wenn die Gleichung soll aufgelößt werden können. Diß ist auch wirklich gefunden worden; man kann also hieraus schliessen, daß die Auflösung derselben möglich sey. Es sey daher $\xi = y^{III} = 0$, $\Psi = y^{IV} = \pm 1$, so folgt aus den obigen Formeln $y^{II} = \pm 1$, $y^{I} = \pm 3 = z$, $y = \mp 12 \pm 1 = \mp 11$, wo die Zeichen + und — nach

nach Belieben genommen werden können. Also ist

$$x = 321\,y - 1171\,z = \mp 18,$$

und folglich $s = \frac{x + 31}{7} = \frac{31 \mp 18}{7} = \frac{13}{7}$ oder $= \frac{49}{7} = 7$. Da aber s eine ganze Zal seyn soll, so kann nur dieser leztere Werth $s = 7$ genommen werden.

Es ist zu bemerken, daß der andere Werth s, nemlich $\frac{13}{7}$, obgleich derselbe ein Bruch ist, dennoch $\sqrt{(30 + 62s - 7s^2)}$ zu einer ganzen Zal mache, und zwar ist dieselbe ebenfalls $= 11$, wie diejenige, die aus $s = 7$ entsteht, so daß also diese beiden Werthe von s die Wurzeln der Gleichung $30 + 62s - 7s^2 = 121$ sind.

Oben haben wir $n = 321$ angenommen, man könnte aber auch $n = -321$ setzen: indessen ist leicht zu sehen, daß die einzige Veränderung, die deshalb in den vorhergehenden Formeln vorgienge, diese wäre daß die Werthe m, m', m'' rc. n', n'', n''' rc. ihre Zeichen ändern würden, wodurch auch sowol y' als y verschiedene Zeichen bekämen, welches aber keine neue Werthe geben kann, weil diese Werthe bereits das doppelte Zeichen $\pm$ haben.

Eben diß gilt auch von andern Fällen, so daß es also unnöthig ist, den Werth n sowol bejaht als auch verneint zu nehmen.

Der Werth $s = 7$ wird aus $n = \pm 321$ hergeleitet. Es liessen sich noch andre Werthe von s finden, wenn mehrere von n gefunden werden könnten,

die

die die erforderlichen Eigenschaften haben. Da aber $B = 1171$ eine Primzal ist, so gibt es keine andre Werthe für n, wie wir anderswo gezeigt haben (Denkwürdigk. der Berl. Akad. vom J. 1767. S. 164), woraus sich also schliessen läßt, daß die Zal 7 die einzige ist, die die Bedingung erfüllt.

Indessen gestehe ich, daß das vorhergehende Problem viel leichter durch bloses Probiren aufgelößt werden könne. Denn, nachdem man auf $x^2 = 1171 - 7y^2$ gekommen, darf man nur statt y alle ganze Zalen setzen, deren Quadrate durch 7 multiplicirt nicht > 1171, das heißt, alle Zalen die $< \sqrt{\frac{1171}{7}}$ oder < 13 sind.

Eben dieses gilt auch von allen andern Gleichungen, in denen A verneint ist. Denn, nachdem man auf die Gleichung $x^2 = B + Ay^2$ gekommen, oder (wegen $A = -a$) auf $x^2 = B - ay^2$, so erhellet, daß wenn es für y einige Werthe gibt, die dieser Bedingung Genüge leisten, dieselbe nur unter denen Zalen seyn können, die $< \sqrt{\frac{B}{a}}$ sind. Aus dieser Ursache habe ich nur deswegen besondere Methoden für den Fall, da A verneint ist, gegeben, weil diese Methoden den genauesten Zusammenhang mit denjenigen haben, die das bejahte A betreffen, nud weil dieselben mit den andern so nahe verwandt sind, daß sie ihnen einen grössern Grad von Evidenz geben, und auch von jenen bekommen.

2. Beispiel.

§. 85.

Wir wollen nun noch einige Beispiele für den Fall geben, da A bejaht ist, und daher annehmen, man soll alle ganzen Zalen finden, die so sind, daß

$$\sqrt{(13y^2 + 101)}$$

rational werde.

Hier ist also (§. 64.) $A = 13$, $B = 101$, und daher die in ganzen Zalen aufzulösende Gleichung

$$x^2 - 13y^2 = 101,$$

in welcher, weil 101 durch keine Quadratzal theilbar ist, y und 101 keinen gemeinschaftlichen Theiler haben können.

Man mache also (§. 65.) $x = ny - 101z$, so muß $n^2 - 13$ durch 101 theilbar seyn, wo n eine Zal bedeutet, die nicht $> \frac{101}{2}$ oder als 51 ist. Diese Zal ist nun $n = 35$, mithin $n^2 = 1225$, und $n^2 - 13 = 1212 = 101 . 12$. Sezt man nun den Werth von x, nemlich $\pm 35y - 101z$ in obige Gleichung, so läßt sie sich durch 101 theilen, und verwandelt sich in

$$12y^2 \mp 20yz + 101z^2 = 1.$$

Um diese Gleichung aufzulösen, bedienen wir uns auch dißmal der Methode §. 70, und setzen

$$D' = 12, D = 101, n = \pm 35,$$

statt des Buchstaben d aber wollen wir hier y beibehalten, und nur z in y' verwandeln, wie im vorhergehenden Beispiel. Es sey 1) $n = +35$, so läßt sich folgende Berechnung anstellen:

m =

$$m = \frac{35}{12} = 3; \quad n' = 35 - 3 \cdot 12 = -1; \quad D'' = \frac{1 - -13}{12} = -1, \quad y = 3y' + y'',$$

$$m' = \frac{-1}{-1} = 1; \quad n'' = -1 + 1 = 0; \quad D''' = \frac{-13}{-1} = 13, \quad y' = y'' + y''',$$

Da

Da $n'' = 0$, und folglich $< \frac{D''}{2}$, und auch $< \frac{D'''}{2}$, so brechen wir hier ab, und erhalten folgende Verwandlung:

$$D'''(y'')^2 - 2n''y''y''' + D''(y''')^2 = 1,$$

oder

$$13(y'')^2 - (y''')^2 = 1,$$

welche auf die Form

$$(y''')^2 - 13(y'')^2 = -1$$

gebracht, so ist, daß die Methode des §. 71. N° 2. darauf angewandt werden kann, und da $A = 13$, und mithin < 100, so kann hier die Tabelle des §. 41. gebraucht werden.

Man muß also sehen, ob in der oberen Reihe der der Wurzel von 13 correspondirenden Zalen, die Einheit in einer geraden Stelle gefunden werde; denn obige Gleichung ist nur dann auflösbar, wenn in der Reihe P^0, P', P'' ꝛc. ein Glied $= -1$ vorkommt. Aber $P^0 = 1$, $- P' = 4$, $P'' = 3$ ꝛc. folglich ꝛc. Nun wird in der Reihe 1, 4, 3, 3, 4, 1, die Zal 1 in der sechsten Stelle gefunden, so daß $P^V = -1$; folglich läßt sich die vorgegbene Gleichung auflösen, wenn man $y''' = p^V$, und $y'' = q$ sezt, wo die Zalen p^V und q^V nach den Formeln des §. 25. berechnet werden, indem man statt μ, μ', μ'' ꝛc. die Werthe 3, 1, 1, 1, 1, 6 ꝛc. sezt, welche die untere Reihe der, der $\sqrt{13}$ correspondirenden Zalen ausmachen.

Es ist also

$p^{0} = 1.$	$q^{0} = 0.$
$p^{I} = 3.$	$q^{I} = 1.$
$p^{II} = p^{I} + p^{0} = 4.$	$q^{II} = 1.$
$p^{III} = p^{II} + p^{I} = 7.$	$q^{III} = q^{II} + q^{I} = 2.$
$p^{IV} = p^{III} + p^{II} = 11.$	$q^{IV} = q^{III} + q^{II} = 3.$
$p^{V} = p^{IV} + p^{III} = 18.$	$q^{V} = q^{IV} + q^{III} = 5.$

Also $y^{III} = 18$, und $y^{II} = 5$; mithin $y^{I} = y^{II} + y^{III} = 23$, und $y = 3y^{I} + y^{II} = 74$.

Wir haben oben $12 = +35$ angenommen. Man hätte aber auch $n = -34$ setzen können.

Es sey also 2) $n = -35$, mithin

$$m = \frac{-35}{12} = -3;\; n' = -35 + 3.12 = 1;\; D'' = \frac{1-13}{12} = -1;\; y = -3y' + y'',$$

$$m' = \frac{1}{-1} = -1;\; n'' = 1 - 1 = 0;\; D''' = \frac{-13}{-1} = 13;\; y' = -y'' + y''',$$

Man erhält demnach eben die Werthe D'', D''' und n'', wie vorher, so daß die in y'' und y''' ausgedrükte Gleichung ebenfalls ebendieselbe seyn wird.

Es ist also auch $y''' = 18$ und $y'' = 5$, folglich $y' = -y'' + y''' = 13$, und $y = -3y' + y'' = -34$.

Wir haben demnach zwei Werthe von y, nebst den correspondirenden Werthen von y' oder z gefunden, und diese sind aus der Voraussetzung $n = \pm 35$ hergeleitet. Da aber kein andres n gefunden werden kann, das die erforderlichen Eigenschaften hat; so folgt hieraus, daß die vorhergehenden Werthe die einzigen ursprünglichen sind, die auf diese Art erhalten werden: Indessen lassen sich durch die Methode des §. 72 unzählig viele abgeleitete finden.

Man setze also y und z statt p und q, so ist allgemein (nach §. 72.)

$$y = 74t - (101.23 - 35.74)u = 74t + 267u$$
$$z = 23t + (12.74 - 35.23)u = 23t + 83u$$

oder

$$y = -34t - (101.13 - 35.34)u = -34t - 123u$$
$$z = 13t + (-12.34 + 35.13)u = 13t + 47u$$

und nun müssen für t und u die Werthe aus der Gleichung $t^2 - 13u^2 = 1$ entwickelt werden: Aber diese Werthe finden sich bereits in der dem 8. Kapitel des Eulerischen Werks angehängten Tabelle berechnet, wo $t = 649$ und $u = 180$ ist. Sezt man sie statt T und V in die Formeln des §. 75, so findet sich allgemein

$$t = \frac{(649 + 180\sqrt{13})^m + (649 - 180\sqrt{13})^m}{2}$$

u =

$$u = \frac{(649+180\sqrt{13})^m - (649-180\sqrt{13})^m}{2\sqrt{13}}$$

wo m jede ganze bejahte Zal seyn kann.

Da aber die Werthe von t und u sowol bejaht als verneint genommen werden können, so werden die Werthe von y, welche der Frage Genüge leisten, alle in folgenden Formeln enthalten seyn:

$$y = \pm 74\,t \pm 267\,u$$
$$y = \pm 34\,t \pm 123\,u.$$

wo nach Belieben + oder − genommen werden kann.

Wenn $m = 0$ ist, so wird $t = 1$, und $u = 0$, folglich $y = \pm 74$, oder $= \pm 34$, und dieser leztere Werth ist der kleinste, der die Aufgabe auflösen kann.

Ich habe eben dieses Problem bereits in den Denkwürdigkeiten der Berliner Akademie vom Jahr 1768 S. 243 aufgelößt. Da aber die daselbst gebrauchte, und auch hier §. 66 vorgetragene, Methode von derjenigen verschieden ist, deren ich mich so eben bediente, so habe ich dasselbe noch einmal auflösen wollen, damit der Leser im Stande seyn möge, beide Methoden mit einander zu vergleichen.

3. Beispiel.

§. 83.

Man soll diejenigen ganzen Zalen für y suchen, welche

$$\sqrt{(79\,y^2 + 101)}$$

rational machen.

Es ist also die Gleichung

$$x^2 - 79\,y^2 = 101$$

in ganzen Zalen aufzulösen, wo y und 101 keinen gemeinschaftlichen Theiler haben dörfen, weil diese leztere Zal keinen quadratischeu Faktor in sich begreift.

Man setze also $x = ny - 101z$: so muß $n^2 - 79$ durch 101 theilbar, und $n < \frac{101}{2}$ oder 51 seyn. Nun findet sich $n = 33$, diß gibt

$$n^2 - 13 = 1010 = 101 \cdot 10.$$

Man kann demnach $n = \pm 33$ nehmen, und diese Werthe sind die einzigen, die die erforderliche Eigenschaft haben.

Sezt man aber wirklich $\pm 33\,y - 101\,z$ statt x in obige Gleichung, und dividirt dieselbe durch 101, so verwaudelt sie sich in

$$10\,y^2 \mp 66\,yz + 101\,z^2 = 1.$$

Nun sey $D' = 10$, $D = 101$, $n = \pm 33$. Nimmt man also zuerst n bejaht, und stellt eben dieselbe Berechnung an, wie im vorhergehenden Beispiel, so ergibt sich

$$m = \tfrac{33}{10} = 3;\; n' = 33 - 3 \cdot 10 = 3,\; D'' = \tfrac{9-79}{10} = -7,$$
$$y = 3\,y' + y''.$$

Da aber $n' = 3$ bereits $< \frac{D'}{2}$ und $< \frac{D''}{2}$ ist, so ist es nicht nöthig, weiter zu gehen, und man erhält daher die Gleichung:

$$-7(y')^2 - 6\,y'\,y'' + 10\,(y'')^2 = 1,$$

welche mit 7 multiplicirt, also vorgestellt werden kann:

$$(7\,y' + 3\,y'')^2 - 79\,(y'')^2 = -7.$$

Weil

Weil nun $7 < \sqrt{79}$, so muß, wenn die Gleichung auflösbar seyn solle, die Zal 7 unter den Gliedern der obern Reihe derjenigen Zalen vorkommen, die in der Tabelle des §. 41. der Quadratwurzel von 79 correspondiren; überdiß muß diese Zal 7 eine gerade Stelle einnehmen, weil sie das Zeichen — hat. Die so eben angeführte Reihe aber enthält nur die Zalen 1, 15, 2, die immer wiederholt werden; man kann also ohne weiters hieraus schliessen, daß, wenigstens auf diesem Weg, nemlich durch $n = 33$ diese leztere Gleichung nicht auflösbar sey, und folglich auch die vorgegebene nicht.

Nun ist noch zweitens übrig, den andern Werth $n = -33$ zu versuchen: dieser gibt

$$m = \frac{-33}{10} = -3;\ n' = -33 + 3 \cdot 10 = -3;\ D'' = \frac{9 - 79}{10} = -7$$

$$y = -3y' + y''.$$

woraus die Verwandlung entsteht

$$-7(y')^2 + 6y'y'' + 10(y'')^2 = 1,$$

oder

$$(7y' - 3y'')^2 - 79(y'')^2 = -7.$$

welche Gleichung der vorhergehenden ist. Woraus also der Schluß gezogen werden kann, daß die vorgegebene Gleichung unmöglich in ganzen Zalen aufgelößt werden könne.

Anmerkung.

§. 84.

Euler findet in einer vortreflichen Abhandlung, die im 9. Bande der neuen Petersburger Commentare stehet, folgende Regel, die Auflösbarkeit der ganzen Gleichung von der Gestalt

$$x^2 - Ay^2 = B$$

 (wo

(wo B eine Primzal ist), zu beurtheilen: Die Gleichung sey nemlich möglich, so oft B in dem Ausdruk $4An + r^2$ oder $4An + r^2 - A$ enthalten ist. Aber das vorhergehende Beispiel widerlegt diese Regel: denn 101 ist eine Primzal von der Form

$4An + r^2 - A$, (wo $A = 79$, $n = -4$,

und $r = 38$) und dessen ungeachtet kann doch die Gleichung $x^2 - 79y^2 = 101$ nicht in ganzen Zalen aufgelößt werden.

Wäre die vorhergehende Regel wahr, so würde daraus folgen, daß wenn die Gleichung $x^2 - Ay = B$ möglich ist, wenn B irgend einen Werth b hat, sie auch noch möglich seyn müßte, wenn

$$B = 4An + b$$

genommen würde, wenn anders B eine Primzal wäre. Diese leztere Regel könnte noch in sofern eingeschränkt werden, daß man annähme, b sey eine andre Primzal. Aber auch diese Einschränkung wird durch das vorhergehende Beispiel wiederlegt; denn $101 = 4An + b$, wo $A = 79$, $n = -2$, und $b = 733$; aber 733 ist eine Primzal von der Form $x^2 - 79y^2$, wenn $x = 38$, und $y = 3$ gesezt wird, und gleichwol ist 101 nicht von eben dieser Form $x^2 - 79y^2$.

Achtes

Achtes Kapitel.

Bemerkungen über die Gleichungen von der Gestalt

$$p^2 = A q^2 + 1,$$

und über die gewöhnliche Art sie in ganzen Zalen aufzulösen.

§. 85.

Die Methode, die im 7. Kap. des Eulerischen Werks abgehandelt worden, um die Gleichungungen von der Form $p^2 = Aq^2 + 1$ aufzulösen, ist eben diejenige, welche Wallis in seiner Algebra, (Kap. 98.) gegeben hat, und deren Erfindung er dem Lord Brounker zuschreibt. Ozanam, der sie in seiner Algebra ebenfalls vorträgt, nennt den Fermatius als ihren Erfinder. Dem sey aber, wie ihm wolle, so ist doch so viel gewiß, daß Fermatius der Urheber des obigen Problems ist. Er hat dasselbe allen englischen Geometern aufgegeben, wie aus dem Commercium Epistolicum des Wallis erhellet; und diß veranlaßte Brounker die bemeldete Methode zu erfinden. Es scheint aber, dieser Schriftsteller habe den ausgebreiteten Nutzen des von ihm aufgelößten Problems nicht eingesehen.

Man findet auch weder in den Werken des Fermatius, noch in irgend einem andern Werk des vorigen Jahrhunderts, das von der unbestimmten Analytik handelt, die geringste Spur davon. Es ist demnach wahrscheinlich, daß Fermatius, welcher die Theorie der unbestimmten Grössen vorzüglich abgehandelt, und uns sehr schöne Säze von denselben hinterlassen hat, auf dieses Problem gekommen, als er über die Auflösung der Gleichungen $x=^2 Ay^2+B$ nachdachte, auf welche leztere alle übrige vom zweiten Grade, mit zwei unbekannten Grössen, gebracht werden können. Uebrigens hat man dem Euler allein den Saz zu verdanken, daß dieses Probem nothwendig sey, um alle mögliche Auflösungen jener Gleichungen zu finden. (s. 6. Kap. des 6. Bandes der älteren Petersburger Abhandlungen, und den 9. Band der neueren.)

Die Methode, deren wir uns bedienten, um diesen Saz zu erweisen, ist etwas von der Eulerischen verschieden, aber sie ist auch, wenn ich nicht irre, directer und allgemeiner. Denn eines theils führt die Eulerische Methode auf Brüche, da man doch ganze Zalen sucht, und andern theils siehet man nicht deutlich ein, daß die Voraussetzungen, wodurch die Brüche hinweggeschaft werden, die einzigen sind, die statt finden können. In der That habe ich anderswo gezeigt, daß es nicht immer genug sey, eine einzige Gleichung von der Form $x^2 = Ay^2 + B$ zu finden, um durch Hülfe der Gleichung $p^2 = Aq^2 + 1$ alle andere daraus herzuleiten, und öfters, zum wenigsten wenn B keine Primzal ist, kann es Werthe von x und y geben, welche nicht in den allgemeinen Ausdrücken Eulers enthalten sind. (s. §. 45 meiner

ner Abhandlung über unbestimmte Probleme, in den Berliner Denkwürdigkeiten vom Jahr 1767.)

Was sofort die Methode anbetrift, $p^2 = A q^2 + 1$ aufzulösen, so scheint die im 7. K. des Eulerischen Werks vorgetragene sehr unvollkommen, so sinnreich sie auch immer seyn mag. Denn 1) sieht man aus derselben nicht deutlich ein, daß jede Gleichung dieser Art immer in ganzen Zalen aufgelößt werden könne, wenn a eine bejahte Zal bedeutet, die kein Quadrat ist. 2) Ist aus ihr nicht erwiesen, daß man immer die gesuchte Auflösung wirklich auch finde. Wallis hat zwar den ersten dieser beiden Sätze zu erweisen gesucht, aber sein Beweis ist nicht logikalisch richtig, indem er einen Zirkel im Schliessen begangen hat *). Ich schmeichle mir also der erste gewesen zu seyn, der diese Materie mit der gehörigen Schärfe abgehandelt und einen strengen Beweis gegeben hat, und zwar zuerst im 6. Bande der Turiner Miscellanien; aber die daselbst gegebene Methode ist sehr weitläufig und indirekt; da hingegen die Methode des 37. §. aus den ächten Grundsätzen und der eigentlichen Natur der Sache hergeleitet ist, und wie mir vorkommt, nichts zn wünschen übrig läßt. Dieser Methode können wir uns auch bedienen, um die Methode des 7. Kap. zu prüfen, und die Fehler kennen zu lernen, in welche man verfallen könnte, wenn man diese ohne die gehörige Vorsicht gebrauchen wollte. Diß soll nun noch kürzlich gezeigt werden.

*) Man sehe seine Algebra Kap. 99.

§. 86.

Aus dem, was im 2. Kapitel erwiesen worden, folgt, daß die Werthe p und q, welche der Gleichung $p^2 - Aq^2 = 1$ Genüge leisten, keine andere seyn können, als die Glieder derjenigen Hauptbrüche, die aus dem fortlaufenden Bruch, der den Werth von $\sqrt{A}$ ausdrükt, hergeleitet werden; so daß wenn man annimmt, dieser Bruch sey,

$$\mu + \cfrac{1}{\mu' + \cfrac{1}{\mu'' + \text{rc.} \cfrac{}{+ \cfrac{1}{\mu^{\varrho}}}}},$$

so wird nothwendig

$$\frac{p}{q} = \mu + \cfrac{1}{\mu' + \cfrac{1}{\mu'' + \text{rc.} \cfrac{}{+ \cfrac{1}{\mu^{\varrho}}}}}$$

seyn, wo μ^{ϱ} irgend ein Glied der unendlichen Reihe μ', μ'', μ''' ist, dessen Stelle ϱ nur durch die wirkliche Ausrechnung bestimmt werden kann.

Es ist zu bemerken, daß in diesem fortlaufenden Bruche die Zalen μ, μ', μ'' rc. alle bejaht seyn müssen; obschon wir §. 3. gezeigt haben, daß überhaupt bei fortlaufenden Brüchen die Nenner bejaht oder verneint gemacht werden können, je nachdem man die nächsten Werthe kleiner oder grösser, als die wahren nimmt; Aber die Methode des ersten Problems

§. 23.

(§. 23. und folg.) erfordert nothwendig, daß die nächsten Werthe μ, μ', μ'' rc. alle kleiner genommen werden.

§. 87.

Da der Bruch $\frac{p}{q}$ dem fortlaufenden Bruch, dessen Glieder μ, μ', μ'' rc. sind, gleich ist, so erhellet aus §. 4, daß μ der Quotient von p durch q dividirt ist, ferner μ' derjenige von q dividirt durch den ersten Ueberrest, μ'' derjenige des ersten Ueberrests, dividirt durch den zweiten, u. s. w. Wenn daher diese Ueberreste r, s, t rc. heissen, so ist aus der Natur der Division

$$p = \mu q + r, \; q = \mu' r + s, \; r = \mu'' s + t \text{ rc.}$$

wo der lezte Ueberrest nothwendig $= 0$, und der vorlezte $= 1$ seyn wird, weil p und q keinen gemeinschaftlichen Theiler haben. Also ist μ derjenige ganze Werth, der $\frac{p}{q}$ am nächsten kommt; μ' der von $\frac{q}{r}$, μ'' der von $\frac{r}{s}$ rc. wo übrigens diese Werthe kleiner genommen werden, als die wahren, ausgenommen der lezte μ^{ϱ}, welcher dem gegebenen Bruch vollkommen gleich seyn wird, weil der folgende Ueberrest $= 0$ angenommen ist.

Da aber die Zalen μ, μ', μ'' rc. für den Bruch $\frac{p}{q}$ und für $\sqrt{A}$ ebendieselben sind, so kann bis zum Glied μ^{ϱ} fortgefahren werden, wo $\frac{p}{q} = \sqrt{A}$, nem-

lich

lich $p^2 - Aq^2 = 0$ ist. Man suche demnach zuerst den nächst kleinern Werth von $\frac{p}{q}$, nemlich $\sqrt{A}$, und diß wird der Werth von μ seyn; hierauf setze man in $p^2 - Aq^2 = 0$ statt p seinen Werth $\mu q + r$; wodurch $(\mu^2 - A) q^2 + 2 \mu q r + r^2 = 0$ wird. Sodann suche man aufs neue den nächstkleineren Werth von $\frac{q}{r}$, das heißt, von der bejahten Wurzel der Gleichung

$$(\mu^2 - A)\left(\frac{q}{r}\right)^2 + 2\mu \cdot \frac{q}{r} + 1 = 0,$$ so findet sich μ'.

Ferner setze man in der Gleichung

$$(\mu^2 - A)\left(\frac{q}{r}\right)^2 + 2\mu \cdot \frac{q}{r} + 1 = 0,$$

statt q, den Werth $\mu r + s$, so ergibt sich eine Gleichung, deren Wurzel $\frac{r}{s}$ seyn wird. Der nächst kleinere Werth dieser Wurzel ist sodann μ''. Nun setze man aufs neue $\mu'' r + s$ statt r ꝛc.

Gesezt nun, t sey z. B. der lezte Ueberrest, der also $= 0$ seyn muß, und s der vorlezte, der $= 1$ ist, und die in s und t verwandelte Formel $p^2 - Aq^2$ sey $Ps^2 + Qst + Rt^2$, so muß dieselbe für $t = 0$, und $s = 1$, der Einheit gleich werden, wenn

$$p^2 - Aq^2 = 1$$

statt finden soll. Folglich muß $P = 1$ seyn. Die obigen Operationen und Substitutionen müssen demnach so weit fortgesezt werden, bis man auf eine Gleichung kommt, wo der Coefficient des ersten

Glieds

Glieds = 1. ist. Dann setze man in dieser Formel die erste dieser zwei unbestimmten Grössen, z. B. r = 1, und die andre s = 0, so lassen sich, wenn man immer rükwärts gehet, dadurch die Werthe von p und q bestimmen.

Es läßt sich diese Rechnung auch auf folgende Art anstellen: Man abstrahire nemlich in

$$p^2 - Aq^2 = 1,$$

von dem bekannten Gliede 1, und folglich auch von allen übrigen bekannten Gliedern, welche bei Bestimmung der nächsten Werthe μ, μ', μ'' rc. von

$$\frac{p}{q}, \frac{q}{r}, \frac{r}{s}$$

vorkommen, und versuche bei jeder neuen Verwandlung, ob die verwandelte Gleichung bestehen könne, wenn eine der beiden unbestimmten Grössen = 0, und die andere = 1. gesezt wird. Ist man nun auf eine solche Verwandlung gekommen, so hört die Rechnung daselbst auf, und die Werthe von p und q lassen sich leicht finden, wenn man auf eben diesem Weg wieder rükwärts geht.

So wären wir also auf die Methode des 7ten Kapitels gekommen. Untersucht man dieselbe an und für sich selbst, und unabhängig von den daraus abgeleiteten Grundsätzen, so scheint es gleichgültig zu seyn, ob die nächsten Werthe von μ, μ', μ'' rc. kleiner oder grösser, als die wahren genommen werden, weil in jedem Falle die Werthe von r, s, t rc. immer mehr und mehr abnehmen, und endlich 0 werden (§. 6.)

Des-

Deswegen bemerkt auch Wallis man könne die Gränzen für die Zalen μ, μ', μ'' rc. nach Belieben in plus oder minus annehmen, und schlägt dieses Mittel sogar vor, um öfters die Rechnung dadurch abzukürzen. Auch Euler §. 102 rc. des 7. Kapitels, sagt eben diß. Nichts desto weniger aber werde ich durch ein einziges Beispiel zeigen, daß es bei dieser Art zu verfahren, geschehen könne, daß man niemals auf die Auflösung der vorgegebenen Gleichung kommt.

Als Beispiel wollen wir eben dasjenige nehmen, das im §. 101. des angezeigten Kapitels berechnet ist, wo nemlich die Gleichung $p^2=6q^2+1$, oder $p^2-6q^2=1$ aufgelößt werden soll. Es ist also $p=\sqrt{(6q^2+1)}$, oder, wenn das beständige Glied 1 hinweggeworfen wird, $p=\sqrt{6q^2}=q\sqrt{6}$, also $\frac{p}{q}=\sqrt{6}, >2, <3$; Wir wollen die Gränze in Minus nehmen, und $\mu=2$ setzen, also ist $p=2q+r$; mithin, wenn man diesen Werth in die obige Gleichung setzt, ergibt sich

$$-2q^2+4qr+r^2=1,$$

also

$$q=\frac{2r+\sqrt{(6r^2-2)}}{2},$$

oder, wenn man wiederum das beständige Glied -2 hinwegwirft,

$$q=\frac{2r+r\sqrt{6}}{2},$$

wo

$$\frac{q}{r}=\frac{2+\sqrt{6}}{2}>2, <3 \text{ ist.}$$

Wir

Wir wollen auch hier wieder die Gränze in Minus nehmen, und $q = 2r + s$ setzen, so wird die lezte Gleichung

$$r^2 - 4rs - 2s^2 = 1,$$

woraus erhellet, daß man hier $r = 1$ und $s = 0$ setzen könne, welches $q = 2$ und $p = 5$ gibt.

Nun gehen wir noch einmal zur ersten Verwandlung

$$-2q^2 + 4qr + r^2 = 1$$

zurük, wo wir gesehen, daß $\frac{q}{r} > 2 < 3$ seyn müsse, und anstatt die Gränze in Minus zu nehmen, laßt uns dieselbe in Plus nehmen, und daher $q = 3r + s$, oder vielmehr, weil alsdenn s verneint ist, $q = 3r - s$ setzen, so findet man diese Verwandlung:

$$-5r^2 + 8rs - 2s^2 = 1,$$

mithin

$$r = \frac{4s + \surd(6s^2 - 5)}{5},$$

oder wenn man das beständige Glied — 5 hinwegwirft,

$$\frac{r}{s} = \frac{4 + \surd 6}{5} > 1 < 2.$$

Man nehme aufs neue die Gränze in plus, und setze $r = 2s - t$, woraus $-6s^2 + 12st - 5t^2 = 1$, also

$$s = \frac{6t + \surd(6t^2 - 6)}{6},$$

und nach Hinwegwerfung von -6

$$s = \frac{6t + t\surd 6}{6},$$

und

und daher

$$\frac{s}{t} = \frac{6 + \surd 6}{6} > 1 < 2.$$

Es sey von neuem $s = 2t - u$; also die Gränze abermal in plus, so wird $-5t^2 + 12tu - 6u^2 = 1$, also

$$\frac{t}{u} = \frac{6 + \surd 6}{5} > 1 < 2,$$

Man mache wieder $t = 2u - x$, woraus $-2u^2 + 8ux - 5x^2 = 1$, folglich ꝛc.

Fährt man nun auf diese Art fort, die Gränzen immer in plus zu nehmen, so wird man niemalen auf eine Gleichung kommen, in welcher der Coefficient des ersten Glieds der Einheit gleich ist, wie es doch seyn muß, wenn die Gleichung soll aufgelößt werden können.

Eben diß muß nothwendig immer geschehen, so oft die erste Gränze in Minus, und die folgenden alle in Plus genommen werden. Es wäre leicht, den Grund hievon a priori anzugeben: ich halte mich aber nicht hiebei auf, weil der Leser denselben aus den Grundsätzen unsrer Theorie leicht selbst finden kann, und begnüge mich daher, gezeigt zu haben, daß es nöthig sey, diese Probleme nach einer strengeren und gründlicheren Methode zu behandeln, als bisher geschehen ist.

Neuntes

Neuntes Kapitel.

Methode, die algebraischen Funktionen aller Grade zu finden, welche ineinander multiplicirt, immer ähnliche Funktionen hervorbringen.

Zusaz zum 11. u. 12. Kapitel.

§. 88.

Ich glaube zugleich mit Euler auf den Gedanken gerathen zu seyn, die irrationalen und sogar auch die eingebildeten Faktoren der Formeln des zweiten Grads zu gebrauchen, um diejenigen Bedingungen zu finden, unter welchen diese Formeln Quadraten oder andere Potenzen gleich werden. Ich habe über diese Materie im Jahr 1768 in der königlichen Akademie der Wissenschaften eine Abhandlung vorgelesen, welche zwar nicht gedrukt worden ist, wovon ich aber am Ende meiner Untersuchungen über die unbestimmten Probleme, die sich in dem Bande vom Jahr 1767 befinden, und die also älter als die deutsche Uebersetzung der Eulerischen Algebra sind, einen kurzen Auszug gegeben habe.

Ich habe daselbst nicht nur gezeigt, wie ebendieselbe Methode auch auf Formeln von höheren Graden als vom zweiten angewandt werden kann, sondern auch auf diesem Weg einige Gleichungen aufgelößt, mit denen man auf jedem andern wahrscheinlich sehr schwer zu Stande gekommen wäre. Nun will ich diese Methode, die sowol wegen ihrer Neuheit, als auch deswegen, weil sie an und für sich merkwürdig ist, die Aufmerksamkeit der Geometer verdient, noch allgemeiner zu machen suchen.

§. 89.

Es seyen α und β die zwei Wurzeln der Gleichung vom zweiten Grade

$$s^2 - as + b = 0,$$

mit welcher wir das Produkt dieser beiden Faktoren

$$x + \alpha y \text{ und } x + \beta y$$

das nothwendig wirklich seyn muß, vergleichen wollen. Nun ist dasselbe

$$x^2 + (\alpha + \beta) xy + \alpha\beta y^2,$$

aber aus der Natur der Gleichungen folgt, daß

$$\alpha + \beta = a, \ \alpha\beta = b,$$

folglich hat man folgende Formel vom zweiten Grade

$$x^2 + axy + by^2$$

welche aus dem Produkt der beiden Faktoren $x+\alpha y$ und $x+\beta y$ besteht.

Hat man also eine andre ähnliche Formel

$$(x')^2 + ax'y' + b(y')^2$$

und soll eine mit der andern multipliciren, so darf man nur diese beide Faktoren $x+\alpha y$ und $x'+\alpha y'$, und wieder diese beide $x+\beta y$ und $x'+\beta y'$, in einander, und sofort das erste Produkt durch das andre multi-

multipliciren. Aber
$(x+\alpha y)(x'+\alpha y') = xx'+\alpha(xy'+yx')+\alpha^2 yy'$.
Da aber α eine von den Wurzeln der Gleichung
$s^2-as+b=0$ ist, so ist $\alpha^2-a\alpha+b=0$, also $\alpha^2=a\alpha-b$.
Sezt man nun diesen Werth in die vorhergehende Gleichung, so verwandelt sie sich in
$(x+\alpha y)(x'+\alpha y') = xx'-byy'+\alpha(xy'+yx'+ayy')$
oder, wenn der Kürze wegen,

$$X = xx' - byy'$$
$$Y = xy' + yx + ayy'$$

gesezt wird, in

$$(x+\alpha y)(x'+\alpha y') = X+\alpha Y$$

und folglich ist das Produkt dieser beiden Faktoren von eben der Form, wie jeder einzelne Faktor. Eben so findet sich, daß das Produkt der beiden andern Faktoren $x+\beta y$ und $x'+\beta y''$ gleich $X+\beta Y$ ist; mithin wird das ganze Produkt

$$(X+\alpha Y) \quad (X+\beta Y)$$

nemlich

$$X^2+aXY+bY^2$$

seyn; und diß ist also das Produkt der beiden ähnlichen Formeln

$$x^2+axy+by^2, \text{ und } (x')^2+ax'y'+b(y')^2$$

Wollte man das Produkt folgender drei Formeln haben

$$x^2+axy+by^2$$
$$(x')^2+ax'y'+b(y')^2$$
$$(x'')^2+a(x'')(y'')+b(y'')^2$$

so müßte man das Product von $X^2+aXY+bY^2$, durch den lezten Faktor $(x'')^2+ax''y''+b(y'')^2$ suchen. Aus den obigen Formeln aber erhellet, daß wenn

$$X' = Xx'' - bYy''$$

 und

und

$$Y' = Xy'' + Yx'' + aYy'',$$

gemacht wird, das gesuchte Produkt seyn werde,

$$(X')^2 + a\,X'Y' + b\,(Y')^2.$$

Auf eben dieselbe Art läßt sich auch das Produkt von vier oder mehr Faktoren, dergleichen

$$x^2 + axy + by^2$$

ist, finden, und dieses Produkt wird immer von ebenderselben Form, wie die Faktoren selbst, seyn.

§. 90.

Wenn $x' = x$, und $y' = y$; so ist $X = x^2 - by^2$, und $Y = 2yx + ay^2$; und mithin

$$(x^2 + axy + by^2)^2 = X^2 + aXY + bY^2.$$

Wenn also die rationalen Werthe von X und Y gesucht werden, die so beschaffen sind, daß

$$X^2 + aXY + bY^2$$

ein Quadrat werde, so darf man nur statt X und Y die vorhergehenden Werthe setzen, und dann wird die Quadratwurzel jener Formel

$$= x^2 + axy + by^2$$

seyn, wo x und y zwei unbestimmte Grössen vorstellen.

Wenn überdiß $x'' = x' = x$, und $y'' = y' = y$, so wird $X' = Xx - bYy$, und $Y' = Xy + Yx + aYy$, oder, wenn statt X u. Y ihre vorhergehenden Werthe gesezt werden,

$$X^I = x^3 - 3bxy^2 + aby^3$$

$$Y^I = 3x^2y + 3axy^2 + (a^2 - b)y^3$$

folglich

$$(x^2 + axy + by^2)^3 = (X^I)^2 + aX^IY^I + b(Y^I)^2$$

Wenn

Wenn also diejenige rationale Werthe von X' und Y' gesucht werden, die so sind, daß die Formel

$$(X^I)^2 + a X^I Y^I + b (Y^I)^2$$

ein Cubus wird, so muß man statt X^I und Y^I die vorhergehenden Werthe setzen, wodurch man sodann die vorgegebene Formel zu einem Cubus macht; dessen Wurzel $= x^2 + a x y + by^2$ ist, wo x und y zwei unbestimmte Grössen vorstellen.

Auf eine ähnliche Art lassen sich auch diejenigen Formeln auflösen, wo die vierte, fünfte rc. Potenzen vorkommen. Man kann aber überhaupt allgemeine Formeln für irgend eine Potenz m finden, wie jezt gezeigt werden soll.

Gesezt also, man soll diejenigen Werthe von X und Y finden, wodurch die Formel

$$X^2 + aXY + bY^2$$

eine mte Potenz wird, d. h. man soll die Gleichung

$$X^2 + aXY + bY^2 = Z^m$$

auflösen, so muß, da $X^2 + aXY + bY^2$ aus dem Produkt der beiden Faktoren

$$X + a Y, \quad X + b Y$$

entsteht, auch jeder dieser Faktoren ebenfalls einer mten Potenz gleich werden.

Man mache also

$$X + a Y = (x + a y)^m$$

und entwickle diese Potenz nach dem Binomischen Lehrsatze, so findet sich

$$X + a Y = x^m + m x^{m-1} y \alpha + \frac{m(m-1)}{2} x^{m-2} y^2 \alpha^2, + \frac{m(m-1)(m-2)}{2 \cdot 3} x^{m-3} y^3 \alpha^3 + \text{rc.}$$

 Da

Da aber α eine der Wurzeln der Gleichung

$$s^2 - as + b = 0$$

ist; so ist auch

$$\alpha^2 - a\alpha + b = 0, \quad \text{mithin}$$
$$\alpha^2 = a\alpha - b,$$
$$\alpha^3 = a\alpha^2 - b\alpha = (a^2 - b)\alpha - ab$$
$$\alpha^4 = (a^2 - b)\alpha^2 - ab\alpha = (a^3 - 2ab)\alpha - a^2 b + b^2$$

u. s. w.

Diese Werthe setze man in die vorhergehende Formel, welche sodann aus zwei Theilen bestehen wird, wovon der eine rational ist, und $= X$ gesezt werden muß; der andre ist mit α multiplicirt, und muß mit αY verglichen werden.

Es sey der Kürze wegen,

$$A^{I} = 1. \qquad B^{I} = 0.$$
$$A^{II} = a. \qquad B^{II} = b.$$
$$A^{III} = aA^{II} - bA^{I}. \qquad B^{III} = aB^{II} - bB^{I}$$
$$A^{IV} = aA^{III} - bA^{II}. \qquad B^{IV} = aB^{III} - bB^{II}$$
$$A^{V} = aA^{IV} - bA^{III}. \qquad B^{V} = aB^{IV} - bB^{III}$$

2c. 2c. 2c. 2c.

so ist

$$\alpha = A^{I}\alpha - B^{I}$$
$$\alpha^2 = A^{II}\alpha - B^{II}$$
$$\alpha^3 = A^{III}\alpha - B^{III}$$
$$\alpha^4 = A^{IV}\alpha - B^{IV} \quad \text{2c.}$$

folglich wenn diese Werthe in obige Gleichung gesezt, und die Glieder verglichen werden,

$$X = x^m - m x^{m-1} y B^{I} - \frac{m(m-1)}{2} x^{m-2} y^2 B^{II}$$
$$- \frac{m(m-1)(m-2)}{2 \cdot 3} x^{m-3} y^3 B^{III} - \text{2c.}$$
$$Y = m x^{m-1} y A^{I} + \frac{m(m-1)}{2} x^{m-2} y^2 A^{II}$$

+

$$+ \frac{m(m-1)(m-2)}{2 \cdot 3} x^{m-3} y^3 A''' + \text{ꝛc.}$$

Da aber die Wurzel α in den Ausdrücken für X und Y nicht vorkommt, so ist klar, daß, wenn

$$X + \alpha Y = (x + \alpha y)^m$$

ist, auch

$$X + \beta Y = (x + \beta y)^m$$

seyn müsse. Multiplicirt man also diese beiden Gleichungen in einander, so findet sich

$$X^2 + aXY + bY^2 = (x^2 + axy + b^2)^m$$

und daher

$$Z = x^2 + axy + by^2,$$

wodurch also das Problem aufgelößt ist.

Wäre $a = 0$, so würden die vorhergehenden Formeln weit einfacher; denn man hätte alsdann $A^I = 1$, $A^{II} = 0$, $A^{III} = -b$, $A^{IV} = 0$, $A^V = b^2$, $A^{VI} = 0$, $A^{VII} = -b^3$ ꝛc. und $B^I = 0$, $B^{II} = b$, $B^{III} = 0$, $B^{IV} = -b^2$, $B^V = 0$, $B^{VI} = b^3$ ꝛc. mithin

$$X = x^m - \frac{m(m-1)}{2} x^{m-2} y^2 b$$

$$+ \frac{m(m-1)(m-2)(m-3)}{2. \quad 3. \quad 4.} x^{m-4} y^4 b^2 - \text{ꝛc.}$$

$$Y = mx^{m-1} y - \frac{m(m-1)(m-2)}{2. \quad 3.} x^{m-3} y^3 b$$

$$+ \frac{m(m-1)(m-2)(m-3)(m-4)}{2. \quad 3. \quad 4. \quad 5.} x^{m-5} y^5 b^2 - \text{ꝛc.}$$

und diese Werthe werden der Gleichung

$$X^2 + bY^2 = (x^2 + by^2)^m$$

Genüge leisten.

§. 91.

Laßt uns nunmehr zu den Formeln vom dritten Grade übergehen, und zu diesem Ende die drei Wurzeln der Gleichung

$$s^3 - as^2 + bs - c = 0,$$

durch α, β und γ vorstellen.

Wir betrachten daher das Produkt folgender drei Faktoren:

$$(x+\alpha y+\alpha^2 z)\,(x+\beta y+\beta^2 z)\,(x+\gamma y+\gamma^2 z)$$

welches, wie man gleich sehen wird, nothwendig rational ist; denn dieses Produkt ist:

$$x^3 + (\alpha + \beta + \gamma)\, x^2 y + (\alpha^2 + \beta^2 + \gamma^2)\, x^2 z$$
$$+ (\alpha\beta + \alpha\gamma + \beta\gamma)\, xy^2$$
$$+ (\alpha^2\beta + \alpha^2\gamma + \beta^2\alpha + \beta^2\gamma + \gamma^2\alpha + \gamma^2\beta)\, xyz$$
$$+ (\alpha^2\beta^2 + \alpha^2\gamma^2 + \beta^2\gamma^2)\, xz^2 + \alpha\beta\gamma y^3$$
$$+ (\alpha^2\beta\gamma + \beta^2\alpha\gamma + \gamma^2\alpha\beta)\, y^2 z$$
$$+ (\alpha^2\beta^2\gamma + \alpha^2\gamma^2\beta + \beta^2\gamma^2\alpha)\, yz^2 + \alpha^2\beta^2\gamma^2 z^3.$$

Aber aus der Natur der Gleichungen folgt

$$\alpha+\beta+\gamma = a; \quad \alpha\beta+\alpha\gamma+\beta\gamma + = b \text{ und } \alpha\beta\gamma = c.$$

Ferner ist

$$\alpha^2 + \beta^2 + \gamma^2 = (\alpha+\beta+\gamma)^2 - 2(\alpha\beta+\alpha\gamma+\beta\gamma)$$
$$= a^2 - 2b.$$
$$\alpha^2\beta + \alpha^2\gamma + \beta^2\alpha + \beta^2\gamma + \gamma^2\alpha + \gamma^2\beta$$
$$(\alpha+\beta+\gamma)(\alpha\beta+\alpha\gamma+\beta\gamma) - 3\alpha\beta\gamma = ab - 3c;$$
$$\alpha^2\beta^2 + \alpha^2\gamma^2 + \beta^2\gamma^2 = (\alpha\beta + \alpha\gamma + \beta\gamma)^2$$
$$- 2(\alpha + \beta + \gamma)\,\alpha\beta\gamma = b^2 - 2ac;$$
$$\alpha^2\beta\gamma + \beta^2\alpha\gamma + \gamma^2\alpha\beta = (\alpha+\beta+\gamma)\,\alpha\beta\gamma = ac;$$
$$\alpha^2\beta^2\gamma + \alpha^2\gamma^2\beta + \beta^2\gamma^2\alpha = (\alpha\beta+\alpha\gamma+\beta\gamma)\,\alpha\beta\gamma = bc.$$

sezt

sezt man nun diese in obiges Produkt, so wird dasselbe $x^3 + ax^2y + (a^2 - 2b)x^2z + bxy^2 + (ab - 3c)xyz + (b^2 - 2ac)xz^2 + cy^3 + acy^2z + bcyz^2 + c^2z^3$. Und diese Formel hat die Eigenschaft, daß, wenn man so viel andre ähnliche Formeln, als man will, in einander multiplicirt, das Prodrukt derselben immer eine ähnliche Formel werden wird.

In der That, wenn wir annehmen, man suche das Produkt jener Formel durch diese: $(x')^3 + a(x')^2y' + (a^2 - 2b)(x')^2z' + bx'(y')^2 + (ab - 3c)x'y'z' + (b^2 - 2ac)x'(z')^2 + c(y')^3 + ac(y')^2z' + bcy'(z')^2 + c^2(z')^3$; so ist klar, daß man nur das Produkt dieser sechs Factoren zu entwickeln habe: $x + \alpha y + \alpha^2 z$, $x + \beta y + \beta^2 z$, $x + \gamma y + \gamma^2 z$, $x' + \alpha y' + \alpha^2 z'$, $x' + \beta y' + \beta^2 z'$, $x' + \gamma y' + \gamma^2 z'$. Man multiplicire daher erstlich $x + \alpha y + \alpha^2 z$ mit $x' + \alpha y' + \alpha^2 z'$, so findet sich $xx' + \alpha(xy' + yx') + \alpha^2(xz' + zx' + yy') + \alpha^3(yz' + zy') + \alpha^4 zz'$. Da aber α eine von den Wurzeln der Gleichung $s^3 - as^2 + bs - c = 0$, vorstellt, so ist $\alpha^3 - a\alpha^2 + b\alpha - c = 0$, mithin $\alpha^3 = a\alpha^2 - b\alpha + c$, folglich $\alpha^4 = a\alpha^3 - b\alpha^2 + c\alpha = (a^2 - b)\alpha^2 - (ab - c)\alpha + ac$; sezt man nun diese Werthe in obige Gleichung und macht, der Kürze wegen,

$$X = xx' - c(yz' + zy') + aczz';$$
$$Y = xy' + yx' - b(yz' + zy') - (ab - c)zz';$$
$$Z = xz' + zx' + yy' + a(yz' + zy') + (a^2 - b)zz',$$

so wird jenes Produkt $= X + \alpha Y + \alpha^2 Z$ und also von eben der Form werden, als jeder einzelne Faktor. Da aber die Wurzel α in den Ausdrücken für X, Y und Z nicht vorkommt, so müssen diese Grössen ebendieselben bleiben, wenn α in β oder in γ verwandelt wird; weil also bereits

$$(x+\alpha y+\alpha^2 z)(x'+\alpha y'+\alpha^2 z') = X+\alpha Y+\alpha^2 Z,$$

so wird auch, wenn α in β und nachher in γ verwandelt wird,

$$(x+\beta y+\beta^2 z)(x'+\beta y'+\beta^2 z') = X+\beta Y+\beta^2 Z$$

und

$$(x+\gamma y+\gamma^2 z)(x'+\gamma y'+\gamma^2 z) = X+\gamma Y+\gamma^2 Z$$

seyn. Multiplicirt man also diese drei Gleichungen in einander, so erhält man auf der einen Seite das Produkt der beiden vorgegebenen Formeln, und auf der andern die Formel:

$$X^3 + aX^2Y + (a^2 - b)X^2Z + bXY^2$$
$$+ (ab - 3c)XYZ + (b^2 - 2ac)XZ^2$$
$$+ cY^3 + acY^2Z + bcYZ^2 + c^2Z^3$$

welche leztere Formel, wie man siehet, jeder der beiden andern ähnlich ist.

Wenn eine dritte Formel gegeben wäre, wie diese

$$(x'')^3 + a(x'')^2 y'' + (a - 2b)(x'')^2 z''$$
$$+ bx''(y'')^2 + (ab-3c)x''y''z'' + (b^2-2ac)x''(z'')^2$$
$$+ c(y'')^3 + ac(y'')^2 z'' + bcy''(z'')^2 + c^2(z'')^3,$$

und man das Produkt dieser Formel und der beiden vorhergehenden suchte, so müßte

$X' = Xx'' - c(Yz'' + Zy'') + acZz''$, $Y' = Xy'' + Yx'' - b(Yz'' + Zy'') - (ab - c)Zz''$; $Z' = Xz''$ $Zx'' + Yy'' + a(Yz'' + Zy'') + (a^2 - b)Zz''$

gesezt

gesezt werden, wodurch das gesuchte Produkt sodann $=(X^I)^3 + a(X^I)^2 Y^I + (a^2 - 2b)(X^I)^2 Z^I + bX^I(Y^I)^2 + (ab-3c) X^I Y^I Z^I + (b^2 - 2ac) X^I (Z^I)^2 + c(Y^I)^3 + ac(Y^I)^2 Z^I + bcY^I (Z^I)^2 + c^2 (Z^I)^3$ gefunden wird.

§. 92.

Wenn $x' = x$, $y' = y$ und $z' = z$ angenommen wird, so ist

$$X = x^2 - 2cyz + acz^2$$
$$Y = 2xy - 2byz - (ab - c)z^2$$
$$Z = 2xz + y^2 + 2ayz + (a^2 - b)z^2.$$

und diese Werthe werden der Gleichung

$$X^3 + aX^2Y + bXY^2 + cY^3 + (a^2 - 2b)X^2Z + (ab-3c)XYZ + acY^2Z + (b^2 - 2ac)XZ^2 + bcYZ^2 + c^2Z^3 = V^2.$$

Genüge leisten, wo $V = x^3 + ax^2y + bxy^2 + cy^3 + (a^2 - 2b)x^2z + (ab - 3c)xyz + acy^2z + (b^2 - 2ac)xz^2 + bcyz^2 + c^2z^3$.

Wenn also z. B. folgende Gleichung aufgelößt werden müßte:

$$X^3 + aX^2Y + bXY^2 + cY^3 = V^2$$

wo a, b, c gegebene Grössen vorstellen, so müßte man Z, und also auch

$$2xz + y^2 + 2ayz + (a^2 - b)z^2 = 0$$

setzen: woraus

$$x = \frac{-y^2 + 2ayz + (a^2 - b)z^2}{2z}$$

gefunden wird. Dieser Werth von x in die vorhergehenden Ausdrücke von X, Y und V gesezt, gibt sodann die allgemeinsten Ausdrücke für diese Grössen, die der vorgegebenen Gleichung Genüge leisten.

Diese

Diese Auflösung ist sowol wegen ihrer Allgemeinheit, als wegen der Art merkwürdig, wie wir zu derselben gelangt sind; denn diese leztere ist vielleicht die einzige, welche ohne grosse Umwege zum Zwecke führet.

Ferner, wenn in den obigen Formeln $x'' = x' = x$, $y'' = y' = y$ und $z'' = z' = z$ gesezt wird, so erhält man die Auflösung der Gleichung

$$(X')^3 + a(X')^2 Y' + (a^2 - 2b)(X')^2 Z'$$
$$bX'(Y')^2 + (ab - 3c) X'Y'Z'$$
$$+ (b^2 - 2ac) X'(Z')^2 + c(Y')^3 + ac(Y')^2 Z'$$
$$+ bcY'(Z')^2 + c^2 (Z')^3 = V^3;$$

wo $V = x^3 + ax^2y + (a^2 - 2b) x^2 z + bxy^2 + (ab - 3c) xyz + (b^2 - 2ac) xz^2 + cy^3 + acy^2 z + bcyz^2 + c^2 z^3$ ist.

§. 93.

Um nun auch die Auflösungen für höhere Potenzen zu finden, wollen wir, wie §. 90, das Problem allgemein betrachten, und demnach annehmen, es solle diese Gleichung aufgelößt werden:

$$X^3 + aX^2Y + (a^2 - 2b) X^2Z + bXY^2$$
$$+ (ab - 3c) XYZ + (b^2 - ac) XZ^2 + cY^3$$
$$+ acY^2Z + bcYZ^2 + c^2Z^3 = V^m.$$

Da die Grösse, welche das erste Glied dieser Gleichung ausmacht, nichts anders ist, als das Produkt dieser drei Faktoren,

$$X + \alpha Y + \alpha^2 Z, \quad X + \beta Y + \beta^2 Z, \quad X + \gamma Y + \gamma^2 Z,$$

so erhellet, daß wenn dieses Produkt einer Potenz vom mten Grade gleich seyn solle, ein jeder einzelner Faktor dieser Potenz gleich seyn müsse.

Es

Es sey also

$$X + \alpha Y + \alpha^2 Z = (x + \alpha y + \alpha^2 z)^m$$

aber diß leztere Glied, nach dem Neutonischen Lehrsatze entwickelt, gibt

$$x^m + mx^{m-1}(y + \alpha z)\alpha + \frac{m(m-1)}{2} x^{m-2}(y + \alpha z)^2 \alpha^2$$
$$+ \frac{m(m-1)(m-2)}{2 \cdot 3} x^{m-3}(y + \alpha z)^3 \alpha^3 + \text{ꝛc.}$$

oder wenn man $y + \alpha z$ wirklich in seine verschiedene Potenzen erhebt, und nach α ordnet:

$$x^m + mx^{m-1}\alpha + \left(mx^{m-1}z + \frac{m(m-1)}{2} x^{m-2} y^2\right)\alpha^2$$
$$+ \left(m(m-1)x^{m-2}yz + \frac{m(m-1)(m-2)}{2 \cdot 3} x^{m-3} y^3\right)\alpha^3$$

&c.

Da aber das Gesez der Glieder in dieser Reihe nicht deutlich in die Augen fällt, so wollen wir allgemein annehmen, es sey

$$(x + \alpha y + \alpha^2 z)^m = P + P^{I}\alpha + P^{II}\alpha^2 + P^{III}\alpha^3 + P^{IV}\alpha^4 + \text{ꝛc.}$$

wo

$$P = x^m.$$

$$P^{I} = \frac{myP}{x}.$$

$$P^{II} = \frac{(m-1)yP^{I} + 2mzP.}{2x}$$

$$P^{III} = \frac{(m-2)yP^{II} + (2m-1)zP^{I}.}{3x}$$

$$P^{IV} = \frac{(m-3)yP^{III} + (2m-2)zP^{II}}{4x} \quad \text{ꝛc.}$$

gefun=

gefunden wird, wie sich durch Hülfe der Differential-Rechnung leicht zeigen läßt *).

Da aber α eine der Wurzeln der Gleichung

$$s^3 - as^2 + bs - c = 0$$

vorstellt, so ist

$$\alpha^3 - a\alpha^2 + b\alpha - c = 0,$$

mithin

*) Es sey nemlich $(x+\alpha y+\alpha^2 z)^m = P + P'\alpha + P''\alpha^2 + P'''\alpha^3 + P^{IV}\alpha^4$ rc., wo nur α als veränderlich betrachtet wird, P, P', P'' rc. aber beständige Grössen, oder zu bestimmende Funktionen von x, y, z und m sind. Da nun diese Gleichung für jeden Werth von α richtig seyn soll, so muß sie es auch für $\alpha = 0$ seyn. Aber in diesem Fall verwandelt sich $(x+\alpha y+\alpha^2 z)^m$ in x^m, und die Reihe $P+P'\alpha+\alpha P''\alpha^2$ rc. in P, mithin ist $P = x^m$.

Wird nun die Gleichung $(x+\alpha y+\alpha^2 z)^m = P + P'\alpha + P''\alpha^2 \ldots$ differenzirt, so ergibt sich
$m(x+\alpha y+\alpha^2 z)^{m-1}(y+2\alpha z)\,d\alpha = (P'+2P''\alpha + 3P'''\alpha^2 \ldots\ldots)\,d\alpha$
oder
$m(x+\alpha y+\alpha^2 z)^{m-1}(y+2\alpha z) = P' + 2P''\alpha + 3P'''\alpha^2 \ldots\ldots$
sezt man hier abermal $\alpha = 0$, so findet sich mx^{m-1}. $y = P'$, mithin $P' = \frac{my \cdot P}{x}$.

Auf eine ähnliche Art findet man den Werth von P'', weñ man die Gleichung $m(x+\alpha y+\alpha^2 z)(y+2\alpha z) = P'+2P''\alpha+3P'''\alpha^2 \ldots\ldots$ aufs neue differenzirt, und sodann wiederum $\alpha = 0$ sezt, und sofort ins Unendliche.

A. d. U.

mithin

$$\alpha^3 = a\alpha^2 - b\alpha + c.$$
$$\alpha^4 = a\alpha^3 - b\alpha^2 + c\alpha = (a^2 - b)\alpha^2 - (ab - c)\alpha + ac.$$
$$\alpha^5 = (a^2 - b)\alpha^3 - (ab - c)\alpha^2 + ac\alpha;$$
$$= (a^3 - 2ab + c)\alpha^2 - (a^2b - b^2 - ac)\alpha$$
$$+ (a^2 - b)c. \text{ u. s. w.}$$

Ist also der Kürze wegen,

$$A^I = 0.$$
$$A^{II} = 1.$$
$$A^{III} = a.$$
$$A^{IV} = aA^{III} - bA^{II} + cA^I$$
$$A^V = aA^{IV} - bA^{III} + cA^{II}$$
$$A^{VI} = aA^V - bA^{IV} + cA^{III} \text{ ꝛc.}$$

$$B^I = 1.$$
$$B^{II} = 0.$$
$$B^{III} = b.$$
$$B^{IV} = aB^{III} - bB^{II} + cB^I$$
$$B^V = aB^{IV} - bB^{III} + cB^{II}$$
$$B^{VI} = aB^V - bB^{IV} + cB^{III}.$$

$$C^I = 0.$$
$$C^{II} = 0.$$
$$C^{III} = c.$$
$$C^{IV} = aC^{III} - bC^{II} + cC^I.$$
$$C^V = aC^{IV} - bC^{III} + cC^{II}.$$
$$C^{VI} = aC^V - bC^{IV} + cC^{III} \text{ \&c.}$$

so wird

$$\alpha = A^I\alpha^2 - B^I\alpha + C^I$$
$$\alpha^2 = A^{II}\alpha^2 - B^{II}\alpha + C^{II}$$
$$\alpha^3 = A^{III}\alpha^2 - B^{III}\alpha + C^{III}$$
$$\alpha^4 = A^{IV}\alpha^2 - B^{IV}\alpha + C^{IV} \text{ \&c.}$$

Sezt

Sezt man nun diese Werthe in den Ausdruk für $(x+\alpha y+\alpha^2 z)^m$, so wird sich finden, daß derselbe aus drei Theilen bestehet, wovon der erste ganz rational, der zweite durchaus mit α, und der dritte durchaus mit α^2 multiplicirt ist. Wenn man nun also den ersten mit X, den andern mit Y, und den dritten mit Z vergleicht, so findet sich

$$X = P + P^{I}C^{I} + P^{II}C^{II} + P^{III}C^{III} + P^{IV}C^{IV} \text{ etc.}$$

$$Y = -P^{I}B^{I} - P^{II}B^{II} - P^{III}B^{III} - P^{IV}B^{IV} \text{ etc.}$$

$$Z = P^{I}A^{I} + P^{II}A^{II} + P^{III}A^{III} + P^{IV}A^{IV} \text{ etc.}$$

und diese Werthe leisten demnach der Gleichung

$$X + \alpha Y + \alpha^2 Z = (x + \alpha y + \alpha^2 z)^m$$

Genüge. Da aber α in den Ausdrücken X, Y und Z gar nicht vorkommt; so ist auf eben die Art auch, wenn α in β und γ verwandelt wird,

$$X + \beta Y + \beta^2 Z = (x + \beta y + \beta^2 z)^m$$

und

$$X + \gamma Y + \gamma^2 Z = (x + \gamma y + \gamma^2 z)^m$$

Multiplicirt man nun diese drei Gleichungen in einander, so ist also

$$X^3 + aX^2Y + (a^2-b)X^2Z + bXY^2 + (ab-3c)XYZ$$
$$+ (b^2-2ac)XZ^2 + cY^2 + acY^2Z + bcYZ^2 + c^2Z^3$$
$$= [x^3 + ax^2y + (a^2-b)x^2z + bxy^2 + (ab-3c)xyz$$
$$+ (b^2-2ac)xz^2 + cy^2 + acy^2z + bcyz^2 + c^2z^3]^m$$
$$= V^m.$$

Auf diese Art finden sich also die Werthe X, Y, Z und V, welche die drei unbestimmten Grössen x, y und z enthalten.

Wenn die Formeln von vier Dimensionen gesucht werden sollten, welche eben dieselben Eigenschaften hätten, wie diejenigen, die wir abgehandelt haben, so müßte man hier Factoren von dieser Form betrachten:

$$x + \alpha y + \alpha^2 z + \alpha^3 t.$$
$$x + \beta y + \beta^2 z + \beta^3 t.$$
$$x + \gamma y + \gamma^2 z + \gamma^3 t.$$
$$x + \delta y + \delta^2 z + \delta^3 t.$$

Wären nun α, β, γ, δ die Wurzeln der Gleichung

$$s^4 - as^3 + bs^2 - cs + d = 0,$$

so würde auch hier

$$\alpha + \beta + \gamma + \delta = a.$$
$$\alpha\beta + \alpha\gamma + \alpha\delta + \beta\gamma + \gamma\delta = b$$
$$\alpha\beta\gamma + \alpha\beta\delta + \alpha\gamma\delta + \beta\gamma\delta = c$$
$$\alpha\beta\gamma\delta = d$$

seyn, und auf diese Weise liessen sich alle Coefficienten der verschiedenen Glieder des Produkts von dem die Rede ist, finden, ohne daß es nöthig wäre, die Wurzeln α, β, γ, δ besonders zu wissen. Da aber verschiedne mühsame Reduktionen hiebei vorkommen, so läßt sich auf folgende, wie mich dünkt, leichtere Art, hiebei zu Werke gehen.

Man setze allgemein $x + sy + s^2 z + s^3 t = \varrho$, und da s durch die Gleichung $s^4 - as^3 + bs^2 - cs + d = 0$ bestimmt ist, so eliminire man s auf die gewöhnliche Art aus diesen beiden Gleichungen, und ordne in der daraus entspringenden neuen Gleichung die Glieder nach ϱ, welche Grösse auf den vierten Grad steigen wird, so, daß diese Gleichung also vorgestellt werden kann $\varrho^4 - N\varrho^3 + P\varrho^2 - Q\varrho + R = 0.$

Aber diese Gleichung in ϱ steiget nur deswegen auf den vierten Grad, weil s vier Werthe α, β, γ, δ haben kann, und so kann demnach auch ϱ folgende vier correspondirende Werthe haben:

$$\alpha + \alpha y + \alpha^2 z + \alpha^3 t.$$
$$\alpha + \beta y + \beta^2 z + \beta^3 t.$$
$$\alpha + \gamma y + \gamma^2 z + \gamma^3 t.$$
$$\alpha + \delta y + \delta^2 z + \delta^3 t.$$

welche nichts anders als die Faktoren des oben bemeldten Produkts sind. Weil aber das lezte Glied R das Produkt aller vier Wurzeln oder Werthe von ϱ seyn muß, so folgt, daß diese Grösse R das gesuchte Produkt sey.

Doch genug von dieser Materie, von welcher ich vielleicht an einem andern Orte mehr reden werde.

Hiermit beschliesse ich diese Zusätze, um nicht allzuweitläufig zu werden; vielleicht findet man das bisherige schon zu lang. – Da aber die Gegenstände, die ich darinn abhandelte, meistens neu, oder wenig bekannt sind, so glaubte ich etwas ausführlich seyn zu müssen, um sowol die Methoden, deren ich mich bediente, als ihre verschiedenen Anwendungen in ihr gehöriges Licht zu setzen.

Tabelle

Tabelle

über die in diesem Theile enthaltenen Materien.

Anhang.

Anhang.

I.

Allgemeiner Beweiß des Binomischen Lehrsatzes.

§. 1.

Der Binomische Lehrsaz ist von so grosser Wichtigkeit, und seine Anwendung so vielfach, daß man sich nicht wundern darf, wenn die Mathematiker, um denselben in sein gehöriges Licht zu setzen, ihn auf verschiedene Arten zu erweisen sich bemühten. In der That, wenn man bedenkt, wie viele Beweise von dem Pythagorischen Lehrsatze, von den Parallellinien vorhanden sind, und wie viel das Ganze durch diese Mannichfaltigkeit gewonnen hat, so wird auch, wie ich hoffe, eine neue Theorie des Binomischen Lehrsatzes, die vielleicht an Gründlichkeit keiner der bereits vorhandenen nachsteht, und noch überdiß aus den einfachsten Prämissen hergeleitet ist, nicht ganz unangenehm seyn. Es ist dabei gar nicht von Differenzialrechnung die Rede. Im Gegentheil habe ich mich bemühet, den ganzen Beweis aus den ersten Anfangsgründen der Algebra zu schöpfen.

§. 2.

Ehe ich aber zu dem wirklichen Beweiß übergehe, ist es nöthig, einige Betrachtungen über die Summirung einiger Reihen, die übrigens auch schon an und für sich, und ausser ihrer Verbindung mit der Binomialformel merkwürdig sind, voraus zu schicken.

Diese Reihen sind nemlich diejenigen, deren allgemeine Ausdrücke

$$\frac{m\,(m+1)}{1\,.\,2};\ \frac{m\,(m+1)\,(m+2)}{1\,.\,2\,.\,3}.$$

$$\frac{m\,(m+1)\,(m+2)\,(m+3)}{1\,.\,2\,.\,3\,.\,4}$$

2c. sind.

Was ich darüber zu sagen habe, betrift den Beweiß für den Ausdruk der Summe, welcher auf eine solche Art geführt ist, daß bei demselben die Binomialformel nicht bereits zum Grund liegt.

§. 3.

Ich mache den Anfang mit der Reihe

$$1,\ 3,\ 6,\ 10,\ 15,\ 21\ \ldots\ldots$$

deren Glieder, wie bekannt, dadurch entstehen, daß man immer vom ersten an, so viele Zalen in natürlicher Ordnung addirt, als die Anzal der Glieder beträgt.

Man setze nemlich die Reihe der natürlichen Zalen über diese zu betrachtende Reihe, so erhäjt man:

$$\begin{array}{llllllll} 1 & 2 & 3 & 4 & 5 & 6\ldots\ldots & m. \\ 1 & 3 & 6 & 10 & 15 & 21\ldots\ldots & \end{array}$$

wo das zweite Glied 3 der untern Reihe die Summe

von

von den zwei ersten natürlichen Zalen 1 und 2 vorstellt. Eben so ist das dritte Glied 6 die Summe der drei ersten Zalen 1, 2 und 3, das vierte die Summe der vier ersten, und das mte Glied die Summe der m ersten Zalen. Nun ist die Summe von m Zalen, von denen die erste 1 ist, und die nach der Ordnung der natürlichen Zalen, d. i. um 1 zu nehmen

$$= \frac{m(m+1)}{1 \cdot 2}.$$

Folglich ist diß der Ausdruk des mten Glieds, und also auch der allgemeine Ausdruk der Reihe

$$1, 3, 6, 10, 15 \ldots . \frac{m(m+1)}{1 \cdot 2}$$

§. 4.

Damit nun die Methode, deren ich mich bei Summirung dieser und der folgenden Reihen bediene, deutlicher in die Augen falle, will ich der zu summirenden Reihe eine bestimmte Anzal von Gliedern geben, z. B. 5, und sofort die Schlüsse auf m Glieder ausdehnen: wobei es sich übrigens ergeben wird, daß die dabei gebrauchte Art zu schliessen mit der Anzal der Glieder nichts gemein hat, und also als vollkommen allgemein betrachtet werden kann.

§. 5.

Es sollen also zuerst 5, und hernach m Glieder der Reihe:

$$1, 3, 6, 10, 15 \ldots . \frac{m(m+1)}{1 \cdot 2}$$

summirt werden.

Hiebei kann man also verfahren: Da diese Summe, vermöge der Entstehung der gegebenen Reihe, auch also vorgestellt werden kann:

$1+(1+2)+(1+2+3)+(1+2+3+4)+(1+2+3+4+5)$

und für m Glieder durch

$1+(1+2)+(1+2+3)\ .\ .\ .\ +(1+2+3\ .\ .\ .\ +m)$

so erhellet,

1) daß 1 so oft zu sich selbst addirt wird, als Glieder vorhanden sind; weil jedes derselben mit 1 anfängt; folglich ist die Summe aller Einheiten für 5 Glieder $5 \cdot 1$; und für m Glieder $= m \cdot 1$.

2) Auf eine ähnliche Art findet sich, daß die Zal 2 so oft zu sich addirt wird, als Glieder vorhanden sind, weniger Eins, weil sie erst im zweiten anfängt, und sofort in allen übrigen sich befindet. Die Summe aller Zweier ist also für 5 Glieder $=2(5-1)$, und für m Glieder $=2(m-1)$.

3) Eben so ist die Summe aller Dreier für 5 Glieder $= 3(5-2)$ und für m Glieder $= 3(m-2)$.

4) Die Summe aller Vierer für 5 Glieder ist $=4(5-3)$, für m Glieder $=4(m-3)$ etc.

Folglich ist die gesuchte Summe für 5 Glieder

$$= 1 \cdot 5 + 2(5-1) + 3(5-2) + 4(5-3) + 5(5-4) + 6(5-5),$$

und für m Glieder

$$= 1 \cdot m + 2(m-1) + 3(m-2) + 4(-3) \dots + (m+1)(m-m),$$

aber erstere ist auch:

$$= 1 \cdot 5 + 2 \cdot 5 + 3 \cdot 5 + 4 \cdot 5 + 5 \cdot 5 + 6 \cdot 5 - (2{,}1 + 2 \cdot 3 + 3 \cdot 4 + 4 \cdot 5 + 5 \cdot 6)$$

oder

oder:

$$=5(1+2+3+4+5+6)-2(1+3+6+10+15)$$

sezt man demnach $1+3+6+10+15=S$ so ist:

$$5(1+2+3+5\ldots\ldots+6)-2S=S$$

aber $1+2+3\ldots+6=\frac{6\cdot 7}{2}$, folglich

$$S=\frac{5\cdot 6\cdot 7}{1\cdot 2\cdot 3}.$$

Auf eben die Art findet sich für m Glieder, deren Summe S' heissen soll:

$$m\cdot 1+2m+3m+4m\ldots\ldots+m(m+1)$$

$$-2\left(1+3+6\ldots\ldots+\frac{m(m+1)}{2}\right)$$

$$=1+3+6+10\ldots+\frac{m(m+1)}{1\cdot 2}=S'.$$

oder

$$m(1+2+3\ldots\ldots+m+1)-2S'=S'.$$

aber

$$1+2+3\ldots\ldots+m+1=\frac{(m+1)(m+2)}{1\cdot 2},$$

folglich

$$S'=\frac{m(m+1)(m+2)}{1\cdot 2\cdot 3}.$$

Wenn also eine Reihe von m Zalen gegeben ist, deren allgemeiner Ausdruk $\frac{m(m+1)}{1\cdot 2}$ ist, so ist ihre Summe $=\frac{m(m+1)(m+2)}{1\cdot 2\cdot 3}$.

§. 6.

§. 6.

Von der Reihe $1, 3, 6, 10, 15 \ldots \frac{m(m+1)}{1 \cdot 2}$, gehe ich nun zu dieser über:

$$1, 4, 10, 20, 35, 56 \ldots \frac{m(m+1)(m+2)}{1 \cdot 2 \cdot 3}$$

deren mtes Glied die Summe von m Gliedern der Vorhergehenden ist, so wie m Glieder von dieser die Summe von den m ersten natürlichen Zalen vorstellen. Der allgemeine Ausdruk für das mte Glied dieser neuen Reihe, ist also nach dieser Entstehungsart:

$= \frac{m(m+1)(m+2)}{1 \cdot 2 \cdot 3}$. Es wird daher die Methode diese Reihe zu summiren, der bei der vorhergehenden Gebrauchten ähnlich seyn.

§. 7.

Es seyen also vordersamst wiederum die 5 ersten Glieder der Reihe $1 \cdot 4 \cdot 10 \cdot 20 \cdot 35 \ldots$ und so fort m Glieder derselben zu summiren.

Da dieselbige aus der Vorhergehenden nach dem erwähnten Gesetze entstanden ist, so läßt sie sich auch also vorstellen:

$$\begin{array}{llllll} 1 & 2 & 3 & 4 & 5 \ldots & m. \\ 1 & 4 & 10 & 20 & 35 \ldots & \frac{m(m+1)(m+2)}{1 \cdot 2 \cdot 3} \end{array}$$

$$(1), (1+3), (1+3+6), (1+3+6+10), (1+3 \ldots +15), \ldots \left(1+3+6+10 \ldots \ldots + \frac{m(m+1)}{1 \cdot 2}\right)$$

folglich

folglich

1) wird 1 so oft zu sich selbst addirt, als Glieder zu summiren sind; weil jedes derselben mit 1 anfängt. Daher ist für fünf Glieder die Summe der Einheiten = 5 . 1 für m Glieder = m . 1.

2) Wird die Zal 3 so oft zu sich selbst addirt, als Glieder zu summiren sind, weniger Eins, weil sie vom zweiten Glied an, in jedem vorkommt. Also ist für 5 Glieder die Summe aller Dreier = 3 (5 − 1) und für m Glieder = 3 (m − 1).

3) Da die Zal 6 vom dritten Glied an in allen vorkommt, so ist die Summe aller 6 für fünf Glieder = 6 (5 − 2), und für m Glieder = 6 (m − 2).

Es ist daher die Summe S der fünf ersten Glieder

$$= 1 \cdot 5 + 3(5-1) + 6(5-2) + 10(5-3) + 15(5-4) + 21(5-5)$$

oder

$$5(1+3+6+10+15+21) - 3(1+4+10+20+35) = 5,$$

also

$$5(1+3+6\ldots+21) = S,$$

aber

$$1+3+6\ldots+21 = \frac{6 \cdot 7 \cdot 8}{1 \cdot 2 \cdot 3},$$

also

$$S = \frac{5 \cdot 6 \cdot 7 \cdot 8}{1 \cdot 2 \cdot 3 \cdot 4}.$$

Eben so, wenn S′ die Summe der m ersten Glieder dieser Reihe vorstellt, findet man durch ähnliche Schlüsse:

S′ =

$$S' = m \cdot 1 + 3(m-1) + 6(m-2) \ldots \ldots + \frac{(m+1)(m+2)(m-m)}{1 \cdot 2},$$

oder

$$S' = m\left(1+3+6 \ldots + \frac{(m+1)(m+2)}{1 \cdot 2}\right)$$

$$-\left(1 \cdot 3 + 2 \cdot 6 \ldots + \frac{m(m+1)(m+2)}{1 \cdot 2}.\right)$$

Aber das Produkt von drei Zalen in natürlicher Ordnung, als m, m+1, m+2, ist immer mit 3 theilbar, also ist auch $\frac{m(m+1)(m+2)}{1 \cdot 2}$ mit 3 theilbar, folglich jedes Glied des Subtrahendus; folglich ist:

$$S' = m\left(1+3+6 \ldots + \frac{(m+1)(m+2)}{1 \cdot 2}\right)$$

$$- 3\left(1+4+10 \ldots + \frac{m(m+1)(m+2)}{1 \cdot 2 \cdot 3}\right)$$

aber

$$1+3+6 \ldots + \frac{(m+1)(m+2)}{1 \cdot 2}$$

$$= \frac{(m+1)(m+2)(m+3)}{1 \cdot 2 \cdot 3}.$$

Folglich ist

$$\frac{m(m+1)(m+2)(m+3)}{1 \cdot 2 \cdot 3} - 3S' = S';$$

also endlich

$$S' = \frac{m(m+1)(m+2)(m+3)}{1 \cdot 2 \cdot 3 \cdot 4}$$

1. Lehrsaz.

Wenn in der Reihe 1, a, b, c, d .... deren Glieder nach dem Gesez

$$\frac{m\,(m+1)\,(m+2)\,(m+3)\;.\;.\;.\;.\;.\;(m+n)}{1\;.\;2\;.\;3\;.\;4\;.\;.\;.\;.\;.\;.\;.\;.\;(n+1)}$$

fortrücken, die Summe der m ersten Glieder

$$= \frac{m(m+1)\,(m+2)(m+3)\ldots(m+n)\,(m+n+1)}{1\;.\;2\;.\;3\;.\;4\;.\;.\;.\;(n+1)\;(n+2)}$$

ist, und aus diesen wieder eine neue Reihe formirt wird,

1, A, B, C, D &c.

deren mtes Glied die Summe der m ersten Glieder der vorhergehenden Reihe ist, dessen allgemeiner Ausdruk also

$$= \frac{m\,(m+1)(m+2)\,(m+3)\ldots(m+n)\,(m+n+1)}{1\;.\;2\;.\;3\;.\;4\;.\;.\;.\;.\;(n+1)\;\;(n+2)}$$

ist, so wird die Summe S von m Gliedern dieser leztern Reihe

$$= \frac{m\,(m+1)\,(m+2)\ldots(m+n)\,(m+n+1)\,(m+n+2)}{1\;.\;2\;.\;3\qquad(n+1)\;\;(n+2)\;\;(n+3)}$$

seyn.

Beweiß.

Es sey

1	2	3	4	5 ...	m	m + 1
1	a	b	c	d ...	p	q
1	A	B	C	D ...	P	.....

so ist der allgemeine Ausdruk für

$$p = \frac{m(m+1)\,(m+2)\ldots\ldots(m+n)}{1\;.\;2\;.\;3\qquad(n+1)},$$

und aus eben dem Grunde der für

$$q = \frac{m\,(m+1)\,(m+2)\,\ldots\,(m+n+1)}{1\;.\;2\;\ldots\ldots\;(n+1)}$$

ferner, nach dem Geseze der Entstehung der Reihe 1, A, B, C 2c. ist der allgemeine Ausdruk für P

$$= \frac{m\,(m+1)\,(m+2)\,\ldots\,(m+n)\,(m+n+1)}{1\;.\;2\;.\;3\;\ldots\ldots\;(n+1)\;(n+2)}$$

Sodann folgt aus obigen Betrachtungen

$$S = m(1+a+b+c\ldots+q) - (a+2b+3c\ldots+mq)$$
$$= m\,(1+a+b\ldots\ldots+q)$$
$$-\left(a+2b+3c\ldots+\frac{m\,(m+1)\,(m+2)\ldots(m+n+1)}{1\;.\;2\;.\;3\qquad(n+1)}\right)$$

Aber es ist eine bekannte Eigenschaft der Zalen, daß ein Produkt von zwei Faktoren, die in natürlicher Ordnung steigen, d. i. um 1 zunehmen, sich durch 2 theilen läßt, ein Produkt von drei dergleichen Factoren durch 3 2c. Da nun

$$\frac{m\,(m+1)\,(m+2)\,\ldots\,(m+n+1)}{1\;.\;2\;.\;3\;\ldots\ldots\;(n+1)}$$

ein solches Produkt ist, so wird es sich ebenfalls durch eine Zal theilen lassen, welche die Menge dieser Faktoren ausdrükt. Diese leztere ist nun $=n+2$; denn erstens begreift sie diejenigen Faktoren, welche das Produkt hat, wenn n verschiedene Werthe beigelegt werden, und diese Anzahl ist so groß, als n Einheiten haben kann. Zweitens müssen hiezu noch diejenigen gerechnet werden, welche das Produkt für $n=0$ hat, und diese sind zwei, nemlich m, und $m+n+1$, oder $m+1$. Also ist die Anzal aller Faktoren $=n+2$.

Folglich

Folglich läßt sich

$$\frac{m(m+1)(m+2)\ldots(m+n+1)}{1\,.\,2\,.\,3\ldots\ldots(n+1)}$$

mit n+2 theilen; das ist: das allgemeine Glied der Reihe

$$a+2b+3c\ldots+\frac{m(m+1)(m+2)\ldots(m+n+1)}{1\,.\,2\,.\,3\ldots\ldots(n+1)}$$

läßt sich damit theilen: folglich alle Glieder: folglich ist

$$S=m(1+a+b\ldots+q)-(n+2)$$

$$\left(\frac{a+2b+3c}{n+2}\ldots\frac{+m(m+1)\ldots(m+n+2)}{1\,.\,2\ldots(n+1)(n+2)}\right)$$

Aber

$$\frac{m(m+1)(m+2)\ldots\ldots(m+n+1)}{1\,.\,2\,.\,3\ldots\ldots\ldots(n+1n+2)}$$

ist der allgemeine Ausdruk für alle Glieder von S, folglich ist

$$\frac{a+2b+3c}{n+2}\ldots\frac{+m(m+1)(m+2)\ldots(m+n+1)}{1\,.\,2\,.\,3\ldots(n+1)(n+2)}$$

S selbsten:

Also ist auch

$$S=m(1+a+b\ldots+q)-(n+2)S$$

oder:

$$(n+3)S=m(1+a+b\ldots+q).$$

Aber $1+a+b\ldots+q$

$$=\frac{(m+1)(m+2)\ldots(m+n+1)(m+n+2)}{1\,.\,2\ldots(n+1)(n+2)}$$

folglich

$$S=\frac{m(m+1)(m+2)(m+3)\ldots(m+n)(m+n+1)(m+n+2)}{1\ .\ 2\ .\ 3\ .\ 4\ .\ .\ .\ (n+1)\ (n+2)\ (n+3)}$$

welches zu erweisen war.

Binomischer Lehrsaz.

Dieser Saz lehret das Binomium $(a+b)^m$ entwickeln, oder es in eine Reihe verwandeln, welche dem Produkt von m gleichen Faktoren, wie $(a+b)$ gleich ist. Hiebei kommt nun zweierlei zu betrachten vor: Einmal das Gesez, nach welchem sich die Exponenten von a und b richten, und sodann dasjenige, welches die Coeffizienten beobachten.

Um nun die Untersuchung zu erleichtern, ist es, wie bekannt, schon genug, nur den Ausdruk $(1+x)^m$ zu betrachten, weil

$(a+b)^m = \left(1 + \frac{b}{a}\right)^m a^m = (1+x)^m a^m$ ist.

§. 9.

Es sey demnach der Ausdruk $(1 + x)^m$ zu entwickeln, oder $1 + x$ in die mte Potenz zu erheben, und vordersamst m eine ganze bejahte Zal, so ergeben sich vorerst folgende Betrachtungen:

1) Der Ausdruk für $(1 + x)^m$ mag seyn welcher er will, so fängt derselbe doch immer für jedes m mit 1 an. Denn
$(1+x)^m$ $(1+x)\,(1+x)\,(1+x)\ldots\ldots\ldots$
Nun ist das Produkt aller ersten Glieder dieser m Faktoren $= 1^m = 1$, folglich 2c.

2)

2) Aus eben dem Grunde ist das lezte Glied $= x^m$; welches wie N° 1 erwiesen werden kann, wenn man
$(1+x)^m = (x+1)^m = (x+1)(x+1)\ldots\ldots\ldots$
sezt.

3) Der Ausdruk für $(1+x)^m$ ist einer Reihe gleich, deren jedes Glied, das erste ausgenommen, Potenzen von x enthält, deren Exponenten nach der Ordnung der natürlichen Zalen von 1 an steigen. Denn durch die Multiplication mit dem Faktor 1 bleiben alle niedere Potenzen vorhanden, und durch die Multiplication mit x wird die höchste Potenz des Multiplicandus um eine Einheit vermehrt. Nun gehen in $(1+x)^2 = 1 + 2x + x^2$; alle Glieder nach dem erwähnten Gesetze fort; folglich auch alle höhere Potenzen.

4) Folglich ist
$(1+x)^m = 1 + Ax + Bx^2 + Cx^3 + x^m \ldots\ldots$
wo A, B, C ꝛc. keine Funktionen von x mehr seyn können, weil sonst die Reihe nicht so wäre, wie sie nach dem so eben erwiesenen seyn muß. Was es aber mit diesen Coefficienten für eine Beschaffenheit habe, wird sich sogleich zeigen.

2. Lehrsaz.

Wenn 1 + x in die m + 1te Potenz erhoben wird; so ist der Coefficient eines gewissen Glieds der hieraus entstehendenden Reihe gleich der Summe der Coefficienten eben desselben Glieds der mten Potenz und desjenigen des vorhergehenden Glieds dieser mten Potenz.

Beweiß.

Es sey

$$(1+x)^m = 1 + Ax + Bx^2 \ldots + Px^{m-2} + Qx^{m-1} + x^m,$$

Wenn nun diese Reihe mit $(1+x)$ multiplicirt wird; so ergibt sich

$$(1+x)^{m+1} = 1 + (A+1)x + (A+B)x^2 \ldots + (P+Q)x^{m-1} + (Q+1)x^m + x^{m+1}.$$

nemlich: Indem man zuerst die Reihe

$$1 + Ax + Bx^2 \ldots\ldots\ldots$$

mit 1 multiplicirt, erhält man eben dieselbe wieder. Indem man aber hernach auch mit x multiplizirt, erhält man in Absicht der Coeffizienten zwar ebendieselbe Reihe, aber die jedem Coefficienten zugehörige Potenz von x wird um 1 vermehrt. Folglich werden die Glieder der lezteren Reihe, um zu denen gleichartigen der ersteren addirt werden zu können, sämmtlich um eine Stelle gegen die Rechte gerükt; folglich ist in der Summe der Coefficient von x^{m-1} gleich dem Coefficienten von x^{m-1} der Reihe vor $(1+x)^m$ vermehrt um den Coefficienten von x^{m-2} dieser leztern Potenz: oder es ist $P+Q$ der Coeffizient von x^{m-1} in $(1+x)^{m+1}$.

§. 10.

Es ist also der Coeffizient von x^q in $(1+x)^{m+n}$ gleich der Summe aller Coeffizienten von x^{q-1} der Potenzen $(1+x)^m$, $(1+x)^{m-1}$, bis $(1+x)^{m+n-1}$ vermehrt um den Coeffizienten von x^q in $(1+x)^m$. Denn wenn man die Potenz $(1+x)^{m+1}$ abermal mit $1+x$ multiplicirt, so gilt von den Coeffizienten der hieraus entspringenden Reihe eben das, was wir für $(1+x)^{m+1}$ erwiesen haben, und sofort ins Unendliche.

Es sey also

$$(1+x)^m \quad = 1 + A\ x + B\ x^2 \ldots + P\ x^{q-1} + Q\ x^q \ldots$$
$$(1+x)^{m+1} = 1 + A'\ x + B'\ x^2 \ldots + P'\ x^{q-1} + Q'\ x^q \ldots$$
$$(1+x)^{m+2} = 1 + A''x + B''x^2 \ldots + P''x^{q-1} + Q''x^q \ldots$$

. . . .

Ferner

$$(1+x)^{m+n-1} = 1 + A^{n-1}x \ldots + P^{n-1}\ x^{q-1} + Q^{n-1}\ x^q \ldots$$
$$(1+x)^{m+n} \quad = 1 + A^n\ \ x \ldots + P^n\ \ x^{q-1} + Q^n\ \ x^q \ldots$$

wo übrigens, wie deutlich erhellet, A, A'', A^{n-1} rc. willkührlich bezeichnete Coeffizienten vorstellen. So ist $Q'' = Q' + P'$; da aber Q' selbst wider $= Q + P$ ist: so wird dadurch $Q'' = Q + P + P'$. Auf eine ganz ähnliche Art zu schliessen findet sich nach diesen Grundsätzen

$$Q^n = Q + P + P' + P'' + P''' \ldots\ldots + P^{n-1}$$

§. 11.

Wenn demnach die zweite Potenz von $1 + x$, nemlich $1 + 2x + x^2$ als bekannt angenommen wird, so lassen sich die übrigen durch bloses Addiren finden, wobei ich mich aber nicht aufhalten will.

Aufgabe.

Man soll die Potenz

$$(1+x)^m = 1 + Ax + Bx^2 \ldots\ldots\ldots + x^m,$$

durch Bestimmung der Coeffizienten aus den bisherigen Gesetzen allgemein entwickeln.

Auflösung.

1) A besteht aus der Summe so vieler Einheiten, als das Produkt $(1+x)^m$ Faktoren hat, weniger

1, vermehrt um den Coeffizienten von x in $1+x$; d. i. $A = m - 1 + 1 = m$. Diß ist also der allgemeine Ausdruk des Coefficienten aller zweiten Glieder von $\overline{1+x}^m$.

2) B ist die Summe aller Coeffizienten von x', von der zweiten Potenz von $(1+x)$ bis auf die $m-1$te Potenz, vermehrt um die Einheit, als Coeffizient von x^2 in $(1+x)^2$: oder

$$B = 1 + 2 \ldots\ldots + m - 1 = \frac{m(m-1)}{1 \cdot 2},$$

welches also der allgemeine Ausdruk aller Coeffizienten der dritten Glieder in $(1+x)^m$ ist.

3) C besteht aus der Summe aller Coeffizienten von x^2, von der dritten Potenz von $1+x$ an, bis auf die $m-1$te, vermehrt um die Einheit, als Coeffizient von x^3 in $(1+x)^3$.

Es ist aber nach dem so eben Erwiesenen der Ausdruk der Coeffizienten von x^2 für die mte Potenz

$$= \frac{m(m-1)}{1 \cdot 2};$$

Also für die $m-1$te Potenz

$$= \frac{(m-1)(m-2)}{1 \cdot 2},$$

mithin ist

$$C = 1 + 3 \ldots\ldots + \frac{(m-1)(m-2)}{1 \cdot 2}.$$

Die Anzal der Glieder, die hier summirt werden sollen, ist demnach so groß, als die Anzal der

der Faktoren die mit $(1+x)^2$ multiplicirt, die Potenz $(1+x)^{m-1}$ hervorbringen, vermehrt um 1; das ist: diese Anzal, die ich y heissen will $= m-2$, folglich $C = 1 + 3 \ldots\ldots\ldots + \frac{y(y+1)}{1 \cdot 2}$,

mithin nach dem obigen $C = \frac{y(y+1)(y+2)}{1 \cdot 2 \cdot 3}$,

oder $C = \frac{m(m-1)(m-2)}{1 \cdot 2 \cdot 3}$

welches daher der allgemeine Ausdruk des vierten Glieds in $(1+x)^m$ ist.

4) D als Coeffizient von x^4 in $(1+x)^m$ besteht aus der Summe der Coeffizienten von x^3 von der vierten Potenz vo $(1+x)$ bis auf die $m-1$te Potenz, vermehrt um die Einheit, als Coeffizient von x^4 in $(1+x)^4$. Es ist aber allgemeiner Ausdruk des Coeffizienten von x^3 für die mte Potenz

$$= \frac{m(m-1)(m-2)}{1 \cdot 2 \cdot 3}$$

mithin derjenige für den Coeffizienten von x^3 in der $m-1$ten Potenz

$$= \frac{(m-1)(m-2)(m-3)}{1 \cdot 2 \cdot 3},$$

folglich ist

$$D = 1 + 4 \ldots\ldots + \frac{(m-1)(m-2)(m-3)}{1 \cdot 2 \cdot 3}.$$

Die Anzal der hier zu summirenden Glieder ist nun wiederum gleich der Anzal der Faktoren, die mit $(1+x)^3$ multiplizirt $(1+x)^{m-1}$ hervorbringen, vermehrt

mehrt um 1; heißt daher dieseAnzal wieder wie oben y, so ist $y = m - 3$, also

$$D = 1 + 4 \ldots\ldots + \frac{y(y+1)(y+2)}{1 \cdot 2 \cdot 3},$$

oder

$$D = \frac{y(y+1)(y+2)(y+3)}{1 \cdot 2 \cdot 3 \cdot 4},$$

oder

$$D = \frac{m(m-1)(m-2)(m-3)}{1 \cdot 2 \cdot 3 \cdot 4}.$$

§. 12.

Um nunmehr auf einen allgemeinen Ausdruk zu kommen, sey

$(1+x)^m = 1 + Ax + Bx^2 \ldots\ldots + Lx^{n-1} + Mx^n \ldots\ldots + x^m$. wo L und M die Coeffizienten zweier aufeinander folgenden Glieder vorstellen.

Es besteht demnach M aus der Summe aller Coeffizienten von x^{n-1} von der nten Potenz oon $(1+x)$ bis auf die m — 1te, vermehrt um die Einheit, als Coeffizient von x^n in $(1+x)^n$. Die Anzal y der zu summirenden Glieder ist also so groß, als die Anzal der Faktoren, die mit $(1+x)^{n-1}$ multiplicirt, die Potenz $(1+x)^{m-1}$ hervorbringen, vermehrt um 1, oder es ist $y = m - n + 1 = m - (n - 1)$.

Es ist aber der allgemeine Ausdruk des Coeffizienten von x^{n-1} für die m — 1te Potenz

$$= \frac{(m-1)(m-2)(m-3) \ldots\ldots [m-(n-1)]}{1 \cdot 2 \cdot 3 \ldots\ldots n-1}$$

$$= \frac{y(y+1)(y+2) \ldots\ldots (y+n-2)}{1 \cdot 2 \cdot 3 \ldots\ldots n-1}.$$

Also

Also ist

$$M = \frac{y\,(y+2)\,(y+2) \ldots\ldots\ldots (y+n-1)}{1\,.\,2\,.\,3 \ldots\ldots\ldots n}$$

oder endlich

$$M = \frac{m\,(m-1)\,(m-2) \ldots [m-(n-1)]}{1\,.\,2\,.\,3 \ldots\ldots n}$$

Aber der allgemeine Ausdruk des Coeffizienten von x^{n-1} für die $m-1$te Potenz ist für das zweite, dritte, vierte, fünfte Glied in

$$(1+x)^m = 1 + Ax + Bx^2 + Cx^3 + Dx^4 + Ex^5 \ldots$$

richtig, also auch M für das dritte, vierte, fünfte und sechste, und folglich für alle folgende.

§. 13.

Wenn demnach m eine ganze bejahte Zal bedeutet, so ist

$$(1+x)^m = 1 + mx + \frac{m(m-1)}{1\,.\,2}x^2 + \frac{m\,(m-1)\,(m-2)}{1\,.\,2\,.\,3}x^3 + \frac{m\,(m-1)\,(m-2)\,(m-3)}{1\,.\,2\,.\,3\,.\,4}x^4 \ldots\ldots + \frac{m\,(m-1)\,(m-2)\,(m-3) \ldots [m-(n-1)]}{1\,.\,2\,.\,3\,.\,4 \ldots n}x^n \ldots + x^m.$$

3. Lehrsaz.

Wenn in der Reihe $P = 1 + ax + bx^2 \ldots\ldots + px^n$ die Coeffizienten nicht nach dem Gesez der Binomialformel $(1+x)^n$ fortgehen, sondern nach irgend einem andern: Wenn also P nicht $= (1+x)^n$ ist, und es wird diese Reihe mit $(1+x)^m = 1 + mx$

$$+ \frac{m(m-1)}{1 \cdot 2} x^2 \ldots\ldots$$

multiplicirt: So gehen im Produkte die Coeffizienten ebenfalls nicht nach dieser Binomialformel fort.

Beweiß.

$$P(1+x)^m = 1 + (a+m)x + \left[b + \frac{m(m-1)}{1 \cdot 2}\right]x^2 \ldots\ldots$$

Giengen nun die Glieder dieser Reihe nach der Binomialformel, so wären sie, weil nach den obigen Gesetzen der Coeffizient von x', immer gleich dem Exporenten der zu erhebenden Potenz von $(1+x)$ ist, aus der Entwickelung vou $(1+x)^{a+m}$ entstanden: folglich wäre $P(1+x)^m = (1+x)^{a+m}$, und mithin gegen die angenommene Bedingung, $P = (1+x)^a$.

4. Lehrsatz.

Man darf in

$$(1+x)^m = 1 + mx + \frac{m(m-1)}{1 \cdot 2} x^2 \ldots\ldots$$

den Werth von m auch verneint nehmen, oder das bisher entdekte Gesez gilt auch für negative Exponenten.

Beweiß.

Da

$$(1+x)^{-m} = \frac{1}{(1+x)^m} = \frac{1}{1+mx+\frac{m(m-1)}{2}x^2 \ldots\ldots}$$

ist,

ist, und bei der wirklichen Division alle Potenzen von x, von x^0 an vorkommen, weil sie alle im Nenner vorhanden sind, und der Zäler 1 ist, so ist also $(1+x)^{-m} = 1 + \alpha x + \beta x^2 + \gamma x^3 \ldots\ldots\ldots$ wo die Coeffizienten einstweilen noch unbestimmt seyn sollen.

Nun werde $(1+x)^{-m}$ mit $(1+x)^n$ multiplizirt, so erhält man $(1+x)^{n-m}$: Sezt man demnach $n > m$, und $n - m = p$, so ist nach dem vorhergehenden

$$(1+x)^p = 1 + p\,x + \frac{p\,(p-1)}{1\,.\,2}\,x^2 \ldots$$

Nun ist $(1+x)^n$ ebenfalls

$$= 1 + n\,x + \frac{n\,(n-1)}{1\,.\,2}\,x^2 \ldots$$

Wenn also die Reihe von $(1+x)^{-m}$ nicht nach den Gesetzen des Binomischen Lehrsatzes fortliefe, so könnte auch die vor $1+x)^p$ welche durch die Multiplication von $1 + \alpha x + \beta x^2 \ldots\ldots$ mit

$$1 + n\,x + \frac{n\,(n-1)}{1\,.\,2}\,x^2 \ldots$$

entspringt, nicht nach dem Binomischen Lehrsatze fortgehen, (wie im vorhergehenden Satze erwiesen worden ist.) Folglich rc.

§. 14.

Wenn daher in $(1+x)^m$ der Werth von m verneint genommen wird, findet sich:

$$(1+x)^{-m} = 1 - mx + \frac{m(m+1)}{1\,.\,2}x^2$$

$$- \frac{m(m+1)(m+2)}{1\,.\,2\,.\,3}x^3 \ldots\ldots$$

$$- \frac{m(m+1)(m+2)\ldots\ldots\ldots}{1\,.\,2\,.\,3\ldots\ldots\ldots}\,\frac{(m+n)}{n+1}x^{n+1}$$

$$+ \frac{m(m+1)(m+2)\ldots\ldots}{1\,.\,2\,.\,3}\,\frac{(m+n+1)}{(n+2)}x^{n+2}\ldots\ldots\ldots\ldots\ldots$$

II.

I.

Neue Methode, die Theiler der Zalen zu finden.

Die Lehre von den Primzalen und den Theilern der Zalen ist bei weitem noch nicht nach Verhältnis ihrer Wichtigkeit bearbeitet. Nicht einmal auszeichnende allgemeine Merkmale sind bekannt, durch welche sich erstere von den lezteren unterscheiden lassen. Indessen finden sich in den vortreflichen Schriften von Euler, Lambert ꝛc. sehr sinnreiche Untersuchungen über diese Materie. Besonders gab lezterer in seinen Beiträgen einige Methoden, die Theiler der Zalen zu entdecken. Daß sie aber dennoch bei weitem die Sache nicht erschöpfen, ausserdem daß sie äusserst indirekt sind, und oft sehr lange Rechnungen erfordern, werde ich wol hier nicht erst erweisen dürfen. Es wird daher den Liebhabern dieser Gattungen von Problemen vielleicht nicht ganz unangenehm seyn, wenn ich ihnen folgende Untersuchungen über diesen Gegenstand vorlege, und dadurch einen Weg zur allgemeinsten Auflösung der Frage von den Theilern der Zalen bahne.

Aufgabe.

Aufgabe.

Wenn A eine ungerade, aus den ungeraden Faktoren m und n bestehende Zal bedeutet, ein z zu finden, welches so beschaffen ist, daß $A + z^2$ ein Quadrat in ganzen Zalen werde.

Auflösung.

Man setze

$$m \cdot n + z^2 = y^2;$$

so ist:

$$m \cdot n = y^2 - z^2,$$

oder:

$$m \cdot n = (y+z) \cdot B. \frac{(y-z)}{B},$$

wo B jede Zal bedeuten kann.

Nun mache man folgende Vertheilung:

$m = (y + z) . B$ und $n = \frac{y-z}{B}$, und eliminire aus beiden Gleichungen y; so findet sich $z = \frac{m - nB^2}{2 B}$;

und dieser Werth verwandelt sich für

$B = 1$ in

$$z = \frac{m-n}{2};$$

welches immer eine ganze Zal ist.

Saz.

Wenn die Zal A eine Primzal ist, so gibt es nur eine einziges z, das so ist, daß $A + z^2$ ein Quadrat in ganzen Zalen wird. Ist aber A keine Primzal,

so

so kann man wenigstens zwei verschiedene z angeben, deren Quadrate zu A addirt, wiederum ein Quadrat in ganzen Zalen hervorbringen.

Beweiß.

Wenn die Faktoren von einer Zal A, m und n heissen; so wird, nach der Auflösung der ersten Aufgabe, in $A + z^2 = y^2$, $z = \frac{m - n}{2}$ seyn.

Wenn nun A eine Primzal ist, so hat sie keine andre Faktoren, als $A = m$, und $1 = n$, mithin gibt es für diesen Fall nur ein einziges $z = \frac{A - 1}{2}$, dessen Quadrat zu A addirt, wieder ein Quadrat in ganzen Zalen wird.

Ist aber A keine Primzal, so hat sie ausser den Faktoren A und 1 noch andre, als m und n; folglich gibt es hier ein $z = \frac{A - 1}{2}$ und ein anderes $= \frac{m - n}{2}$, wovon diß leztere kleiner seyn muß, als das erstere.

Hier hätten wir also ein unterscheidendes Kennzeichen der Primzalen gefunden. Gesezt nemlich es werde, um zugleich einige Beispiele zu geben, gefragt, ob 143 eine Primzal sey, oder nicht? so kommt es also darauf an, ob es ausser $z = \frac{143 - 1}{2} = 71$ noch ein kleineres gibt, dessen Quadrat zu 143 addirt, wieder ein Quadrat wird, und da hier sogleich erhellet,

daß

daß $143 + 1 = 144 = 12^2$ ist, und mithin $z = 1$ ebenfalls eine Genüge leistet, so folgt ohne weiteres, daß 143 keine Primzal seyn könne.

Hingegen ist z. B. 29 eine Primzal, denn ausser $z = \frac{29-1}{2} = 14$ findet sich keine kleinere Zal, deren Quadrat zu 29 addirt wieder ein Quadrat gibt, welches daraus zu ersehen, weil zu 29 nach und nach alle ungerade Zalen von 1 bis 29 addirt werden können, ohne daß man auf eine andre Quadratzal kommt, als diejenige, welche durch $z = \frac{29-1}{2} = 14$ gefunden wird.

Daß man aber nicht nöthig habe, eine solche mühsame Addition wirklich vorzunehmen, werden wir weiter unten zeigen.

Aufgabe.

Aus einem bekannten z, welches $A + z^2$ zu einem vollkommnen Quadrat in ganzen Zalen macht, und kleiner ist, als $\frac{A-1}{2}$ die Faktoren von A zu finden.

Auflösung.

Gesezt diese Faktoren seyen m und n, so ist also $A = mn$ und $z = \frac{m-n}{2}$, woraus $m = z + \surd(A + z^2)$ und $n = -z + \surd(A + z^2)$ gefunden wird.

1. Beispiel.

Man sucht die Faktoren von A = 493. Hier ist

$$493 + 1^2 = 493 + 1 = 494$$
$$493 + 2^2 = 493 + 1 + 3 = 497$$
$$493 + 3^2 = 493 + 1 + 3 + 5 = 502$$
$$493 + 4^2 = 493 + 1 \ldots\ldots + 7 = 509$$
$$493 + 5^2 = 493 + 1 \ldots\ldots + 9 = 518$$
$$493 + 6^2 = 493 + 1 \ldots\ldots + 11 = 529 = 23^2$$

also $z = 6$; mithin

$$m = 6 + \sqrt{(493 + 36)}$$

oder

$$m = 6 + 23 = 29$$

und

$$m = -6 + 23 = 17$$

deren Produkt auch wirklich 493 gibt.

2. Beispiel.

Es sey $A = 53297$; so findet sich hier, wenn man alle ungerade Zalen von 1 bis 15 addirt, $53297 + 8^2 = 53361 = 231^2$, folglich ist $z = 8$, also $m = 8 + 231 = 239$ und $n = -8 + 231 = 223$.

Wenn man also eine Methode hätte, auf eine kurze Art für jedes A dasjenige z, das kleiner, als $\frac{A-1}{2}$, ist, zu finden, dessen Quadrat zu A addirt, wiederum ein Quadrat wird, so wäre das Problem von den Theilern der Zalen auf das vollständigste aufgelößt.

Folgende Betrachtungen werden nun auf eine solche Methode führen, die zwar nicht in allen Fällen nur kleine Rechnungen erfordert, aber doch ihrer Einfachheit wegen immer brauchbar ist.

Man mache vordersamst folgende Reihen

1	2	3	4	5	6	7	8	9	10	....
1	4	9	16	25	36	49	64	81	100	....
	3	5	7	9	11	13	15	17	19	....
		8	12	16	20	24	28	32	36	....
			15	21	27	33	39	45	51	....
				24	32	40	48	56	64	....
					35	45	55	65	75	....

&c.

welche durch die Subtraction der in der zweiten Reihe bezeichneten Quadrate der natůrlichen Zalen entstehen.

Wenn man aber die Anfangsglieder dieser Differenzreihen 3, 8, 15, 24, 35 ꝛc. betrachtet, so findet sich leicht, daß sie selbst wiederum eine Progression bilden, deren allgemeiner Ausdruk für das Glied $n = n\,(n+2)$ ist. Diese Reihe soll die senkrechte heissen. Sodann ist jedes Glied $n\,(n+2)$ dieser senkrechten Reihe Anfangsglied einer Horizontalreihe deren Unterschied $= 2\,n$ ist; folglich ist der allgemeine Ausdruk für ein Glied x einer Horizontalreihe, deren erstes Glied $n\,(n+2)$ ist,

$$= n\,(n+2) + 2\,n\,(x-1) = n^2 + 2\,nx,$$

das heißt: das xte Glied der nten Horizontalreihe $= n^2 + 2\,nx$: so ist, z. B. das 4te Glied der 5ten Horizontalreihe $= 5^2 + 2 . 5 . 4 = 65$. Diß vorausgeschikt, so sey A eine gegebene ungerade Zal. Ist sie eine Primzal, so kann sie, nach dem oben erwiesenen Satze, nur der Unterschied zweier Quadrate

seyn,

seyn, und muß also allein in der ersten Horizontalreihe vorkommen, die mit 3 anfängt. Ist sie aber keine Primzal, so muß sie ein Unterschied mehrerer Quadrate seyn, und mithin auch ausser der ersten Horizontalreihe wenigstens noch in einer der folgenden vorkommen. Hierauf gründet sich nun folgende Methode, diese Quadrate zu finden, deren Unterschied A ist.

Man mache zuerst $n(n+2) = A$; denn, da dieser Ausdruk der allgemeine Ausdruk für die Glieder der senkrechten Reihe ist, so wird sich daraus finden lassen, ob A darinn vorkommt. Es wird nehmlich $n = \sqrt{(A+1)} - 1$ werden. Ist daher dieser Ausdruk keine rationale Zal, so kommt A auch nicht darinn vor. Da aber sowol die horizontalen als senkrechten Reihen immer wachsen, so zeigt dieser Werth von n zugleich die Gränze an, über welche hinaus A sowol in der senkrechten, als in den horizontalen Reihen nicht mehr zu suchen ist.

Wenn nun A in einer oder mehreren von den $n = \sqrt{(A+1)} - 1$ Horizontalreihen vorkommt, und darinn das xte Glied ist; so muß also $n^2 + 2nx = A$ und mithin, für ein bestimmtes n, $x = \frac{A-n^2}{2n}$ seyn.

Man nehme also, weil A eine ungerade Zal ist, und die Horizontalreihen abwechslungsweise gerad und ungerad sind, statt n alle ungerade natürliche Zalen, und formire zwei Reihen: eine von $A-n^2$, indem man ihr Quadrat nach und nach von A abziehet, und die andre von 2n; so wird dasjenige x, wo 2n das gemeinschaftliche Maas von $A-n^2$ und von 2n ist, das Glied seyn, in welchem A zu finden ist; demnach wird auch A der Unterschied der Quadrate von $n + x$ und von x seyn müssen, woraus sich sodann nach obigem die Factoren finden lassen.

Beispiel.

Man sucht die Faktoren von 203.

Auflösung.

Da hier $A = 203$, und also $A + 1 = 204$: so ist zuerst für die senkrechte Reihe $n^2 + 2n = 204$, mithin $n < 14$: folglich hat man nur die 13 ersten, und wegen den geraden Reihen, welche hinwegfallen, nur die sieben ersten ungeraden Horizontalreihen zu untersuchen, welches in folgender Tabelle vorgestellt wird.

n	$A - n^2$	2n	$x = A - n^2$
1	203 — 1 = 202	2	101
3	203 — 9 = 194	6	—
5	203 — 25 = 178	10	—
7	203 — 49 = 154	14	11
9	203 — 81 = 122	18	—
11	203 — 121 = 82	22	—
13	203 — 169 = 34	26	—

Wenn man die Werthe von $A - n^2$ und von $2n$ vergleicht, so findet, sich daß nur $n = 1$ und $n = 7$ so sind, wie es die Bedingung erfordert. Folglich ist 203 keine Primzal, indem sie ein Unterschied von vier Quadraten ist, nemlich von 102 und 101, und von $n + x = 18$ und von $x = 11$. Die erstere führen uns auf nichts; durch die beiden andern lassen sich aber die Faktoren m und n nach der obigen Regel dadurch finden, daß

$$m = z + \sqrt{(A + z^2)} \text{ und } n = -z + \sqrt{(A + z^2)}$$

gesezt

gesezt wird. Nun ist hier $z = 11$ und

$$\sqrt{(A + z^2)} = 18,$$

folglich $= m = 11 + 18 = 29$ und $n = -11 + 18 = 7$, und mithin $203 = 7 \cdot 29$.

2. Beispiel.

Man sucht die Faktoren 5423.

Auflösung.

n	$A-n^2$	2n	x
1	5422	2	2711
3	5414	6	—
5	5398	10	—
7	5374	14	—
9	5342	18	—
11	5302	22	241

Hier kommt nun 241 schon in der sechsten Reihe zum Vorschein: Es ist also 5423 der Unterschied der Quadrate von $n + x$ und x, oder von 252 und 241; mithin

$$m = 252 + 241 = 493$$

und der andre Faktor n

$$= 252 - 241 = 11$$

Wenn aber die gegebene Zal A eine Primzal ist; so findet sich dieses daraus, daß A nur ein Unterschied von zwei Quadraten ist, wie aus folgendem Beispiel erhellet.

Beispiel.

Man sucht die Faktoren von 113.

Auflösung.

n	$A-n^2$	2n	x
1	112	2	56
3	104	6	—
5	88	10	—
7	64	14	—
9	32	18	—

Da sich hier nur ein einziger Werth für x findet, so hat auch 113 keine andre Faktoren, als 1 und 113, und ist folglich eine Primzal.

Durch Hülfe einer Quadrattafel, dergleichen den Logarithmischen Tabellen angehängt sind, läßt sich nun jedesmal die Colonne $A - n^2$ sehr leicht berechnen, und da man mit Recht voraussetzen darf, daß die Faktoren aller niedrigen Zalen als A, bereits bekannt seyen, so hat auch die Vergleichung der Werthe von 2n und $A-n^2$, durch deren Division x gefunden wird, keine Schwierigkeit.

Daß diese Berechnung, besonders bei grossen Zalen, noch sehr mühsam ist, gestehe ich gerne: allein eines Theils entwikeln sich doch bei unzählig vielen andern die Faktoren sehr bald, und anderntheils ist es vielleicht einem günstigen Umstande aufbehalten, daß diese Methode noch weit einfacher wird gemacht werden können.

Anmerkung.

In den Abhandlungen der böhmischen Gesellschaft der Wissenschaften auf das Jahr 1786 findet S. 123 — 159 ein sehr interessanter Aufsaz von dem Grafen von Schafgotsch über einige

Eigen-

Eigenschaften der Prim- und zusammen gesezten Zalen, worinn das Problem, die Theiler der Zalen zu bestimmen, auf die Verwandlung von $an^2 + 1$ in ein vollkommnes Quadrat zurükgeführt wird. Um einigen Begrif von den darinn enthaltenen, alle Aufmerksamkeit verdienenden, Säzen zu geben, will ich das Wesentliche davon, jedoch ohne Beweiß, hier anführen, und im übrigen den Leser auf die angeführte Abhandlung selbst verweisen.

1) Wenn a eine Primzal, oder eine vollständige Potenz einer Primzal ist, so ist das kleinste y, das den Ausdruk $ay + 1$ zu einem Quadrat in ganzen Zalen macht, $= a - 2$. Ist aber a eine zusammengesezte Zal, so gibt es, ausser dem Werth $y = a - 2$, wenigstens noch einen kleineren, ebenfalls in ganzen Zalen, wodurch $ay + 1 = x^2$ wird. Hätte man also eine allgemeine Methode, für jedes gegebene a, die Gleichung $ay + 1 = x^2$ in ganzen Zalen aufzulösen, d. i. für jedes a, von $x = 0$ an, alle Werthe dieser lezteren Grösse in ganzen Zalen zu bestimmen, wodurch $ay + 1$ ein Quadrat wird, so wäre die Frage, ob a eine Primzal sey, oder nicht, von selbst aufgelößt. Allein, so einfach die Gleichung $ay + 1 = x^2$ scheint, so schwer ist ihre allgemeine Auflösung. Man setze also, um durch einen Umweg zum Hauptzwecke zu kommen,

2) $x = z^2$, wo demnach $az^2 + 1 = x^2$ seyn muß, und diese Gleichung ist für jedes bejahte a, das keine Quadratzal ist, auflösbar; denn entweder ist

α) das kleinste z^2, das gefunden wird $< a-2$ oder

β) $> a - 2$, und das zugehörige x nicht in der Form $a n \pm 1$ enthalten, oder endlich

γ) ist $z^2 > a - 2$, aber x zugleich in der Form $a n \pm 1$ enthalten.

In den beiden ersten Fällen muß a nothwendig eine zusammengeseztcn Zal seyn, in dem dritten aber ist es zweifelhaft, ob a eine Primzal sey oder nicht; denn für Primzalen wird x immer von der leztern Form $a n \pm 1$ seyn, und für zusammengesezte Zalen nur zuweilen. In diesem dritten Falle multiplicire man daher a mit einer beliebigen Zal b, und löse die Gleichung $a b z^2 + 1 = x^2$ auf, wo man immer wenn a Factoren hat, auf den ersten oder zweiten Fall, und wenn es keine hat, auf den dritten gerathen wird.

Beispiele.

Es sey $a = 15$; so ist $15 . 1^2 + 1 = 4^2$, aber $1^2 = 1 < 15 - 2$, folglich ist 15 eine zusammengesezte Zal. Ihre Faktoren sind $4 + 1$, und $4 - 1$ oder 5 und 3.

Es sey $a = 45$; also $45 . 24^2 + 1 = 161^2$, hier ist $y = z^2 = 24^2 > 45 - 2$. Da aber x oder 161 nicht von der Form $45 n \pm 1$ ist, so folgt, nach dem zweiten Falle, daß 45 eine zusammengesezte Zal seyn müsse. Um ihre Factoren zu finden, mache man $161 + 1$ und $161 - 1$, oder 162 und 160. Aber der gemeinschaftliche größte Theiler von 162 und 45 ist 9, und von 160 und 45 ist derselbe 5, mithin sind 9 und 5 die beiden Faktoren von 45.

Es

Es sey a = 87, woraus $87 \cdot 3^2 + 1 = 28^2$. Aber $3^2 < 87 - 2$, mithin ist, nach dem ersten Satze, 87 keine Primzal. Um die Faktoren zu finden, mache man $28 + 1 = 29$, und $28 - 1 = 27$. Aber 29 und 87 haben 29 zum größten gemeinschaftlichen Theiler, und von 27 und 87 ist derselbe = 3; folglich sind die beiden Faktoren 29 und 3.

Es sey a = 91; und man hat

$$91 \cdot 165^2 + 1 = 1574^2.$$

Hier ist $y = z^2 = 165^2 > 91 - 2$. Da aber wiederum $x = 1574$ nicht in der Form $91n \pm 1$ enthalten, so ist nach dem zweiten Fall 91 ebenfalls eine zusammengesezte Zal, deren Faktoren also gefunden werden: Es ist

$$x + 1 = 1575, \text{ und } x - 1 = 1573;$$

aber der größte gemeinschaftliche Theiler von 1575 und 91 ist 7, und der von 1573 und 91 ist 13; mithin sind 7 und 13 die Faktoren von 91.

Es sey a=85, also $85 \cdot 30996^2 + 1 = 285771^2$. Da nun hier $30996^2 > 85 - 2$, und zugleich aber 285771 von der Form $85n + 1$ ist, so läßt sich, nach dem dritten Fall hieraus nichts schliessen. Man mache also $85 \cdot 3 = 255$ (indem man 85 mit dem willkührlichen 3 multiplicirt), und dann erhält man $255 \cdot 1^2 + 1 = 16^2$. Nun ist

$$x + 1 = 17, \; x - 1 = 15.$$

Also sind 17 und 15 die Faktoren von 255, folglich 17 und 5 die Faktoren von 85.

Diß ist ungefehr der Geist von der Methode des Grafen von Schafgotsch. Daß sie für gewisse Werthe von a grosse und weitläufige Rechnung erfordert, bis man das kleinste z findet, das $az^2 + 1$ zu einem Quadrat in ganzen Zalen macht, liegt in der Natur der Sache, so wie auch der Umstand, daß, wenn $z^2 > a - 2$, und x in der Form $an \pm 1$ enthalten ist, man a mit einer beliebigen Zal b multipliciren, und sodann mit $abz^2 + 1$ ebendieselbe Untersuchung von neuem vornehmen muß. Diß leztere ist besonders eine unangenehme Folge der, schon oben berührten, indirekten Verfahrungsart, nach welcher man anstatt $ay + 1$, den Ausdruk $az^2 + 1$ zu einem Quadrat zu machen genöthiget ist. Eben deswegen geräth man auch öfters auf ungeheure Zalen. Zum Beispiel wenn die Theiler von 909191, oder vielmehr von 5 . 909191, d. i. von 4545955 gesucht werden, so erhält man nach einer sehr langen Rechnung, folgende Gleichung für $az^2 + 1 = x^2$,

$$4545955 \cdot (37074886179336725828048723088160784804513634289660763498655)^2 + 1 =$$

$$(790482741705651738629349656268492900551186678587245833797608 74)^2.$$

Nun ist der größte gemeinschaftliche Theiler von $x + 1$ und 4545955, die Zal 1315, und der größte gemeinschaftliche Theiler von $x - 1$ und 4545955 die Zal 3457, mithin

$$1315 \cdot 3457 = 4545955 = 5 \cdot 909191$$

und daher $\frac{1315}{5} \cdot 3457 = 909191$, oder

$$263 \cdot 3457 = 909191.$$

In

In wie fern aber nun die von mir vorgeschlagene, oben aus einander gesezte Methode, länger, oder kürzer, als diese hier berührte ist, lasse ich hier unausgemacht, und begnüge mich, den Leser auf die sinnreichen Untersuchungen und Sätze des vortreflichen Verfassers der oben angeführten Abhandlung, aufmerksam gemacht zu haben.

III.

Probleme aus der unbestimmten Analytik.

1. Aufgabe.

Aus dem kleinsten Werthe p von x, welcher den Ausdruk $1 + a x^2$ zu einem Quadrat in ganzen Zalen macht, eine unzählige Menge andrer Werthe ebenfalls in ganzen Zalen zu finden.

Auflösung.

Es sey $1 + ax^2 = y^2$, so ist

$ax \cdot x = A(y - 1) \dfrac{(y-1)}{A}$, wo A jede Grösse seyn kann.

Sezt man nun $\dfrac{ax}{A} = y - 1$; und $Ax = y + 1$; so findet sich $x = \dfrac{2A}{A^2 - a}$.

Nun

Nun sey $A^2 - a = \frac{1}{p^2}$, so erhält man endlich $x = 2p\sqrt{(1 + ap^2)}$.

Aus diesem neuen Werth von x läßt sich nun, wenn man ihn p heißt, ein dritter, und aus diesem wiederum ein vierter herleiten.

Beispiel.

In $1 + 3x^2$ ist $x = 1$ der kleinste Werth, der diesen Ausdruk zu einem wirklichen Quadrat macht. Sezt man also $p = 1$, so erhält man

$$x = 2\sqrt{(1 + 3.1)} = 4,$$

welcher Werth die Formel $1 + 3x^2$ ebenfalls in ein Quadrat verwandelt. Aus diesem findet sich $x = 56$ und so weiter in Unendliche.

Zusaz.

Durch die vorhergehende Auflösung werden nicht nur unzählige, sondern sogar alle mögliche Werthe von x gefunden, welche $1 + ax^2$ zu einem vollkommenen Quadrat in ganzen Zalen machen. Um diß zu beweisen, ist es genug, zu zeigen, daß zwischen dem Werth p von x, und dem unmittelbar darauf folgenden $2p\sqrt{(1 + ap^2)}$ keine ganze Zal liegt, welche statt x gesezt, den Ausdruk $1 + ax^2$ in ein Quadrat verwandelt. Gesezt nehmlich, es gäbe eine solche Zal ω, daß also $1 + a\omega^2 = \nu^2$ wäre, so müßte also dieselbe, da sie zwischen p und $2p\sqrt{(1 + ap^2)}$ liegt, $> p$ und $< 2p\sqrt{(1 + ap^2)}$ seyn. Es sey daher $\omega = p + q$, mithin $\omega^2 = p^2 + 2pq + q^2$, und also $1 + ap^2 + 2apq + aq^2 = \nu^2$. Aber $\omega = p + q < 2p\sqrt{(1 + ap^2)}$.

also $q < 2p\sqrt{(1+ap^2)} - p$, und mithin $aq^2 < 5ap^2 + 4a^2p^4 - 4ap^2\sqrt{(1+ap^2)}$.

Ueberdiß ist $2apq < 4ap^2\sqrt{(1+ap^2)} - 2ap^2$, folglich $2apq + aq^2 < 3ap^2 + 4a^2p^4$, und also $1 + a\omega^2 > 1 + ap^2 + 3ap^2 + 4a^2p^4$, oder $> 1 + 4ap^2 + 4a^2p^4$.

Da aber, auf der andern Seite, nach der Voraussetzung, $\omega < 2p\sqrt{(1+ap^2)}$ seyn muß, und mithin auch $\omega^2 < 4p^2(1+ap^2)$ ist, so muß auch $1 + a\omega^2 < 1 + 4ap^2(1+ap^2)$, oder $< 1 + 4ap^2 + 4a^2p^4$ seyn. Also wäre $1 + a\omega^2$ zugleich grösser und kleiner, als der Werth $1 + 4ap^2 + 4a^2p^4$; welches unmöglich ist: folglich ist es auch nicht möglich, daß es ausser den zwei unmittelbar aufeinander folgenden Werthen p und $2p\sqrt{(1+ap^2)}$ noch einen andern dazwischen liegenden ω geben könne, der $1 + a\omega^2$ ebenfalls zu einem Quadrat in ganzen Zalen macht.

1. Saz.

Wenn in $f^2 + ax + bx^2$ der Coeffizient b nur um Eine Einheit kleiner ist, als ein Quadrat, so kann diese Formel zu einem Quadrat in ganzen Zalen gemacht werden.

Beweiß.

Es sey $f^2 + ax + bx^2 = y^2$, so ist auch $\frac{x}{B}(a+bx) . B = y^2 - f^2 = A(A-2f)$. Sezt man nun hier $\frac{x}{B} = A$, und $(a+bx)B = A - 2f$;

so findet sich

$$x = \frac{aB^2+2fB}{1-bB^2},$$ oder, weil statt des willkührlichen B auch $\frac{1}{B}$ gesezt werden darf.

$$x = \frac{a+2fB}{B^2-b}$$

oder endlich

$$x = \frac{a+2f\sqrt{(b+1)}}{b+1-b} = a+2f\sqrt{(b+1)}.$$

2. Saz.

Die Formel $f^2+ax+bx^2$ kann zu einem Quadrat in ganzen Zalen gemacht werden, so oft b kein vollkommnes Quadrat ist.

Beweiß.

Entweder ist b um eine Einheit kleiner, als eine Quadratzal, oder um mehrere. Im ersten Fall ist der Saz bereits erwiesen: Im andern setze man $x = my$, so verwandelt sich

$$f^2+ax+bx^2 \text{ in } f^2+am.y+bm^2.y^2.$$

Nun kann man aber immer einen solchen Werth für m in ganzen Zalen finden, daß $1+bm^2=z^2$, folglich läßt sich auch nach dem vorhergehenden Satze ein y finden, welches $f^2+amy+bm^2.y^2$ zu einem vollkommnen Quadrat in ganzen Zalen macht. Der Werth von y nach eben diesem Satze

$$= am+2fz.$$

Beispiel.

Man soll $5^2+3x+11x^2$ zu einem Quandrat in ganzen Zalen machen.

Es sey x = my: so kommt es zuerst darauf an, m zu bestimmen, welches aus der Bedingung geschehen muß, daß $1 + 11 . m^2 = z^2$ ist. Nun ist hier m = 3, folglich z = 10; daher y = 109 und x = 327; welcher Werth auch Genüge leistet, denn er verwandelt obigen Ausdruk in $1177225 = 1085^2$.

Nach der Auflösung der ersten Aufgabe gibt es unzählig viele m, welche $1 + bm^2$ in ein Quadrat verwandeln: Es lassen sich also auch für $f^2 + ax + bx^2$ unzählig viele x finden.

Ueber die Verwandlung des Ausdruks: $f^2 + ax + b^2x^2$ in ein Quadrat in ganzen Zalen.

Bei dem vorhergehenden Satze wurde die wesentliche Bedingung zum Grund gelegt, daß b keine Quadratzal seyn durfte. Nun soll jezt auch untersucht werden, ob? und in welchen Fällen auch

$$f^2 + ax + b^2x^2$$

zu einem Quadrat in ganzen Zalen gemacht werden könne, welche Untersuchung, wie wir bald sehen werden, von der grössten Wichtigkeit ist.

Es sey demnach $f^2 + ax + b^2x^2 = y^2$, so folgt nach der bisher von mir gebrauchten Methode, daß

$$x = -\frac{a \pm \sqrt{(p^2 - 4b^2f^2 + a^2)}}{2b^2}$$

ist, wo p jede Zal vorstellet. Da aber eine allgemeine Auflösung dieser Formel äusserst schwer, und vielleicht unmöglich ist, so wollen wir einige besondre Fälle betrachten, die eine leichte Auflösung zulassen.

1) Es sey $b = f = 1$; woraus

$$x = -\frac{a \pm \sqrt{(p^2 - 4 + a^2)}}{2}$$

folgt. Ist nun a ungerad, so kann dieser Fall leicht auf den in der Abhandlung von den Theilern der Zalen bewiesenen ersten Saz zurükgeführt werden, wie aus folgendem Beispiele erhellet.

Beispiel.

Man soll ein x finden, das den Ausdruk $1 + 107x + x^2$ zu einem Quadrat in ganzen Zalen macht.

Hier ist also $a = 107$, und demnach

$$x = -107 \pm \sqrt{\frac{(p^2 + 11445)}{2}}.$$

Aber $11445 = 15 \cdot 763$, mithin ist

$$p = \frac{763 - 15}{2} = 374 \text{ und also } x = 141,$$

welcher Werth den Ausdruk $1 + 107x + x^2$ in $34969 = 187^2$ verwandelt.

Da 11445 auch $= 5 \cdot 2289$ ist, so ist ein andrer Werth von p auch $= \frac{2289 - 5}{2} = 1142$, woraus $x = 520$ folgt, welcher Werth ebenfalls Genüge leistet, indem er den Ausdruk $1 + 107x + x^2$ in $326041 = 571^2$ verwandelt.

Endlich ist $11445 = 1 \cdot 11445$, woraus ein dritter Werth von $p = \frac{11445-1}{2} = 5222$ gefunden wird, aus welchem $x = 5616$ und $1 + 107x + x^2 = 8185321 = 2861^2$ entspringt.

Ist aber a gerade, so kann es Fälle geben, wo durch diese Methode nichts gefunden wird. Es sey, zum Beispiel, $1 + 6x + x^2$ in ein Quadrat zu verwandeln, so ist hier $a = 6$ und $\sqrt{(p^2 - 4 + a^2)} = \sqrt{(p^2 + 32)}$. Nun ist $32 = 1 \cdot 32 = 2 \cdot 16 = 4 \cdot 8$; folglich p entweder $\frac{32-1}{2}$, oder $\frac{16-2}{2}$ oder $\frac{8-4}{2}$; der erste und zweite Werth geben für x gebrochene Zalen, und aus dem dritten folgt $x = 0$, oder $x = -6$, welche beide Werthe zu nichts führen.

2) Es sey $b = 1$, so läßt sich $f^2 + ax + x^2$ in ein Quadrat verwandeln, wenn in

$$x = -\frac{a \pm \sqrt{(p^2 + a^2 - 4f^2)}}{2}$$

a und f so beschaffen sind, daß die unter dem Wurzelzeichen enthaltene Grösse mit a entweder gleich gerade, oder gleich ungerade ist. So findet sich z. B. in $34^2 + 72x + x^2$ für x der Werth

$$-\frac{72 \pm \sqrt{(p^2 + 560)}}{2}.$$

Aber $560 = 16 \cdot 35$. Wenn also $p = 4q$ gesezt wird, so ist

$$x = -\frac{72 \pm 4\sqrt{(q^2 + 35)}}{2}$$

Aber

Aber $35 = 5 \cdot 7$, also $q = \frac{7-5}{2} = 1$, folglich $x = -24$, und $x = -48$.

Wenn man den Ausdruk $f^2 + ax + b^2x^2$ nach der oben vorgetragenen Methode behandelt, so findet sich für x auch folgender Werth: $x = \frac{2fm-a}{b^2-m^2}$, wo m eine unbestimmte Zal ist, und hieraus folgt, daß obige Formel in dem besondern Fall zu einem Quadrat in ganzen Zalen gemacht werden könne, wenn f und a mit einer dritten Grösse c theilbar sind, und überdiß $b = \sqrt{(c + m^2)}$ enthalten ist.

Beispiel.

Gesezt c sey 5, so ist $m = 2$, und $b = 3$. Wenn also z. B. $a = 5 \cdot 4$ und $f = 5 \cdot 6$, so wird $x = 20$ den Ausdruk $30^2 + 20x + 9x^2$ zu einem Quadrat in ganzen Zalen machen.

Ueberhaupt lassen sich, um bei diesem Beispiel stehen zu bleiben, alle Ausdrücke zu vollkommnen Quadraten in ganzen Zalen machen, welche in der Formel $5^2f^2 + 5ax + 9x^2$ enthalten sind.

Wollte man für ein anderes b auf eine ähnliche Art eine unzähliche Menge einzelner Fälle bestimmen, so sey $c = 7$, mithin $b = \sqrt{(7 + m^2)}$, also $m = 3$, folglich $b = 4$. Es sind daher alle Ausdrücke von dieser Form $7^2f^2 + 7ax + 16x^2$ leicht zu Quadraten zu machen.

Wenn zum Beispiel $f = 2$ und $a = 3$ ist, so wird $x = \frac{2 \cdot 2 \cdot 3 \cdot 7 - 3 \cdot 7}{7} = 9$ den Ausdruk $14^2 + 21x + 16x^2$ in ein Quadrat verwandeln. Es lassen sich demnach für jedes gegebene b diejenigen Werthe von f und a bestimmen, bei welchen der Ausdruk $f^2 + ax + b^2 x^2$ zu einem Quadrat in ganzen Zalen gemacht werden kann.

Anmerkung.

Das Rationalmachen des Ausdruks:

$$\sqrt{(f^2 + ax + b^2 x^2)}$$

hat einen merkwürdigen Zusammenhang mit dem berühmten Problem von den Theilern der Zalen, welches ganz hierauf zurük geführt werden kann.

Um diß zu zeigen, wollen wir mit Lambert *) annehmen, A sey die Zal, deren Theiler gesucht werden, a die Quadratwurzel derselben in ganzen Zalen, und b der Ueberrest, und also $A = a^2 + b$. Ferner sey der kleinere Theiler $a - x$, und der grössere $a + x + y$, so folgt hieraus, daß

$$2x + y = \sqrt{(4ay + y^2 - 4b)}$$

sey, und mithin $\sqrt{(4ay + y^2 - 4b)}$ rational seyn müsse. Nun sey $4ay + y^2 - 4b = z^2$; so wird aus $4(ay - b) = (z - y) B \frac{(z + y)}{B}$ und $4B = z - y$ und $\frac{ay - b}{B} = z + y$; $y = \frac{b + 4B^2}{a - 2B}$ gefunden werden, welcher Ausdruk eine ganze Zal seyn muß.

Man

*) Beiträge zum Gebrauch der Mathematik, 2. Theil, Theilung und Theiler der Zalen, §. 5, S. 6.

Man nehme also das willkührliche B so an, daß $a - 2B = 1$; so wird $y = b + (a-1)^2$ seyn.

Dieser Werth von y, den wir m heissen wollen, verwandelt nun zwar den Ausdruk $4ay + y^2 - 4b$ wirklich in ein Quadrat; allein man findet dadurch keine andre Theiler von A, als 1 und A selbst. Indessen ist dadurch doch schon ein Schritt weiter gethan; denn wenn man aufs neue $y = m + n$ sezt, so verwandelt sich $4ay + y^2 - 4b$ in

$$4am + m^2 - 4b + (4a + 2m)n + n^2,$$

aber $4am + m^2 - 4b$ ist ein Quadrat, dessen Wurzel wir f heissen wollen; folglich muß

$$f^2 + (4a + 2m)n + n^2;$$

oder $f^2 + ax + x^2$ zu einem Quadrat gemacht werden, wodurch also diß Problem auf das Rationalmachen der oben abgehandelten Formel reducirt worden ist.

Es seyen z. B. die Theiler von 35 zu suchen; so ist $a = 5$; $b = 10$ und also $m = 26$, hieraus ergiebt sich $f = 34$. Folglich muß $34^2 + 72n + n^2$ zu einem Quadrat gemacht werden. Wir haben aber eben diesen Fall schon oben in Gestalt eines Beispiels vorgetragen, und daselbst für n den Werth $= -24$ gefunden. Es ist demnach $y = 2$ und $x = 0$. Folglich $a - x = 5$, und $a - x + y = 7$.

Allein, da die oben vorgetragene Methode, den Ausdruk $\sqrt{(f^2 + ax + x^2)}$ rational zu machen, die Kenntniß der Faktoren der Zalen voraussezt, und sogar darauf gebauet ist, so wäre zu wünschen, daß ein anderer Weg eingeschlagen würde, den Ausdruk

$$\sqrt{(f^2 + ax + b^2 x^2)}$$

auf eine solche Art zu behandeln, daß dabei die von mir gebrauchte Bedingung nicht bereits zum Grund läge, und dann käme man durch die unbestimmte Analytik auf die zierlichste Auflösung des Problems der Theiler der Zalen und der Primzalen.

Von Verwandlung des Ausdruks $f^2 + dx^3$ in ein Quadrat.

Die Ausdrücke $f^2 + ax + bx^2 + cx^3$; $f^2 + bx^2 + cx^3$ und $f^2 + ax + cx^3$ können alle, nach der bisher gezeigten Methode, in Quadrate verwandelt werden, und man wird dadurch für x ebendieselben Werthe finden, die im zweiten Theile dieses Werks stehen. Allein der Ausdruk $f^2 + dx^3$ macht sowol bei der Eulerischen, als auch bei der hier vorgetragenen Methode eine Ausnahme, indem kein allgemeiner rationaler Werth für x gefunden werden kann, weil es Fälle gibt, in welchen dieser Werth unmöglich wird. Es kommt demnach darauf an, diejenigen einzelnen Fälle zu erörtern, in welchen jener Ausdruk zu einem vollkommenen Quadrat gemacht werden kann.

Man setze daher $f^2 + dx^3 = y^2$; so folgt aus

$$x^2 = \frac{(y+f)A}{d} \text{ und } x = \frac{g-f}{A},$$

daß $x = \frac{A^2 \pm \sqrt{(A^4 + 8fdA)}}{2d}$ seyn müsse. Hieraus

aus können vorderſamſt folgende beſondere Fälle abgeleitet werden.

1) So oft $f^2 + d$ ein Quadrat iſt, ſo oft läßt ſich $\sqrt{(f^2 + dx^3)}$ rational machen; denn, wenn das willkührliche $A = 2f$ angenommen wird, ſo erhält man $x = \frac{2f^2 \pm \sqrt{(f^2 + d)}}{d}$, welcher Werth auſſer demjenigen $x = 1$, ebenfalls Genüge leiſtet.

2) Wenn $f + d^2$ ein Quadrat iſt, ſo iſt obiger Ausdruk ebenfalls, und zwar in ganzen Zalen, auflösbar; denn für $A = 2d$ erhält man $x = 2d \pm 2\sqrt{(f + d^2)}$. So findet ſich, z. B. in $11^2 + 5x^3$ für x der Werth $2 \cdot 5 + 2 \cdot 6$, wodurch $11^2 + 5 \cdot 22^3$ in 231^2 verwandelt wird.

3) Wenn fd nur um eine Einheit kleiner iſt, als eine Quadratzal, ſo iſt $f^2 + dx^3$ leicht in ein vollkommnes Quadrat zu verwandeln, denn für $A = 2$ findet ſich $x = \frac{2 + 2\sqrt{(1 + fd)}}{d}$.

Von dieſen ſehr leichten einzelnen Fällen wollen wir nun zu etwas allgemeineren Unterſuchungen übergehen.

Man ſetze alſo $A^4 + 8fdA = (A^2 + 2B)^2$, und $fd = c$, ſo findet ſich hieraus $A = \frac{c \pm \sqrt{(c^2 - B^3)}}{B}$, und $x = \frac{2A^2 + 2B}{2d} = \frac{2c^2 + 2c\sqrt{(c^2 - B^3)}}{dB^2}$

Damit also x rational sey, muß statt B ein solcher Werth genommen werden, daß $c^2 - B^3$ ein vollkommenes Quadrat wird. Hiebei kommt es nun einzig und allein auf die Beschaffenheit von fd oder c an; denn es gibt solche Werthe von c, für welche es unmöglich ist, ein B zu finden, so daß $c^2 - B^3$ ein vollkommnes Quadrat wird, und wieder andre, bei denen diß sehr leicht geschehen kann. Um diß zu zeigen, betrachten wir die Reihe der Quadrate der natürlichen Zalen

1	2	3	4	5	6	7	8	9	10
1	4	9	16	25	36	49	64	81	100

11	12	13	14	15	ꝛc.
121	144	169	196	225	

und ziehen das erste Glied 1 von dem dritten 9 ab, ferner das dritte 9 von dem sechsten 36, das sechste von dem zehnten 100, das zehnte von dem fünfzehnten 225, dieses wieder von dem ein und zwanzigsten u. s. w., so bleiben die Cubi der natürlichen Zalen 8, 27, 64, 125, 216 u. s. w. übrig. Jede andre Quadrate, die man in obiger Reihe von einander abzieht, geben keine Cubiczalen zu Ueberresten. Mithin ist jede Cubiczal nur ein Unterschied von zwei Quadraten. Wenn demnach ein gegebenes c^2 entweder das dritte, sechste, zehnte, fünfzehnte, ein und zwanzigste ꝛc. Glied obiger Reihe ist, so läßt sich das zugehörige B leicht finden, das so ist, daß $c^2 - B^3 =$ einem vollkommenen Quadrat wird; denn wenn c z. B. das fünfzehnte Glied wäre, so dürfte von demselben nur das zehnte (oder das in der Reihe 3, 6, 10, 15, 21, 28, 36, 45 ꝛc. unmittelbar vorhergehende) abgezogen werden, so müßte der Ueberrest eine Cubiczal seyn, deren Wurzel also B hiesse. Ist aber

aber c^2 in der Reihe der Quadrate der natürlichen Zalen nicht das dritte, sechste, zehnte 2c. Glied, sondern irgend ein dazwischen fallendes, so läßt sich auch auf diesem Weg kein B finden, das $c^2 - B^3$ zu einem vollkommnen Quadrat macht.

1. Beispiel.

Man soll den Ausdruk $2^2 + 18\,x^3$ in ein vollkommnes Quadrat verwandeln.

Hier ist also $f = 2$, $d = 18$ und $f\,d$ oder $c = 36$. Da nun 36 in der Reihe 1, 3, 6, 10, 15, 21, 28, 36, 45 2c. für welche der allgemeine Ausdruk $\frac{m\,(m+1)}{2}$ ist, wirklich vorkommt, so ist dieser Fall auflösbar, und zwar findet sich $B = \sqrt[3]{(36^2 - 28^2)} = 8$; mithin ist $x = \frac{2 \cdot 36^2 + 2 \cdot 36 \cdot 28}{18 \cdot 64} = 4$, welcher Werth den Ausdruk $2^2 + 18\,x^3$ in $1156 = 34^2$ verwandelt.

2. Beispiel.

Man soll $5^2 + 93\,x^3$ in ein Quadrat verwandeln. Hier ist $f = 5$, $d = 93$ und $c = 465$. Man setze also $\frac{m\,(m+1)}{2} = 465$, so findet sich $m = 30$, mithin ist 465 in obiger Reihe das dreisigste Glied, und sein Quadrat $= 216125$; und also ist das unmittelbar vorhergehende Glied $= \frac{29 \cdot 30}{2} = 435$, dessen Quadrat $= 180225$, folglich $B^3 = 216225 - 1809225$ oder $= 27000$, also $B = 30$, woraus $x = 10$ folgt.

3. Beispiel.

Man soll $7^2 + 19x^3$ in ein Quadrat verwandeln. Da hier $c = 133$, so setze man $\frac{m(m+1)}{2} = 133$. Nun findet sich für m keine rationale Zal; mithin kommt 133^2 in obiger Reihe nicht vor, und folglich gibt es auch kein B. Es ist also auf diesem Weg unmöglich ein x zu finden, das den Ausdruk $7^2 + 19x^3$ in ein vollkommnes Quadrat verwandelt.

Aufgabe.

Aus einem Werth n welcher $f^2 + dx^3$ in ein Quadrat verwandelt, unzälige andre zu finden.

Auflösung.

Man setze in $x = \frac{A^2 \pm \sqrt{(A^4 + 8fdA)}}{2d}$

$A = \frac{2f}{n}$; so wird $x = \frac{2f}{dn^2}\left(f \pm \sqrt{(f^2 + dn^3)}\right)$

Aber $f^2 + dn^3$ ist ein wirkliches Quadrat; folglich ist x rational. Heißt dieser gefundene Werth m, so findet sich wieder ein neuer, welcher

$$= \frac{2f}{dm^2}\left(f \pm \sqrt{(f^2 + dm^2)}\right)$$

ist, und so ins Unendliche.

Wenn man diese Auflösung mit derjenigen vergleicht, welche Euler im zweiten Theile §. 123 S. 246 gibt, und das daselbst befindliche Beispiel ebenfalls berechnet, so wird man ebendenselben Werth von x finden, den Euler vergebens suchte, und der

der ihn veranlaßte, seine Methode selbst indirekt zu nennen.

Aufgabe.

Aus einem einzigen Werth B von x, welcher den Ausdruk $1 + dx^4$ in ein Quadrat verwandelt, unzälig viele andre zu finden.

Auflösung.

In $x^2 = \frac{2A}{A^2 - d}$ setze man $A = 2m$, so wird

$x^2 = 4 \cdot \frac{m}{4m^2 - d}$. Nun sey $4m^2 - d = y^2$,

und also $B^2(2m - y) \frac{2m + y}{B^2} = 1 \cdot d$.

Wenn nun $B^2(2m - y) = 1$ und $\frac{2m + y}{B^2} = d$

gesezt wird, so findet sich

$$4m = \frac{1 + dB^4}{B^2} \text{ und } y = \frac{dB^4 - 1}{2B^2}$$

und also

$$x^2 = \frac{4B^2(1 + dB^4)}{(dB^4 - 1)^2}$$

Zusaz.

Es muß demnach:

$1 + d(1 + dB^4) \cdot \left\{\frac{2B}{B^4 \cdot d - 1}\right\}^4$ ein Quadrat seyn.

Wenn

Wenn man also $(dB^4+1) . d$ als den Coeffizienten von x^4 oder von $\left(\frac{2B}{dB^4-1}\right)^4$ ansiehet, und B verschiedne Werthe gibt, so lassen sich auf diese Art eine unzälige Menge von auflösbaren Fällen finden. Z. B. Wenn $d = 2$ und $B = 1$ angenommen wird, so findet sich, daß in $1 + 18x^4$ der Werth $x = 2$ diesen Ausdruk in ein Quadrat verwandelt. Für $B = 2$ findet sich in $1 + 2178x^4$, $x = \frac{4}{31}$.

IV.

Bemerkungen über die Formel $\frac{x^2-B}{A}$, wo A und B gegebene ganze Zalen sind, und x diejenige unbekannte ganze Zal vorstellt, deren Quadrat weniger B, durch A ohne Rest theilbar ist.

In einigen der vorhergehenden Kapiteln wurden mehrere der wichtigsten Auflösungen dahin zurükgeführt, daß es darauf ankomme, ein x zu finden, so daß, wenn A u. B gegebene ganze Zalen sind, x^2-B durch A ohne Rest theilbar werde. Es ist aber dieses wiederum ein eigenes sehr schwehres, und bisher noch nicht allgemein aufgelößtes Problem, das eigentlich in zwei andre zerfällt.

1) Wie kann man aus den gegebenen Grössen A und B beurtheilen, ob es möglich, oder unmöglich sey, ein x zu finden, so daß $\frac{x^2-B}{A}$ eine ganze Zal werde.

2) Wie kann man, im Fall daß die Auflösung als möglich erkannt worden, die Werthe von x wirklich finden?

Die erste Frage hat De la Grange in einer vortreflichen Abhandlung aufgelößt, die sich in den Denkschriften der Berliner Akademie der Wissenschaften vom Jahre 1767 befindet, und den Titel führt:

Sur la Solution des Problemes indéterminés du second dégré.

Die andre aber ist, im Allgemeinen, noch unaufgelößt, und was man hiervon weiß, betrift blos einzelne Fälle. So lange indessen dieser Punkt nicht berichtiget ist, so lange sind auch die in den obigen Kapiteln vorgetragenen Sätze und Auflösungen, zum Theil, auf Errathen und Probiren gegründet, und müssen also, so sinnreich sie auch immer seyn mögen, als unvollständig betrachtet werden. Folgende Betrachtungen können vielleicht einiges Licht über diese Materie geben.

Die von De la Grange an angezeigtem Orte vorgetragene Methode, um zu erkennen, ob für ein gegebenes B und A ein x gefunden werden könne, so daß $x^2 - B$ ohne Rest durch A getheilt werden kann, ist zwar ungeachtet sie öfters viele Rechnungen erfordert, ganz allgemein, und in sofern wäre dann dieser Theil des Problems vollständig aufgelößt. Wenn aber gefragt wird welche Werthe von B sind für ein gegebenes A diejenigen, wo die Auflösung unmöglich wird, und bei welchen ist hingegen dieselbe möglich? so würde die erwähnte Methode wegen der allzuvielen Rechnungen von sehr unbequemen Gebrauche seyn.

Es

Es scheint mir daher, daß in diesem Fall, folgende ungleich kürzer und leichter sey.

Problem.

Für ein gegebenes A in $\frac{x^2 - B}{A}$ alle diejenigen Werthe von B zu bestimmen, für welche es nothwendig ein x (das nach dem obenerwiesenen $< \frac{A}{2}$ ist), geben muß, das so beschaffen ist, daß $x^2 - B$ durch A theilbar wird.

Auflösung.

Man suche

1) Diejenige Quadratzal, die unmittelbar kleiner ist, als die Zal A; sie heisse m^2, und also ihre Wurzel m.

2) Hieraus findet sich sodann $2m + 1 = n$.

3) Man addire nun zu m^2 die ungerade Zal n, und ziehe A von der Summe ab, so ist dieser Unterschied der erste Werth von B. Er heisse a.

4) Man addire zu a die in der Reihe der natürlichen Zalen zunächst auf n folgende ungerade Zal, d. i. $n + 2$: so ist die Summe entweder kleiner als A, oder grösser. Im ersten Fall ist $n + 2$ der zweite Werth, im andern aber ziehe man A von $n + 2$ ab, so wird der Unterschied von $n + 2$ und von A der zweite Werth b von B seyn.

5) Zu diesem zweiten Werthe b addire man abermal die nächste auf $n + 2$ folgende ungerade

Zal, woraus sich ein neuer dritter Werth von B findet, und so fahre man fort, zu jedem neuen Werthe von B die, der Ordnung nach auf einander folgenden, ungeraden Zalen zu addiren, und wenn die Summe grösser als A ist, diese leztere Grösse davon abzuziehen, bis man zulezt (welches nach $\frac{A}{2}$ oder $\frac{A}{2} + 1$ Operationen immer geschehen muß) ebendieselden Werthe von B in verkehrter Ordnung zum Vorschein kommen siehet.

6) Hierzu kommen noch, als Werthe von B, alle Quadrate der Zalen von 1 bis n.

7) Alle diejenigen Zalen zwischen 1 und A welche nicht unter den gefundenen Werthen von B begriffen sind, sind solche bei denen, wenn sie statt B gesezt werden, der Ausdruk $\frac{x^2 - B}{A}$ nie eine ganze Zal werden kann, welchen Werth man auch für x annehmen mag.

Beispiel.

Man solle alle diejenigen Werthe von B in $\frac{x^2 - B}{31}$ finden, wodurch $x^2 - B$ durch 31 theilbar wird.

Hier ist also 25 die nächst kleinere Quadratzal, mithin $m = 5$; folglich $n = 11$.

Nun ist $25 + 11 = 36$; mithin $36 - 31 = 5$ der erste Werth von B.

Die

Die übrigen finden sich nach N° 4 und 5 also:

Erster Werth von	B = 5
Hiezu addirt n + 2 oder	= 13
Zweiter Werth von	B = 18
Hiezu addirt n + 4	= 15
	33
Abgezogen A oder	31
Dritter Werth von B	= 2
Hiezu addirt n + 6	= 17
Vierter Werth von B	= 19
Hiezu rc.	19
	38
	31
Fünfter Werth von B	= 7
	21
Sechster Werth von B	= 28
	23
	51
	31
Siebenter Werth von B	= 20
	25
	45
	31
Achter Werth von B	= 14
	27
	41
	31

Neunter Werth von B	= 10
	29
	39
	31
Zehnter Werth von B	= 8
	31
	39
	31
Zehnter Werth von B	= 8
	33
	41
	31
Neunter Werth von B	= 10

&c.

Da hier die Zalen 8, 10, 14 ꝛc. wiederum zum Vorschein kommen, so ist also die Operation bei dem zehnten Werth 8 aus, und es sind nach N° 6 nur noch 1^2, 2^2, 3^2, 4^2, 5^2, oder 1, 4, 9, 16, 25 als Werthe von B hinzuzufügen. Ordnet man nun die gefundnen 15 Werthe, so sind sie folgende:

Werthe von B	B = 10
B = 1	B = 14
B = 2	B = 16
B = 4	B = 18
B = 5	B = 19
B = 7	B = 20
B = 8	B = 25
B = 9	B = 28

folglich sind folgende Fälle auflösbar

$\frac{x^2-1}{31}$, $\frac{x^2-2}{31}$, $\frac{x^2-4}{31}$, $\frac{x^2-5}{31}$, $\frac{x^2-7}{31}$, $\frac{x^2-8}{31}$,
$\frac{x^2-9}{31}$, $\frac{x^2-10}{31}$, $\frac{x^2-14}{31}$, $\frac{x^2-16}{31}$, $\frac{x^2-18}{31}$,
$\frac{x^2-19}{31}$, $\frac{x^2-20}{31}$, $\frac{x^2-25}{31}$, $\frac{x^2-28}{31}$,

unauflösbar sind demnach

$\frac{x^2-3}{31}$, $\frac{x^2-6}{31}$, $\frac{x^2-11}{31}$, $\frac{x^2-12}{31}$, $\frac{x^2-13}{31}$,
$\frac{x^2-15}{31}$, $\frac{x^2-17}{31}$, $\frac{x^2-21}{31}$, $\frac{x^2-22}{31}$, $\frac{x^2-23}{31}$,
$\frac{x^2-24}{31}$, $\frac{x^2-26}{31}$, $\frac{x^2-27}{31}$, $\frac{x^2-29}{31}$ u. $\frac{x^2-30}{31}$.

Beweiß.

Alle Zalen sind in Absicht auf die Zal A so, daß sie durch A getheilt, entweder aufgehen, oder 1 zum Rest lassen, oder 2, 3 ꝛc. oder A − 1; sie lassen sich also nebst ihren Quadraten also vorstellen:

Zalen.	Quadrate.
nA	n^2A^2
$nA + 1$	$n^2A^2 + 2\,nA + 1$
$nA + 2$	$n^2A^2 + 4\,nA + 4$
$nA + 3$	$n^2A^2 + 6\,nA + 9$
$nA + 4$	$n^2A^2 + 8\,nA + 16$
&c.	&c.
$nA + (A-2)$	$n^2A^2 + 2\,nA\,(A-2) + (A-2)^2$
$nA + (A-1)$	$n^2A^2 + 2\,nA\,(A-1) + (A-1)^2$

Gesezt also, 16 sey dasjenige Quadrat, das unmittelbar kleiner als A ist, so lassen alle, von nA + 1 bis nA + 4 enthaltene Quadrate, mit A getheilt, 1, 4, 9 oder 16 zum Ueberrest: heissen diese Quadrate demnach α^2, β^2, γ^2, δ^2, so ist $\alpha^2 = mA + 1$, $\beta^2 = nA + 4$, $\gamma^2 = pA + 9$, $\delta^2 = qA + 16$, mithin $\frac{\alpha^2 - 1}{A} = m$, $\frac{\beta^2 - 4}{A} = n$, $\frac{\gamma^2 - 9}{A} = p$ und $\frac{\delta^2 - 1}{A} = q$, wo also m, n, p und q ganze Zalen sind.

Was sodann die nach $(nA + 4)^2$ folgenden Quadrate betrift, so sind ihre zwei ersten Glieder $n^2A^2 + 10nA$ ꝛc. jederzeit durch A theilbar. Ihre lezten Glieder 25, 36, 49, 64 ꝛc. aber als die Quadrate der natürlichen Zalen, wachsen nach der Ordnung der ungeraden Zalen, und da sie, von 25 an, alle > A, so können sie zwar sämmtlich durch A getheilt werden, aber es entstehen bei jeder Division Ueberreste, welche, gleich den Zalen 25, 36, 49, 64 ꝛc. in ebenderselben Ordnung wachsen. Man darf also um diese Ueberreste zu finden, die Theilung durch A nicht wirklich vornehmen, sondern es ist genug, wenn man die der Ordnung nach auf einander folgenden Zalen zum ersten Ueberreste addirt, und jederzeit, wenn die Summe > A ist, diese leztere Grösse davon abziehet. Nun ist in dem gegebenen Beispiele 25 das lezte Quadrat, das < A ist: mithin ist das folgende $= 5^2 + 2 \cdot 5 + 1 = 25 + 11 = 36$, und daher der erste Werth von $B = 36 - A = 5$ u. s. w.

Aus der hier gegebenen Auflösung siehet man, daß die Frage ob für ein gegebenes B und A ein x gefunden werden könne, wodurch $\frac{x^2 - B}{A}$ einer ganzen

Zal

Zal gleich wird, nur ein besondrer Fall unsers Problems ist, indem wir für ein bestimmtes A, vermittelst einer immer eben so einfachen, als leichten Rechnung, alle Werthe von B, welche eine Auflösung möglich machen, und alle, wobei dieselbe unmöglich wird, finden gelehrt haben.

Wir kommen nun zur zweiten Frage: Für ein gegebenes A und B ein x in ganzen Zalen zu finden, so daß $\frac{x^2-B}{A}$ eine ganze Zal wird? Folgende Betrachtungen werden uns zur vollständigsten Auflösung dieses Problems führen: Wenn $\frac{x^2-a}{b}$ eine ganze Zal ist, so ist es auch $\frac{4x^2-4a}{b}$, $\frac{9x^2-9a}{b}$, $\frac{16x^2-16a}{b}$, $\frac{25x^2-25a}{b}$ ꝛc. ꝛc. Nun kann $\frac{x^2-1}{b}$ immer zu einer ganzen Zal gemacht werden, [weil $x^2-1=(x+1)(x+1)$, und daher sowol $x+1$ als auch $x-1$ der Grösse b gleich gesezt werden kann], mithin lassen sich auch $\frac{4(x^2-1)}{b}$, $\frac{9(x^2-1)}{b}$, $\frac{16(x^2-1)}{b}$ ꝛc. zu ganzen Zalen machen. Aus diesen ganz einfachen Prämissen fließt nun folgende Methode, die wir, desto grösserer Deutlichkeit wegen, sogleich an einem Beispiele darthun wollen.

Man soll dasjenige x finden, das so ist, daß $\frac{x^2-19}{31}$ einer ganzen Zal gleich wird.

Man verfertige folgende Tabelle:

1	$\frac{x^2-1}{31}$	$=\frac{x^2-1}{31}$	
4	$\frac{4x^2-4}{31}$	$=\frac{(x^{I})^2-2^2}{31}$	
9	$\frac{9x^2-9}{31}$	$=\frac{(x^{II})^2-3^2}{31}$	
16	$\frac{16x^2-16}{31}$	$=\frac{(x^{III})^2-4^2}{31}$	
25	$\frac{25x^2-25}{31}$	$=\frac{(x^{IV})^2-5^2}{31}$	
36	$\frac{36x^2-36}{31}$	$=\frac{(x^{V})^2-5}{31}$	-1
49	$\frac{49x^2-49}{31}$	$=\frac{(x^{VI})^2-18}{31}$	-1
64	$\frac{64x^2-64}{31}$	$=\frac{(x^{VII})^2-2}{31}$	-2
81	$\frac{81x^2-81}{31}$	$=\frac{(x^{VIII})^2-19}{31}$	-2

100

In die erste Kolonne setze man die Quadrate der natürlichen Zalen; 1, 4, 9, 16 ꝛc.; in die zweite das Produkt jedes dieser Quadrate, z. B. von 9 in $\frac{x^2-1}{31}$, (woraus also für diesen Fall $\frac{9x^2-9}{31}$ entspringt).

100	$\frac{100x^2-100}{31} = \frac{(x^{IX})^2-7}{31} - 3$
121	$\frac{121x^2-121}{31} = \frac{(x^{X})^2-28}{31} - 3$
144	$\frac{144x^2-144}{31} = \frac{(x^{XI})^2-20}{31} - 4$
169	$\frac{169x^2-169}{31} = \frac{(x^{XII})^2-14}{31} - 5$
196	$\frac{196x^2-916}{31} = \frac{(x^{XIII})^2-10}{31} - 6$
225	$\frac{225x^2-225}{31} = \frac{(x^{XIV})^2-8}{31} - 7$
256	$\frac{257x^2-256}{31} = \frac{(x^{XV})^2-8}{31} - 8$

springt). Die dritte Kolonne ist mit der zweiten gleich, nur daß statt $9x^2$, $16x^2$ rc. ein einziger Buchstabe gesezt, und von 36 an, jedes zweite Glied als 36 49, 64 rc. wirklich mit 31 dividirt worden. Diese Kolonnen seze man nun so weit fort, bis die Zal B, also hier 19, entweder wirklich zum Vorschein kommt, (wie hier in der neunten Reihe) oder bis in zwei auf einander folgenden Reihen ebendasselbe B (wie hier in den zwei lezten Reihen) erscheint, welches nach dem oben erwiesenen Saze immer geschehen muß.

Man siehet also bei $\frac{x^2-19}{31}$ nicht nur, daß

dieser Fall unter die auflösbaren gehört, sondern die Auflösung selbst hat nun keine Schwierigkeit mehr; denn, wenn $\frac{x^2-19}{31}$ eine ganze Zal seyn soll, so muß auch $\frac{x^2-19}{31}-2$, oder $\frac{(x^{VIII})^2-19}{31}-2$, das ist: $\frac{(x^{VIII})^2-81}{31}$ eine ganze Zal seyn. Aber

$$\frac{(x^{VIII})^2-81}{31}=\frac{(x^{VIII}+9)\ (x^{VIII}-9)}{31}.$$

Sezt man nun $x^{VIII}+9=31$, so findet sich $x^{VIII}=22$, welcher Werth auch wirklich den Ausdruk $\frac{x^2-19}{31}$ in $\frac{22^2-19}{31}$ oder 15 verwandelt. Nähme man aber $x^{VIII}-9=31$, so fände sich $x^{VIII}=x=40$, und $\frac{x^2-19}{31}$ wäre $=51$. Käme aber B in dem zweiten Gliede des Zälers der dritten Kolonne gar nicht zum Vorschein, so wäre diß, nach dem obigen ein Beweiß, daß es für dieses B und A unmöglich wäre, ein x zu finden, das die Frage auflößte.

So wäre also das Problem $\frac{x^2-B}{A}$ in eine ganze Zal zu verwandeln, auf eine eben so allgemeine als leichte Art aufgelößt. Die erste und zweite Kolonne erfordern gar keine Rechnung, weil die Quadrate der natürlichen Zalen bereits bekannt, und in Tabellen gebracht sind. Nur die dritte Kolonne, worinn diese

Qua-

Quadrate durch A der Ordnung nach müssen dividirt, und die Quotienten und Ueberreste bemerkt werden, erfordert einige Mühe, obgleich auch die jedesmaligen Ueberreste, nach dem oben gezeigten, ganz leicht und ohne Division gefunden werden können. Die Hauptschwierigkeit beruhet also auf den Quotienten, welche aber ebenfalls leicht zu finden sind, da, wegen den bereits bekannten Ueberresten nur die ganzen Zalen genommen werden dürfen.

Anmerkung.

Da in $\frac{x^2-19}{31}$ der Werth $x = 9$ diese Grösse ebenfalls zu einer ganzen Zal nemlich zu 2 macht; so könnte man sich wundern, daß unsere Methode nicht ebenfalls diesen Werth $x = 9$, sondern einen grössern gegeben hat. Allein es war im bisherigen nur darum zu thun, zu zeigen, wie ein Werth, also eben nicht der kleinste, gefunden werden könne. Indessen begreift doch wirklich der Ausdruk $\frac{(x^{VIII})^2-19}{31} - 2$ alle mögliche Auflösungen in sich. Fragt man nemlich nach demjenigen x, welches diesen Ausdruk, und also den Theil $\frac{(x^{VIII})^2-19}{31}$ zur kleinsten ganzen Zal macht, so setze man $\frac{(x^{VIII})^2-19}{31} - 2 = 0$, woraus sich sodann $x^{VIII} = 9$ ergibt. Wollte man aber grössere Werthe für x, so mache man überhaupt $\frac{(x^{VIII})^2-19}{31} - 2$ oder $\frac{(x^{VIII})^2-81}{31} = a$, und da $(x^{VIII})^2 - 81 = (x^{VIII}+9)(x^{VIII}-9)$ ist, so sey $x^{VIII} \pm 9 = 31b$, also $x^{VIII} = 31b \pm 9$, so wird also $a = b(31b \pm 18)$; welcher Ausdruk alle mögliche Werthe von $\frac{(x^{VIII})^2 - 19}{31} - 2$ vorstellt, und wegen dem willkührlichen b eine unendliche Menge von x^{VIII} darstellt, welche alle der Bedingung Genüge leisten.

Um diese Methode durch noch ein Beispiel zu erläutern, wollen wir annehmen, es soll $\frac{x^2 - 13}{101}$ zu einer ganzen Zal gemacht werden. Hier kommt also die Rechnung so zu stehen:

1	$\frac{x^2 - 1}{101}$	
4	$\frac{4x^2 - 4}{101}$	$= \frac{X^2 - 2^2}{101}$
	2c. 2c.	
100	$\frac{100x^2 - 100}{101}$	$= \frac{X^2 - 100}{101}$
121	$\frac{121x^2 - 121}{101}$	$= \frac{X^2 - 20}{101} - 1$
144	$\frac{144x^2 - 144}{101}$	$= \frac{X^2 - 43}{101} - 1$
169	$\frac{169x^2 - 169}{101}$	$= \frac{X^2 - 68}{101} - 1$
196	$\frac{196x^2 - 196}{101}$	$= \frac{X^2 - 95}{101} - 1$

225	$\frac{225x^2 - 225}{101} = \frac{X^2 - 23}{101} - 2$
256	$\frac{256x^2 - 256}{101} = \frac{X^2 - 54}{101} - 2$
289	— — — — $\frac{X^2 - 87}{101} - 2$
324	— — — — $\frac{X^2 - 21}{101} - 3$
361	— — — — $\frac{X^2 - 58}{101} - 3$
400	— — — — $\frac{X^2 - 97}{101} - 3$
441	— — — — $\frac{X^2 - 37}{101} - 4$
484	— — — — $\frac{X^2 - 80}{101} - 4$
529	— — — — $\frac{X^2 - 24}{101} - 5$
576	— — — — $\frac{X^2 - 71}{101} - 5$
625	— — — — $\frac{X^2 - 19}{101} - 6$
676	— — — — $\frac{X^2 - 70}{101} - 6$

$$729 \;|\; — — — — \frac{X^2-22}{101} - 7$$

$$784 \;|\; — — — — \frac{X^2-77}{101} - 7$$

$$841 \;|\; — — — — \frac{X^2-33}{101} - 8$$

$$900 \;|\; — — — — \frac{X^2-92}{101} - 8$$

$$961 \;|\; — — — — \frac{X^2-52}{101} - 9$$

$$1024 \;|\; — — — — \frac{X^2-14}{101} - 10$$

$$1089 \;|\; — — — — \frac{X^2-79}{101} - 10$$

$$1156 \;|\; — — — — \frac{X^2-45}{110} - 11$$

$$1225 \;|\; — — — — \frac{X^2-13}{101} - 12$$

Da hier 13 zum Vorschein kommt, so bricht die Rechnung also bei dieser Stelle ab. Um nun den kleinsten Werth von X zu bekommen, mache man $\frac{X^2-13}{101} - 12 =$ der kleinsten bejahten Zal, d. i. $= 0$, so findet sich $X^2 = 1225$; also X oder $x = 35$.

welcher

welcher Werth den Ausdruk $\frac{x^2-13}{101}$ in 12 verwandelt.

Der Ausdruk $\frac{x^2+D}{A}$ kann ganz auf $\frac{x^2-B}{A}$ zurükgeführt werden. Denn, wenn $\frac{x^2+D}{A}$ eine ganze Zal ist, so muß auch $\frac{x^2+D}{A}-1$ oder $\frac{x^2+D-A}{A}$, das ist: $\frac{x^2-(A-D)}{A}$ oder $\frac{x^2-B}{A}$ eine ganze ganze Zal seyn, und umgekehrt, wenn $\frac{x^2-B}{A}$ keine ganze Zal ist, so kann auch $\frac{x^2-B}{A}+1$, oder $\frac{x^2-B+A}{A}$ d. i. $\frac{x^2+D}{A}$ keine seyn.

Anmerkung.

Die Rechnung, um den kleinsten Werth für x in $\frac{x^2-B}{A}$ zu finden, kann noch dadurch beträchtlich abgekürzt werden, daß es eben nicht nöthig ist, die drei Kolonnen, wie sie hier der Deutlichkeit wegen vorgestellt sind, auch wirklich also zu entwickeln. Es ist nemlich schon genug, nach obigem alle Unterschiede oder Werthe von B zu berechnen, bis man auf den vorgegebenen kommt, diese Werthe hierauf abzuzälen und zu der gefundenen Zal die Anzal derjenigen Quadrate zu addiren, die vor A hergehen.

So

So ist z. B. in $\frac{x^2-19}{31}$, 19 der vierte Unterschied, oder vierte Werth, von B, und vor 31 gehen die fünf Quadrate 1, 4, 9, 16, 25 her; also ist der kleinste Werth von $x = 4 + 5 = 9$.

Eben so ist beim zweiten Beispiel $\frac{x^2-13}{101}$, 13 der 25ste sich entwickelnde Unterschied, und vor 101 gehen zehn Quadratzalen her: also ist

$$x = 25 + 10 = 35 \text{ u. s. w.}$$

1. Beispiel.

Es sey $\frac{x^2+3}{31}$ in eine ganze Zal zu verwandeln.

Hier muß also auch $\frac{x^2+3}{31} - 1$, oder $\frac{x^2-28}{31}$ eine ganze Zal seyn. Nun ist, nach obigem Beispiele, dieser leztere Ausdruk unter den möglichen Fällen: Folglich muß auch $\frac{x^2-28}{31} + 1$, d. i. $\frac{x^2+3}{31}$ eine ganze Zal werden können. Aber um das kleinste x zu finden, das $\frac{x^2-28}{31}$ zu einer ganzen Zal macht, muß $\frac{(x^x)^2-28}{31} - 3 = 0$ gesezt werden: daraus findet sich x^x oder $x = 11$, und eben dieser Werth verwandelt auch den Ausdruk $\frac{x^2+3}{31}$ in eine ganze Zal, nemlich in 4.

2.

2. Beispiel.

Es sey $\frac{x^2+5}{31}$. Diese Frage reduzirt sich auf $\frac{x^2+5}{31} - 1$, d. i. auf $\frac{x^2-26}{31}$. Da aber dieser Fall, nach dem obigen Beispiel, unter die Unmöglichen gehört; so sucht man auch vergebens ein x in ganzen Zalen, wodurch $\frac{x^2+5}{31}$ eine ganze Zal würde.

V.

Eine besondere Methode, den Ausdruk $\frac{a + bx + dx^2}{c}$ in eine ganze Zal zu verwandeln, wo a, b, d, c gegebene ganze Zalen, und x die unbekannte, ebenfalls in ganzen Zalen auszudrückende Grösse, vorstellt.

Das Problem, ein x zu finden, wodurch

$$\frac{a + bx + dx^2 + ex^3 + \text{etc.}}{c}$$

einer ganzen Zal gleich wird, gehört unter die schwersten der unbestimmten Analytik, und die allgemeinste Auflösung desselben scheint mit beinahe unauflöslichen Schwierigkeiten verknüpft zu seyn. Bis nun diese einmal erfolgt, bleibt also, ausser dem von de la Grange angezeigten Wege, nichts übrig, als einzelne Fälle zu erörtern, wovon besonders derjenige

$$\frac{a + bx + dx^2}{c}$$

einer kurzen und zierlichen Auflösung fähig ist.

Es ist nemlich $\frac{a+bx+dx^2}{c}$ = einer ganzen Zal $= p$, (wo ich voraussetze, daß a, b und d insgesammt $< c$ sind, weil, wenn sie grösser wären, c in dieselben dividirt werden könnte, und mithin also nur die Ueberreste, die jederzeit $< c$ sind, in Betrachtung kämen,) folglich ist

$$x = -\frac{b \pm \sqrt{(4cdp-4ad+b^2)}}{2d}$$

Nun sey $b^2 - 4ad = B$, und $4cd = D$; so ist

$$x = -\frac{b \pm \sqrt{(Dp+B)}}{2d}.$$

Es sey ferner $Dp + B = z^2$, also $p = \frac{z^2 - B}{D}$, so wird $x = -\frac{b \pm z}{2d}$ seyn.

Man suche also, nach dem Obigen, für D und B dasjenige z, wodurch $\frac{z^2 - B}{D}$ eine ganze Zal p wird. Findet sich kein z, so ist es auch nicht möglich, ein x zu finden, das der Bedingung Genüge leistet, und dieser Fall gehört sodann unter die unauflöslichen. Findet sich aber ein z, das $\frac{z^2-B}{D}$ zu einer ganzen Zal macht, so lassen sich, nach den oben vorgetragenen Sätzen, unzählig viele andere daraus herleiten, wo es denn nun noch darauf ankommt, zu bestimmen, ob, und welche von diesen Werthen für z so sind, daß $x = -\frac{b \pm z}{2d}$ = einer ganzen Zal ist. Wir haben aber oben gezeigt, daß wenn z derjenige Werth von x ist, der $\frac{x^2-B}{D}$ zu einer ganzen Zal macht, auch der Werth $Dp'+z$, (wo p' jede ganze Zal seyn kann,) eben das leiste. Es muß demnach

$$x = -\frac{b \pm Dp' \pm z}{2d} \text{ oder } -\frac{b \pm z \pm Dp'}{2d}$$

eine ganze Zal seyn. Sezt man also $-b \pm z = \alpha$, und $2d = \beta$, so kommt es darauf an, ein solches p' zu finden, daß $\frac{\alpha \pm Dp'}{\beta}$ eine ganze Zal wird, welches Problem nicht die geringste Schwierigkeit hat.

1. Beispiel.

Ein x in ganzen Zalen zu finden, so daß der Ausdruk $\frac{2+3x+x^2}{7}$ eine ganze Zal wird.

Auflösung.

Hier ist also $a = 2$, $b = 3$, $d = 1$, und $c = 7$; mithin $b^2 - 4ad = B = 1$, und.

$4cd = D = 28$; also $p = \frac{z^2-1}{28} = (z+1)\frac{(z-1)}{28}$

Sezt man also $z + 1 = 28$, so wird $z = 27$, und $x = -\frac{b \pm z}{2d} = -\frac{3 \pm 27}{2} = 12$ oder $= -15$, welche beide Werthe Genüge leisten, und den Ausdruk

druk $\frac{2+3x+x^2}{7}$ in 26 verwandeln. Ausser diesem Werth von z kann man auch jeden andern in dem Ausdruk $28\,p' + 27$ enthaltenen sezen, so daß also allgemein $x = -\frac{3 \pm 28p' \pm 27}{2}$ oder $= 14\,p' + 12$ ist, wo statt p' jede ganze Zal gesezt werden darf.

2. Beispiel.

Es sey $\frac{5+11x+3x^2}{13}$. Hier ist $a = 5$, $b = 11$, $d = 3$, und $c = 13$. Also $B = 61$ und $D = 156$, mithin $p = \frac{z^2 - 61}{156}$. Stellt man nun nach obigen Grundsäzen die daselbst angezeigte Differenzenrechnung an, so findet sich 61 als der eilfte Werth B, und da vor 156 zwölf Quadrate hergehen, so ist $z = 11 + 12 = 23$; also $x = -\frac{11+23}{6} = 2$, welcher Werth die Formel $\frac{5+11x+3x^2}{13}$ in 3 verwandelt. Da aber statt z auch der Werth $156\,p' + 23$ gesezt werden darf, so ist also der allgemeine Ausdruk für alle x, wodurch $\frac{5+11x+3x^2}{13}$ eine ganze Zal wird, $= 2 + 26\,p'$, wo p' jede ganze Zal seyn kann. Es verwandeln demnach die Werthe $x=2$, $x=28$, $x=54$, $x=80$ ꝛc. den Ausdruk $\frac{5+11x+3x^2}{13}$ in eine ganze Zal.

VI.

Lehrsaz.

Die Summe zweier Cubiczalen kann kein Cubus seyn.

Beweiß.

Gesezt, es wäre $f^3 + x^3 = y^3$; so müßte

$$fA . \frac{f^2}{A} = (y - x)(y^2 + xy + x^2)$$

seyn, wo A jede beliebige Grösse seyn kann. Macht man nun $fA = y - x$, und $\frac{f^2}{A} = y^2 + xy + x^2$, so ist $x^2 + fA\,x = \frac{(1 - A^3) f^2}{3A}$, und mithin

$$x = -\frac{fA}{2} \pm \frac{f}{6A} \sqrt{(12A - 3A^4)}$$

Nun ist A eine willkührliche Grösse; mithin enthält diese Formel alle Werthe von x, deren Cubus zu f^3 addirt, wieder einen Cubum gibt. Wenn demnach erwiesen werden kann, daß es keinen einzigen Werth für A gibt, (ausgenommen $A = 1$), der

der so ist, daß x rational wird; so ist also auch allgemein erwiesen, daß, ausser den aus $A = 1$ folgenden Werthen für x, kein einziger zu f^3 addirt, einen Cubum hervorbringt.

Alles kommt daher darauf an, zu beweisen, daß der Ausdruk $\sqrt{}(12A-3B^4)$, und also auch x nie rational werden kann, ausser in dem Falle, da $A=1$ gesezt wird. Zu diesem Ende mache man folgende Schlüsse: entweder ist $A = 2$, oder > 2, oder < 2. In den beiden ersten Fällen ist $12A - 3A^4$ eine verneinte Grösse, und also ihre Wurzel unmöglich. Im dritten Fall ist A entweder > 1, oder < 1. Es sey daher $A = 1 \pm \frac{1}{q}$, so muß $12A - 3A^4$ oder $\frac{9q^4 - 18q^2 \mp 12q - 3}{q^4}$, und demnach auch der Zäler dieses Bruchs ein Quadrat seyn. Da aber jedes ächte Quadrat, das mit 3 theilbar ist, auch mit 9 theilbar seyn muß, und $9q^4 - 18q^2 \mp 12q - 3$ zwar mit 3, aber nicht mit 9 theilbar ist; so kann diese Grösse kein ächtes Quadrat seyn. Es gibt also, ausser dem Werth $A = 1$, keinen andern, weder in ganzen noch gebrochenen Zalen, wodurch $\sqrt{}(12A - 3A^4)$ rational wird; folglich gibt es auch kein x, dessen Cubus zu f^3 addirt, wieder eine Cubiczal hervorbringt, ausgenommen diejenigen beiden Werthe für x, die aus $A = 1$ folgen, nemlich: $x = -\frac{f}{2} \mp \frac{f}{2}$, also entweder $x = 0$, oder $x = -f$.

Zusaz.

Zusaz.

Auf eine ähnliche Art kann auch gezeigt werden, daß es für ein gegebenes f kein x gibt, das so ist, daß $f^4 + x^4 = y^4$ wird. Denn aus $Ax^2 = y^2 + f^2$, und $\frac{x^2}{A} = y^2 - f^2$, folgt

$$x^2 = \frac{y^2}{(A^2-1)^2} \times 2.(A-1)A(A+1)$$

Es ist aber leicht zu erweisen, daß $2\,(A-1)A(A+1)$ nie ein vollkommnes Quadrat werden kann: folglich ꝛc.

Tabelle

über die in dem Anhange enthaltenen Abhandlungen.

Printed in the United States
By Bookmasters